"十四五"职业教育国家规划教材

招投标与合同管理

（第5版）

ZHAOTOUBIAO YU HETONG GUANLI

主　编／杨树峰

副主编／王　伟　王小艳　印宝权　杨　莉

主　审／姜新春　蒋晓云

U0240444

重庆大学出版社

内容提要

　　本书是校企合作开发的教材,按照建设工程招投标与合同管理工作过程,以项目化教学理念构建教材体系,内容上紧跟时代步伐,紧密结合职业技能要求,突出实用性,注重实践能力的培养,贴近职业岗位的核心能力。

　　全书分为三大模块,即建设工程法规、建设工程招投标、建设工程合同管理。模块1为建筑工程相关法规内容,包括《建筑法》《建设工程质量管理条例》《招投标法》《招标投标法实施条例》;模块2为招投标内容,包括招标文件编制、投标文件编制、开标、评标、定标以及电子标书系统;模块3为建设工程合同管理内容,包括合同订立、履行、变更及违约责任、工程索赔等。

　　本书适合作为高等职业教育土建类相关专业的教材和指导书,也可作为土建类专业职业资格考试培训教材,还可作为工程招投标人员、合同管理人员、工程技术人员和管理人员的学习参考书。

图书在版编目(CIP)数据

招投标与合同管理 / 杨树峰主编. -- 5 版. -- 重庆:
重庆大学出版社,2023.1(2023.7 重印)
高等职业教育建设工程管理类专业系列教材
ISBN 978-7-5624-7217-9

Ⅰ.①招… Ⅱ.①杨… Ⅲ.①建筑工程—招标—高等
职业教育—教材②建筑工程—投标—高等职业教育—教材
③建筑工程—经济合同—管理—高等职业教育—教材
Ⅳ.①TU723

中国版本图书馆 CIP 数据核字(2022)第 239926 号

高等职业教育建设工程管理类专业系列教材
招投标与合同管理
(第 5 版)
主　编　杨树峰
副主编　王　伟　王小艳　印宝权　杨　莉
主　审　姜新春　蒋晓云
责任编辑:林青山　　版式设计:林青山
责任校对:王　倩　　责任印制:赵　晟
*
重庆大学出版社出版发行
出版人:饶帮华
社址:重庆市沙坪坝区大学城西路 21 号
邮编:401331
电话:(023) 88617190　88617185(中小学)
传真:(023) 88617186　88617166
网址:http://www.cqup.com.cn
邮箱:fxk@ cqup.com.cn(营销中心)
全国新华书店经销
重庆巍承印务有限公司印刷
*
开本:787mm×1092mm　1/16　印张:13.5　字数:345 千　插页:8 开 1 页
2013 年 2 月第 1 版　2023 年 1 月第 5 版　2023 年 7 月第 15 次印刷
印数:31 001—34 000
ISBN 978-7-5624-7217-9　定价:39.00 元

本书如有印刷、装订等质量问题,本社负责调换

版权所有,请勿擅自翻印和用本书
制作各类出版物及配套用书,违者必究

前　言
（第5版）

　　本教材先后入选"十二五"职业教育国家规划教材、"十三五"职业教育国家规划教材,得到了广大师生和读者的肯定并获得很多宝贵建议。本次教材修订以习近平新时代中国特色社会主义思想为指导,融入党的二十大精神和落实教育"立德树人"的根本任务,培养德智体美劳全面发展的社会主义建设者和接班人,提高学生的职业素质,培养学生独立、严谨、实事求是的工作作风和团队精神,崇尚劳模精神、工匠精神、创新精神,树立正确的人生观、道德观。以培养学生能力为主线,通过"教学做"一体化的方式,应用项目引导、案例教学等手段,结合我国职业教育"十四五"期间发展的特点,对原版进行了较大调整:模块1中保留建筑法、质量管理条例、招标投标法、招标投标法实施条例内容,删除安全法、安全管理条例内容,增加《民法典》中合同内容、广东省实施《中华人民共和国招标投标法》办法内容;模块2保留原版章节,对任务2.2、2.3招标投标文件的编制内容进行调整,以任务书的形式进行展开。以真实工程招投标示范文本(包括资格预审申请文件、工程施工组织设计、工程投标报价)为范例。总体来说,新版教材具有以下特色:

　　(1)本教材依托广东城建职教集团"建筑产业园—校企合作平台"共同开发。充分利用校企合作机制,由产业园相关企业一线工程师参与教材编写。引入、提炼相关企业的最新工程案例作为典型案例进行分析,突出课程教学过程的实践性,激发学生学习的积极性,实现产教融合、协同育人。

　　(2)教材内容编写突出时效性。本教材编写过程中,内容的选择和编排以最新颁布或者修改的法律法规、标准为依据进行编写,如中华人民共和国国家发展和改革委员会16号令《必须招标的工程项目规定》等。

　　(3)实现"传统纸质教材+配套数字资源+在线教学服务平台"三位一体的新形态教材。为适应新的网络时代,贯彻创新、协调、绿色、开放、共享五大发展理念的基本精神,教材编写过程中,增加延伸阅读,通过扫二维码的方式将《招投标与合同管理》精品在线开放课程对应的教学课件、视频、最新的法律法规等教学资源的内容以信息化资源的方式融入教材,将数字资源建设及其在教学服务平台的线上运行统筹考虑,将线上线下混合教学的思维方式贯穿到教材编写的全过程。

　　(4)教材编写既立足当下,着眼国内,又具有国际视野。随着我国提出的"一带一路"的发展,国际工程的不断增加,教材编写新增国际工程招投标简介,拓展国际上通用的 FIDIC 施工合同条件。着眼国际视野的同时,不忘本来、吸收外来、面向未来,体现为人类发展贡献中国智慧、中国方案的精神,培育广大学生推动构建人类命运共同体的责任意识。

　　本书在第4版教材的基础上进行修订,在此,对参与前几版编写的老师表示感谢!本版教材由广州城建职业学院杨树峰担任主编并负责统稿,具体编写分工如下:杨树峰编写模块1中的任务1.3招投标法,任务1.4招投标法实施条例,任务1.5地方及部门规章,模块2中的任务2.5电子招投标,模块3中的任务3.1合同管理概述;王伟编写"建设工程市场",模块1中的任务1.1建筑法,任务1.2建设工程质量管理条例;杨莉编写模块3中的任务3.2合同订立,任务3.3合同的履行,任务3.4合同的变更、转让和终止,任务3.5违约责任、合同争议的解决;印宝权编写模块2中的任务2.1基础知识,任务2.4建设工程开标、评标、定标;王小艳编写模块2中的任务2.2招标文件编制,任务2.3投标文件编制;白玉堂参与教材编写大纲的讨论和审定,编写模块3中的任务3.6建设工程施工合同,任务3.7工程变更,任务3.8合同索赔;刘萍编写模块3中的任务3.9拓展FIDIC施工合同条件;任旺编写模块2中的任务2.6其他类型的招投标。编写过程中,承蒙中国水利水电第六工程局有限公司、广州富信杰工程监理有限公司、佛山顺水工程建设监理有限公司、从化市诚建工程造价咨询有限公司、国基建设集团有限公司等单位提供工程资料及教学案例,在此一并表示感谢!

　　由于编写水平及篇幅有限,书中难免有疏漏之处,敬请同行专家及读者批评指正。

编　者

目　录

引　例

　　某建设项目由政府投资兴建,为此成立了建设单位(业主)。本项目的概算已经主管部门批准,施工图纸(正在设计过程中)及有关资料尚未齐全。

　　建设单位项目经理对项目建设非常着急,决定召集总工程师、总经济师、技术部门、合同管理部门等负责人开会,研究如何加快进度使工程项目早日开工,早日投入使用。

　　参会人员提出各种不同的意见,现整理如下:

　　①现在施工图纸还没有出来,我们应抓紧时间选择施工单位(最好是指定一家),待图纸出来,我们就开工建设(大多数赞成)。

　　②不能操之过急,应按照建设程序抓紧办理报建手续,具备条件后再开工建设,这样才能水到渠成(少数赞成,大多数认为这样太保守,工程建设速度太慢)。

　　③有人提出要通过招投标的方式选择施工单位。

　　问题:

　　我国政府对建筑市场是如何进行管理的? (模块1中)

　　工程建设程序是什么? 都有哪些要求? (模块1中)

　　什么样的工程必须进行招投标? (模块1、模块2中)

　　招投标有哪些规定? (模块1、模块2中)

　　如何编制招标文件、投标文件? (模块2中)

　　投标应注意哪些问题? (模块2中)

　　如何签订合同? (模块3中)

　　合同实施过程中如何加强管理? (模块3中)

　　这些问题就是我们这门课程要解决的问题。通过学习,你将对上述意见有正确的判断。

　　本课程主要共分三大模块,即建设工程法规、招投标及合同管理。

　　通过模块1(建设工程法规)的学习,使同学们掌握我国政府在宏观上通过建立法律法规对建筑市场加强管理,规范建筑市场,为同学们今后的工作奠定法律基础。

　　通过模块2(建设工程招投标)的学习,使同学们掌握现阶段我国招投标具体的操作过程,经过学生们仿真招投标模拟训练,达到与企业零距离上岗的要求。

　　通过模块3(建设工程合同管理)的学习,使同学们掌握合同从订立到履行、最后终止整个过程的具体的法律规定,以保障企业的合法权益。同时,培养同学们按照合同要求或规定进行工程变更、索赔事件的处理能力,为今后从事合同管理工作奠定基础。

建筑工程市场

【教学目标及学习要点】

能力目标	知识目标	学习要点
1.能到建设工程交易中心办理相关建设事宜 2.能对建设主体的资质进行区分和管理	1.熟悉建筑市场、主体及资质管理 2.掌握建设工程交易中心的设立、基本功能和运作	1.建筑工程市场、市场主体及资质管理 2.建设工程交易中心的设立、基本功能和运作 3.建筑工程建设程序

【任务情景】

　　某镇一中学新建教学楼工程,项目由教育主管部门拨款建设。镇领导给中学校长去电话,要求把工程包给本镇没有施工资质证书的施工队进行施工。该校长考虑肥水不流外人田,农户的宅院大多是乡里乡亲们自己修建的,于是没有过多考虑,就答应了领导的要求。另外,为了节约资金,也没有办理报建、工程质量监督、施工许可证等手续,就让施工队开始施工。

　　该县建设局获知此情况后,依法对该工程进行查处,责令工程立即停工,对建设单位的直接责任人和无证施工的直接责任人进行罚款,并对无证施工队伍予以取缔,要求学校重新选择有资质的施工队伍进场施工。

　　工作任务:

　　1.建设局做法是否正确? 学校做法错在哪里?

　　2.我国对工程建设市场是如何进行有效管理的?

　　3.目前我国对建筑市场的资质管理有哪些要求?

【知识讲解】

1.建筑工程市场概念

（1）含义

建筑工程市场是指以建筑产品承发包交易活动为主要内容的市场,一般称为建设市场或建筑市场。

（2）广义建筑市场

广义建筑市场包括有形市场和无形市场。

（3）狭义建筑市场

狭义建筑市场仅仅是指有形建筑市场。

2.建筑市场主体

建筑市场的主体是指参与建筑生产交易的各方,包括业主、承包商、工程咨询机构。

1）业主

（1）概念

业主是指既有某项工程建设需求，又有该项工程的建设资金和各种准建手续，在建筑市场中发包工程项目的勘察设计、施工任务，并最终取得建筑产品以达到其经营使用目的的政府部门、企事业单位或个人。

（2）形式

业主是企业或单位、联合投资董事会、各类开发公司。

（3）主要职责

建设项目立项决策、建设项目的资金筹措与管理、办理建设项目的有关手续、建设项目的招投标与合同管理、建设项目的施工与质量管理、建设项目的竣工验收和试运转、建设项目的统计及文档管理。

2）承包商

承包商是指拥有一定数量的建筑装备、流动资金、工程技术经济管理人员及一定数量的工人，取得建设行业相应资质证书和营业执照的，能够按照业主的要求建筑不同形态的建筑产品并最终得到相应工程价款的建筑施工企业。

承包商应具备的条件：

①拥有符合国家规定的注册资本。

②拥有与其资质相适应且具有注册执业资格的专业技术人员。

③有从事相应建筑活动所有的技术装备。

3）工程咨询服务机构

工程咨询服务机构是指具有一定注册资金，具有一定数量的工程技术、经济、管理人员，取得建设咨询证书和营业执照，能为工程建设提供估算测量、管理咨询、建设监理等智力型服务并获取相应费用的企业。

3. 建筑工程市场客体

建筑市场的客体一般称为建筑产品，是建筑市场的交易对象，既包括有形建筑产品，也包括无形产品。

建筑产品的特点：

①建筑产品的固定性和生产的流动性。

②建筑产品的单件性。

③建筑产品的整体性和分部分项工程的相对独立性。

④建筑生产的不可逆性。

⑤建筑产品的社会性。

⑥建筑产品的商品属性。

⑦工程建设标准的法定性。

工程建设标准是指对工程勘察、设计、施工、验收、质量检验等各个环节的技术要求，包括以下内容：

①工程建设与勘察、设计、施工及验收等的质量要求和方法。

②与工程建设有关的安全、卫生、环境保护的技术要求。

③工程建设的术语、符号、代号、量与单位、建筑模数和制图方法。

④工程建设的实验、检验和评定方法。

⑤工程建设的信息技术要求。

工程建设标准包括标准、规范、规程等。它一方面通过有关的标准规范为相应的专业技术人员提供需要遵循的技术要求和支持;另一方面,由于标准的法律属性和权威属性,保证从事工程建设的有关人员按照规定去执行,同时也为保证工程质量打下基础。

4.建筑市场体系及管理体制

我国的建设管理体制建立在社会主义公有制的基础上。改革开放重点工作之一是改革经济体系,从计划经济转变为市场经济(社会主义体制下的)。为了建立健康稳定的建筑市场,我国政府吸收国外的经验,结合国情,从试行到推行,逐渐完善建筑市场,我国政府自1997年至今先后出台了《建筑法》《合同法》《安全生产法》《招标投标法》《建设工程质量管理条例》《建设工程安全管理条例》《实施工程建设强制性标准监督规定》等法律及法规,规范了建筑市场。

5.建设程序

建设程序如下:

招投标为交易阶段的工作。

6.有形建筑市场

20世纪90年代以来,按照建设部(现住房和城乡建设部)和监察部的统一部署和要求,全国各地相继建立起各级有形建筑市场。经过多年的运行,有形建筑市场作为建筑市场管理和服务的一种新形式,在规范建筑市场交易行为、提高建设工程质量和方便市场主体等方面已取得了一定的积极成效。

有形建筑市场是我国特有的一种管理形式,在世界上是独一无二的,是与我国的国情相适应的。由于我国市场经济总体尚不够发达和健全,在相当长的一段时间内,建筑市场中多方参与、大、中、小企业并存,市场透明度不高和信息交流不畅等现象依然存在,除个别实力较强的企业有可能建立自己稳定的生产网络外,大部分中小企业迫切需要寻找一种有效的载体作为其进行市场交易、获取信息的渠道和平台,迫切需要依靠一个合适的市场来寻找合作伙伴进行交易。同时,一些计划经济时代的建筑企业集团在市场经济的转轨过程中正在逐步进行转制,大量民营企业正在迅速发展,市场的分散程度很大。这样的企业结构强烈要求建立一种组织对这些企业的产品进行集散,对信息进行搜集和发布。而旧时的行业业态形式已无法适应现有市场经济发展的需要,单打独斗形式的企业经营模式不能完全适应今后市场经济的发展,在这样的情况下,必须建立一种有集约分散物流、人流、资金流、信息流的功能,且与中国目前经济发展水平、经济结构特点以及人们的交易习惯相适应的生产形式,这种形式的最佳体现就是有形建筑市场。

1）有形建筑市场的性质

有形建筑市场是服务性机构，不是政府管理部门，也不是政府授权的监督机构，本身并不具备监督管理职能。但有形市场又不是一般意义上的服务机构，其设立需要得到政府或政府授权主管部门的批准，并非任何单位和个人可随意成立。它不以营利为目的，旨在为建立公开、公平、平等竞争的招投标制度服务，只可经批准收取一定的服务费，工程交易行为不能在场外发生。

2）有形建筑市场的基本功能

（1）信息服务功能

信息服务包括搜集、存储和发布各类工程信息、法律法规、造价信息、建材价格、承包人信息、咨询单位和专业人士信息等。在交易中心大厅配有大型电子显示屏、计算机网络工作站，为发包、承包交易提供广泛的信息服务。

有形建筑市场一般要定期公布工程造价指数和建筑材料价格、人工费、机械租赁费（过去定额站的工作）、工程咨询费以及各类工程指导价等，指导建设方、承包方和咨询单位进行投资控制和投标报价。在市场经济条件下，有形建筑市场公布的价格指数仅是一种参考，投标最终报价需要承包人根据本企业的经验或企业定额、企业机械装备和生产效率、管理能力和生产竞争需要来决定。

（2）场所服务功能

对于政府部门、国有企业、事业单位的投资项目，我国明确规定，一般情况下都必须进行公开招标，只有特殊情况下才允许采用邀请招标。所有建设项目进行招投标必须在有形建筑市场内进行，必须由有关管理部门进行监督。按照这个要求，有形建筑市场必须为工程承包交易双方包括建设工程的招标、评标、定标、合同谈判等提供设施和场所服务。住房和城乡建设部《建设工程交易中心管理办法》规定，有形建筑市场应具备信息发布大厅、洽谈室、开标室、会议室及相关设施以满足发包人与承包人之间的交易需要。同时，要有政府有关管理部门进驻集中办公，办理有关手续和依法监督招投标活动。

（3）集中办公功能

由于众多建设项目要进入有形建筑市场进行报建、招投标交易和办理有关批准手续，这样就要求政府主管部门进驻有形建筑市场集中办理有关审批手续和进行管理，建设行政主管部门的各职能机构就要进驻有形建筑市场。进驻有形建筑市场的相关管理部门集中办公，应公布各自的办事制度和程序，这样既能按照各自的职责依法对建设工程交易活动实施有力监督，也方便当事人办事，有利于提高办公效率。一般要求实行"窗口化"服务，对办事人而言，达到"进一个门，办全部事"的目的。这种集中办公方式决定了有形建筑市场只能集中设立，而不可能像其他市场随意设立。按照我国的有关法规，每个城市原则上只能设立一个有形建筑市场，特大城市可增设若干个分中心，但分中心的 3 项基本功能必须健全，建设工程交易中心功能如图 1 所示。

3）建设工程交易中心运作的一般程序

建设工程交易中心受理申报的内容一般包括工程报建、招标登记、承包人资质审查、合同登记、质量报监、施工许可证发放等。

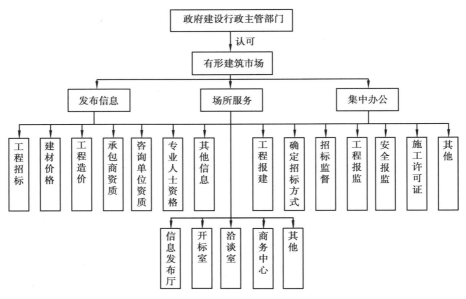

图1 建设工程交易功能示意图

按照有关规定,建设项目进入有形建筑市场后,其一般运行程序如图2所示。

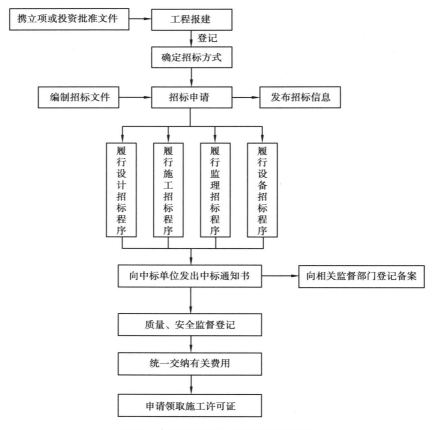

图2 建设工程交易中心运行程序图

7.建筑市场发展趋势

2022年1月19日住建部发布《关于印发"十四五"建筑业发展规划的通知》，主要阐明"十四五"时期建筑业发展的战略方向，明确发展目标和主要任务，是行业发展的指导性文件。

"十四五"建筑业
发展规划

1）2035年远景目标

以建设世界建造强国为目标，着力构建市场机制有效、质量安全可控、标准支撑有力、市场主体有活力的现代化建筑业发展体系。到2035年，建筑业发展质量和效益大幅提升，建筑工业化全面实现，建筑品质显著提升，企业创新能力大幅提高，高素质人才队伍全面建立，产业整体优势明显增强，"中国建造"核心竞争力世界领先，迈入智能建造世界强国行列，全面服务社会主义现代化强国建设。

2）"十四五"时期发展目标

初步形成建筑业高质量发展体系框架，建筑市场运行机制更加完善，营商环境和产业结构不断优化，建筑市场秩序明显改善，工程质量安全保障体系基本健全，建筑工业化、数字化、智能化水平大幅提升，建造方式绿色转型成效显著，加速建筑业由大向强转变，为形成强大国内市场、构建新发展格局提供有力支撑。

主要任务包括：

（1）加快智能建造与新型建筑工业化协同发展

①完善智能建造政策和产业体系。

②夯实标准化和数字化基础。

③推广数字化协同设计。

④大力发展装配式建筑。

⑤打造建筑产业互联网平台。

⑥加快建筑机器人研发和应用。

⑦推广绿色建造方式。

（2）健全建筑市场运行机制

①加强建筑市场信用体系建设。

完善建筑市场信用管理政策体系，构建以信用为基础的新型建筑市场监管机制。

完善全国建筑市场监管公共服务平台，加强对行政许可、行政处罚、工程业绩、质量安全事故、监督检查、评奖评优等信息的归集和共享，全面记录建筑市场各方主体信用行为。推进部门间信用信息共享，鼓励社会组织及第三方机构参与信用信息归集，丰富和完善建筑市场主体信用档案。

实行信用信息分级分类管理，加强信用信息在政府采购、招标投标、行政审批、市场准入等事项中应用，根据市场主体信用情况实施差异化监管。

加大对违法发包、转包、违法分包、资质资格挂靠等违法违规行为的查处力度，完善和实施建筑市场主体"黑名单"制度，开展失信惩戒，持续规范建筑市场秩序。

②深化招标投标制度改革。

完善招标投标制度体系，进一步扩大招标人自主权，强化招标人首要责任。

鼓励有条件的地区政府投资工程按照建设、使用分离的原则，实施相对集中专业化管理。

优化评标方法,将投标人信用情况和工程质量安全情况作为评标重要指标,优先选择符合绿色发展要求的投标方案。积极推行采用"评定分离"方法确定中标人。

完善设计咨询服务委托和计费模式,推广采用团队招标方式选择设计单位,探索设计服务市场化人工时计价模式,根据设计服务内容、深度和质量合理确定设计服务价格,推动实现"按质择优、优质优价"。

全面推行招标投标交易全过程电子化和异地远程评标,加大招标投标活动信息公开力度,加快推动交易、监管数据互联共享。

规范招标投标异议投诉处理工作,强化事中事后监管,依法严肃查处规避招标、串通投标、弄虚作假等违法违规行为,及时纠正通过设立不合理条件限制或排斥外地企业承揽业务的做法,形成统一开放、竞争有序的市场环境。

(3)完善企业资质管理制度

下放企业资质审批权限,推行企业资质审批告知承诺制和企业资质证书电子证照,简化各类证明事项,实现企业资质审批"一网通办"。

加强企业资质与质量安全的联动管理,实行"一票否决"制,对发生质量安全事故的企业依法从严处罚,并在一定期限内不批准其资质申请。

充分利用信息化手段加强资质审批后动态监管,将违法违规行为、质量安全问题多发或存在重大质量安全隐患的企业列为重点核查对象,不符合资质标准要求的依法撤回。

从宏观上看,要求深化建设工程企业资质管理制度改革,修订出台企业资质管理规定和标准,大幅压减企业资质类别和等级,放宽建筑市场准入限制。

(4)强化个人执业资格管理

完善注册建筑师、勘察设计注册工程师、注册建造师、注册监理工程师和注册造价工程师管理制度,进一步明确注册人员权利、义务和责任。

推进职业资格考试、注册、执业、继续教育等制度改革,推行注册执业证书电子证照。提高注册人员执业实践能力,严格执行执业签字制度,探索建立个人执业保险制度,规范执业行为。

在部分地区探索实行注册人员执业行为扣分制,扣分达到一定数量后限制执业并接受继续教育。弘扬职业精神,提升注册人员的专业素养和社会责任感。

(5)推行工程担保制度

加快推行投标担保、履约担保、工程质量保证担保和农民工工资支付担保,提升各类保证金的保函替代率。加快推行银行保函制度,探索工程担保公司保函和工程保证保险。

落实建设单位工程款支付担保制度。大力推行电子保函,研究制定保函示范文本和电子保函数据标准,加大保函信息公开力度。

(6)完善工程监理制度(略)

(7)深化工程造价改革(略)

3)完善工程建设组织模式

(1)推广工程总承包模式

加快完善工程总承包相关的招标投标、工程计价、合同管理等制度规定,落实工程总承包单位工程设计、施工主体责任。

以装配式建筑为重点,鼓励和引导建设内容明确、技术方案成熟的工程项目优先采用工程总承包模式。

支持工程总承包单位做优做强、专业承包单位做精做专,提高工程总承包单位项目管理、资源配置、风险管控等综合服务能力,进一步延伸融资、运行维护服务。

在工程总承包项目中推进全过程 BIM 技术应用,促进技术与管理、设计与施工深度融合。

鼓励建设单位根据实施效益对工程总承包单位给予奖励。

(2)发展全过程工程咨询服务

加快建立全过程工程咨询服务交付标准、工作流程、合同体系和管理体系,明确权责关系,完善服务酬金计取方式。

发展涵盖投资决策、工程建设、运营等环节的全过程工程咨询服务模式,鼓励政府投资项目和国有企业投资项目带头推行。培养一批具有国际竞争力的全过程工程咨询企业和领军人才。

(3)推行建筑师负责制(略)

4)培育建筑产业工人队伍

(1)改革建筑劳务用工制度

鼓励建筑企业通过培育自有建筑工人、吸纳高技能技术工人和职业院校毕业生等方式,建立相对稳定的核心技术工人队伍。引导小微型劳务企业向专业作业企业转型发展,进一步做专做精。

制定建筑工人职业技能标准和评价规范,推行终身职业技能培训制度。推动大型建筑业央企与高职院校合作办学,建设建筑产业工人培育基地,加强技能培训。推动各地制定施工现场技能工人基本配备标准,推行装配式建筑灌浆工、构件装配工、钢结构吊装工等特殊工种持证上岗。

完善建筑职业(工种)人工价格市场化信息发布机制,引导建筑企业将建筑工人薪酬与技能等级挂钩。全面落实建筑工人劳动合同制度。

(2)加强建筑工人实名制管理(略)

(3)保障建筑工人合法权(略)

5)完善工程质量安全保障体系

①提升工程建设标准水平。

②落实工程质量安全责任。

③全面提高工程质量安全监管水平。

④构建工程质量安全治理新局面。

⑤强化勘察设计质量管理。

⑥优化工程竣工验收制度。

⑦推进工程质量安全管理标准化和信息化。

6)稳步提升工程抗震防灾能力

①健全工程抗震防灾制度和标准体系。

②严格建设工程抗震设防监管。

③推动工程抗震防灾产业和技术发展。

④提升抗震防灾管理水平和工程抗震能力。

7)加快建筑业"走出去"步伐

(1)推进工程建设标准国际化

加强与有关国际标准化组织的交流合作,参与国际标准化战略、政策和规则制定。主动参与国际标准编制和管理工作,积极主导国际标准制定。加快我国工程建设标准外文版编译,鼓励重要标准制修订同步翻译。加强与"一带一路"沿线国家及地区的多边双边工程建设标准交流与合作,推动我国标准转化为国际或区域标准。加强我国标准在援外工程、"一带一路"建设工程中的推广应用。

（2）提高企业对外承包能力

鼓励我国建筑企业、工程设计等咨询服务企业参与共建"一带一路",积极开展国际工程承包和劳务合作。支持企业开展工程总承包和全过程工程咨询业务,推动对外承包业务向项目融资、设计咨询、运营维护管理等高附加值领域拓展,逐步提高我国企业在国际市场上的话语权和竞争力。加强对外承包工程监督管理,规范企业海外经营行为。

（3）加强国际交流与合作（略）

【知识训练】

单项选择题

1.建筑市场是以建筑产品的承发包交易活动为主要内容的市场,是建筑产品和有关服务的交换关系的总和。这里的市场是指（   ）。

A.狭义的市场,只是指固定的交易场所

B.广义的市场,指的是商品交换关系的总和

C.有形市场

D.无形市场,即商品交易的实现过程

2.建筑市场不同于其他市场,这是因为建筑产品是一种特殊的商品。建筑市场定价方式的独特性是（   ）。

A.一手交钱,一手交货

B.先成交,后生产

C.对国有投资项目必须采用工程量清单招标与报价方式

D.建筑市场定价风险较大

3.建设市场的主体是指参与建筑市场交易活动的主要各方,即（   ）、承包商和中介机构。

A.业主、建设单位　　　　　　　　B.设计单位、施工单位

C.招投标代理　　　　　　　　　　D.工程咨询范围机构、物资供应机构和银行

4.建筑市场的进入是指各类项目的（   ）进入建设工程交易市场,并展开建设工程交易活动的过程。

A.业主、承包商、供应商　　　　　B.业主、承包商、中介机构

C.承包商、供应商、交易机构　　　D.承包商、供应商、中介机构

5.全部使用国有资金投资,依法必须进行施工招标的工程项目,应当（   ）。

A.进入有形建筑市场进行招标投标活动

B.进入无形建筑市场进行招标投标活动

C.进入有形建筑市场进行直接发包活动

D.进入无形建筑市场进行直接发包活动

模块 1　建设工程法规

知识学习任务 1.1　建筑法

【教学目标及学习要点】

能力目标	知识目标	学习要点
能正确运用《建筑法》的有关规定解决工程建设实际问题	1.了解《建筑法》关于从事建筑活动的企业和人员从业资格的规定 2.熟悉《建筑法》关于建筑工程实施监理的有关规定 3.掌握建筑工程施工许可、建筑工程发包与承包的主要规定	1.建筑工程施工许可与从业资格 2.建筑工程发包与承包 3.建筑工程监理

【任务情景 1.1】

黑龙江省某小学由于学生数量增多,教室不够用,经市教育局批准,在现有 4 层教学楼的基础上接建 5 层,以满足教学需要,为了能满足当年使用的需要,在未办理施工许可的情况下先行施工,委托无拆装资质的无业人员拆卸旧木窗以换塑钢窗,造成窗间墙截面减小,新接楼层使荷载加大,导致楼体坍塌,造成 16 人死亡、6 人受伤。

工作任务:

找出建设单位有哪些不妥行为?

《建筑法》是一部规范建筑活动的重要法律,由中华人民共和国第八届全国人民代表大会常务委员会第二十八次会议于 1997 年 11 月 1 日通过,自 1998 年 3 月 1 日起施行,共 8 章 85 条。2019 年 4 月又对《建筑法》进行了第二次修订。它以规范我国建筑市场行为为起点,以建筑工程质量和安全为主线,主要设置了总则、建筑许可、建筑工程发包与承包、建筑工程监理、建筑安全生产管理、建筑工程质量管理、法律责任、附件等内容。

建筑活动是指各类房屋建筑及其附属设施的建造和与其配套的线路、管道、设备的安装活动。

【知识讲解】

1.建筑工程施工许可及从业资格

1) 建筑工程施工许可

施工许可制度是指由国家授权有关建设行政主管部门,在建筑工程施工前,依建设单位申请,对该项工程是否符合法定的开工条件进行审查,对符合条件的工程发给施工许可证,允许建设单位开工建设的制度。

（1）申请领取施工许可证

建筑工程开工前，建设单位应当按照国家有关规定向工程所在地县级以上人民政府建设行政主管部门申请领取施工许可证；但是，国务院建设行政主管部门确定的限额以下的小型工程除外。按照国务院规定的权限和程序批准开工报告的建筑工程，不再领取施工许可证。

2018年9月住建部修订的《建筑工程施工许可证管理办法》规定，以下4类工程不需要办理施工许可证：

①国务院建设行政主管部门确定的限额以下的小型工程。一般投资额在30万元以下或者建筑面积在300 m² 以下的建筑工程为限额以下的小型工程。

②抢险救灾工程、临时性房屋建筑及农民自建低层住宅。《建筑法》第八十三条规定。

③文物保护的纪念建筑物和古建筑等的修缮、临时建筑。《建筑法》第八十三条规定。

④军用房屋建筑。由于此类工程涉及军事秘密，不宜过多公开信息，《建筑法》第八十四条规定："军事房屋建筑工程建筑活动的具体管理办法，由国务院、中央军委依据本法制定。"

（2）申请领取施工许可证应当具备的条件

①已经办理该建筑工程用地批准手续。

②在城市规划区的建筑工程，已经取得建设工程规划许可证。

③施工场地已经基本具备施工条件，需要征收房屋的，其进度符合施工需求。

④已经确定建筑施工企业。

⑤有满足施工需要的技术资料，设计文件已按规定审查合格。

⑥有保证工程质量和安全的具体措施。

⑦建设资金已经落实，建设单位应提供建设资金已落实承诺书。

建设工期不足1年的，到位资金原则上不得少于工程合同价的50%，建设工期超过1年的，到位资金原则上不得少于工程合同价的30%。

⑧法律、行政法规规定的其他条件。

建设行政主管部门应当自收到申请之日起15日内，对符合条件的申请颁发施工许可证（见图1.1）。

图1.1　办理施工许可证的程序

（3）施工许可证自行废止的条件

建设单位应当自领取施工许可证之日起3个月内开工。因故不能按期开工的，应当向发证机关申请延期；延期以两次为限，每次不超过3个月。既不开工又不申请延期或者超过延期时限的，施工许可证自行废止。

（4）重新核验施工许可证的条件

在建的建筑工程因故中止施工的，建设单位应当自中止施工之日起1个月内，向发证机关报告，并按照规定做好建筑工程的维护管理工作。

建筑工程恢复施工时,应当向发证机关报告;中止施工满 1 年的工程恢复施工前,建设单位应当报发证机关核验施工许可证。

（5）重新办理开工报告的条件

按照国务院有关规定批准开工报告的建筑工程,因故不能按期开工或者中止施工的,应当及时向批准机关报告情况。因故不能按期开工超过 6 个月的,应当重新办理开工报告的批准手续。

（6）未取得施工许可证擅自开工的后果

《建筑法》第六十四条规定:"违反本法规定,未取得施工许可证或者开工报告未经批准擅自施工的,责令改正,对不符合开工条件的责令停止施工,可以处以罚款。"

建筑工程未经许可擅自施工的,实际中有两种情况:一是该项工程已经具备了本法规定开工条件,但未依照本法的规定履行开工审批手续;二是工程既不具备本法规定的开工条件,又不履行开工审批手续。依本法规定,应根据不同情况分别作出以下相应的处理:

首先,凡是违反本法规定,未取得施工许可证或开工报告未经批准擅自施工的,有关行政主管部门都应依照本条规定责令其改正,即要求建设单位立即补办取得施工许可证或开工报告的有关批准手续。

其次,在要求其依法补办施工许可或开工报告审批手续的同时,根据该工程项目在违法开工时是否具有法定开工条件,作出不同的处理:对经审查,确属符合法定开工条件的,在补办手续后准予其继续施工;对不符合开工条件的,则应责令建设单位停止施工,并可处以罚款。

2）从业资格

在我国,对从事建筑活动的建设工程企业实行资质等级许可制度。《建筑企业资质管理规定》相关规定如下:

（1）从事建筑活动的建筑施工企业、勘察单位、设计单位和工程监理单位,应当具备下列条件:

①有符合国家规定的净资产;

②有与其从事的建筑活动相适应的具有法定执业资格的专业技术人员;

③有从事相关建筑活动所应有的技术装备;

④法律、行政法规规定的其他条件。

（2）从事建筑活动的建筑施工企业、勘察单位、设计单位和工程监理单位,按照其拥有的资产、主要人员、已完成的工程业绩和技术装备等资质条件,划分为不同的资质等级,经资质审查合格,取得相应等级的资质证书后,方可在其资质等级许可的范围内从事建筑活动。

（3）从事建筑活动的专业技术人员,应当依法取得相应的执业资格证书,并在执业资格证书许可的范围内从事建筑活动。

3）相关知识

（1）建筑施工企业资质（见表 1.1）

根据住房和城乡建设部关于印发建设工程企业资质管理制度改革方案的通知的要求,现行施工企业资质等级见下表 1.1,监理企业资质见表 1.2。

表 1.1 施工企业资质

资质类别	序　号	施工资质类型	等　级
综合资质	1	综合资质	不分等级
施工总承包资质	1	建筑工程施工总承包	甲、乙级
	2	公路工程施工总承包	甲、乙级
	3	铁路工程施工总承包	甲、乙级
	4	港口与航道工程施工总承包	甲、乙级
	5	水利水电工程施工总承包	甲、乙级
	6	市政公用工程施工总承包	甲、乙级
	7	电力工程施工总承包	甲、乙级
	8	矿山工程施工总承包	甲、乙级
	9	冶金工程施工总承包	甲、乙级
	10	石油化工工程施工总承包	甲、乙级
	11	通信工程施工总承包	甲、乙级
	12	机电工程施工总承包	甲、乙级
	13	民航工程施工总承包	甲、乙级
专业承包资质	1	建筑装修装饰工程专业承包	甲、乙级
	2	建筑机电工程专业承包	甲、乙级
	3	公路工程类专业承包	甲、乙级
	4	港口与航道工程类专业承包	甲、乙级
	5	铁路电务电气化工程专业承包	甲、乙级
	6	水利水电工程类专业承包	甲、乙级
	7	通用专业承包	不分等级
	8	地基基础工程专业承包	甲、乙级
	9	起重设备安装工程专业承包	甲、乙级
	10	预拌混凝土专业承包	不分等级
	11	模板脚手架专业承包	不分等级
	12	防水防腐保温工程专业承包	甲、乙级
	13	桥梁工程专业承包	甲、乙级
	14	隧道工程专业承包	甲、乙级
	15	消防设施工程专业承包	甲、乙级

资质类别	序　号	施工资质类型	等　级
专业承包资质	16	古建筑工程专业承包	甲、乙级
	17	输变电工程专业承包	甲、乙级
	18	核工程专业承包	甲、乙级
专业作业资质	1	专业作业资质	不分等级

说明:新规将 10 类施工总承包企业特级资质调整为施工综合资质,可承担各行业、各等级施工总承包业务;保留 12 类施工总承包资质,将民航工程的专业承包资质整合为施工总承包资质;将 36 类专业承包资质整合为 18 类;将施工劳务企业资质改为专业作业资质,由审批制改为备案制。综合资质和专业作业资质不分等级;施工总承包资质、专业承包资质等级原则上压减为甲、乙两级(部分专业承包资质不分等级),其中,施工总承包甲级资质在本行业内承揽业务规模不受限制。

(2)工程监理企业资质(见表 1.2)

表 1.2　工程监理资质

资质类别	序　号	监理资质类型	等　级
综合资质	1	综合资质	不分等级
专业资质	1	建筑工程专业	甲、乙级
	2	铁路工程专业	甲、乙级
	3	市政公用工程专业	甲、乙级
	4	电力工程专业	甲、乙级
	5	矿山工程专业	甲、乙级
	6	冶金工程专业	甲、乙级
	7	石油化工工程专业	甲、乙级
	8	通信工程专业	甲、乙级
	9	机电工程专业	甲、乙级
	10	民航工程专业	甲、乙级

说明:保留综合资质;取消专业资质中的水利水电工程、公路工程、港口与航道工程、农林工程资质,保留其余 10 类专业资质;取消事务所资质。综合资质不分等级,专业资质等级压减为甲、乙两级。

(3)专业技术人员

在建设行业里,通常把取得执业资格证书的工程师称为专业技术人员。目前,我国已经确定的专业技术人员种类有注册建筑师、注册结构工程师、勘察设计注册工程师、注册监理工程师、注册造价工程师、注册咨询工程师(投资)、注册建造师、房地产估价师、注册资产评估师等。

2.建筑工程发包与承包

1)《建筑法》关于发包与承包的一般规定

①建筑工程的发包单位与承包单位应当依法订立书面合同,明确双方的权利和义务。

发包单位和承包单位应当全面履行合同约定的义务。不按照合同约定履行义务的,依法承担违约责任。

②建筑工程发包与承包的招标投标活动,应当遵循公开、公正、平等竞争的原则,择优选择承包单位。

建筑工程的招标投标,本法没有规定的,适用有关招标投标法律的规定。

③发包单位及其工作人员在建筑工程发包中不得收受贿赂、回扣或者索取其他好处。

承包单位及其工作人员不得利用向发包单位及其工作人员行贿、提供回扣或者给予其他好处等不正当手段承揽工程。

④建筑工程造价应当按照国家有关规定,由发包单位与承包单位在合同中约定。公开招标发包的,其造价的约定,须遵守招标投标法律的规定。

发包单位应当按照合同的约定,及时拨付工程款项。

2)《建筑法》关于发包的主要规定

①建筑工程依法实行招标发包,对不适于招标发包的可以直接发包。

②建筑工程实行公开招标的,发包单位应当依照法定程序和方式,发布招标公告,提供载有招标工程的主要技术要求、主要的合同条款、评标的标准和方法以及开标、评标、定标的程序等内容的招标文件。

开标应当在招标文件规定的时间、地点公开进行。开标后应当按照招标文件规定的评标标准和程序对标书进行评价、比较,在具备相应资质条件的投标者中,择优选定中标者。

③建筑工程招标的开标、评标、定标由建设单位依法组织实施,并接受有关行政主管部门的监督。

④建筑工程实行招标发包的,发包单位应当将建筑工程发包给依法中标的承包单位。建筑工程实行直接发包的,发包单位应当将建筑工程发包给具有相应资质条件的承包单位。

⑤政府及其所属部门不得滥用行政权力,限定发包单位将招标发包的建筑工程发包给指定的承包单位。

⑥提倡对建筑工程实行总承包,禁止将建筑工程肢解发包。

建筑工程的发包单位可将建筑工程的勘察、设计、施工、设备采购一并发包给一个工程总承包单位,也可将建筑工程勘察、设计、施工、设备采购的一项或者多项发包给一个工程总承包单位;但是,不得将应当由一个承包单位完成的建筑工程肢解成若干部分发包给几个承包单位。

⑦按照合同约定,建筑材料、建筑构配件和设备由工程承包单位采购的,发包单位不得指定承包单位购入用于工程的建筑材料、建筑构配件和设备或者指定生产厂、供应商。

3)《建筑法》关于承包的主要规定

①承包建筑工程的单位应当持有依法取得的资质证书,并在其资质等级许可的业务范围内承揽工程。禁止建筑施工企业超越本企业资质等级许可的业务范围或者以任何形式用其他建

筑施工企业的名义承揽工程。禁止建筑施工企业以任何形式允许其他单位或者个人使用本企业的资质证书、营业执照,以本企业的名义承揽工程。

②大型建筑工程或者结构复杂的建筑工程,可由两个以上的承包单位联合共同承包。共同承包的各方对承包合同的履行承担连带责任。

两个以上不同资质等级的单位实行联合共同承包的,应当按照资质等级低的单位的业务许可范围承揽工程。

③禁止承包单位将其承包的全部建筑工程转包给他人,禁止承包单位将其承包的全部建筑工程肢解以后以分包的名义分别转包给他人。

④建筑工程总承包单位可将承包工程中的部分工程发包给具有相应资质条件的分包单位;但是,除总承包合同中约定的分包外,必须经建设单位认可。施工总承包的,建筑工程主体结构的施工必须由总承包单位自行完成。

建筑工程总承包单位按照总承包合同的约定对建设单位负责;分包单位按照分包合同的约定对总承包单位负责。总承包单位和分包单位就分包工程对建设单位承担连带责任。

禁止总承包单位将工程分包给不具备相应资质条件的单位。禁止分包单位将其承包的工程再分包。

3.建筑工程监理

1)国家推行建筑工程监理制度

《建筑法》第三十条规定:"国家推行建筑工程监理制度。国务院可以规定实行强制监理的建筑工程的范围。"

强制监理的建筑工程的范围见《建设工程质量管理条例》,条例第十二条规定了必须实行监理的建设工程范围。

对属于强制监理制度的建筑工程,建设单位必须依法委托工程监理单位实施监理,对其他建筑工程,则由建设单位自行决定是否实行工程监理。

2)《建筑法》对建筑工程监理的有关规定

①实行监理的建筑工程,由建设单位委托具有相应资质条件的工程监理单位监理。建设单位与其委托的工程监理单位应当订立书面委托监理合同。

②建筑工程监理应当依照法律、行政法规及有关的技术标准、设计文件和建筑工程承包合同,对承包单位在施工质量、建设工期和建设资金使用等方面,代表建设单位实施监督。

工程监理人员认为工程施工不符合工程设计要求、施工技术标准和合同约定的,有权要求建筑施工企业改正。

工程监理人员发现工程设计不符合建筑工程质量标准或者合同约定的质量要求的,应当报告建设单位要求设计单位改正。

③实施建筑工程监理前,建设单位应当将委托的工程监理单位、监理的内容及监理权限,书面通知被监理的建筑施工企业。

④工程监理单位应当在其资质等级许可的监理范围内,承担工程监理业务。

工程监理单位应当根据建设单位的委托,客观、公正地执行监理任务。

工程监理单位与被监理工程的承包单位以及建筑材料、建筑构配件和设备供应单位不得有隶属关系或者其他利害关系。

工程监理单位不得转让工程监理业务。

⑤工程监理单位不按照委托监理合同的约定履行监理义务,对应当监督检查的项目不检查或者不按照规定检查,给建设单位造成损失的,应当承担相应的赔偿责任。

工程监理单位与承包单位串通,为承包单位牟取非法利益,给建设单位造成损失的,应当与承包单位承担连带赔偿责任。

【技能实训 1.1】

某市政桥梁工程,业主与施工总承包单位签订了施工总承包合同,并委托了工程监理单位。施工单位进场后,积极准备,为了赶工期,在建设单位未办理施工许可证的情况下先行施工。在施工过程中,施工总承包单位发现深基坑支护工程的设计有误,于是上报监理工程师,监理工程师要求设计单位进行设计变更。

由于施工单位人员及设备不足,自行决定将主体工程分包给了一家分包单位施工,分包单位在施工中发生了桥板坍塌事故,造成 4 名施工人员被掩埋,经抢救 3 人死亡,1 人重伤,事故中直接经济损失 120 万元。经调查,该分包单位无相应资质。业主要求总承包单位赔偿事故损失 120 万元,总承包单位拒赔,理由是该事故是由分包单位造成的,应要求分包单位赔偿事故损失 120 万元。

【思考练习】

1.上述案件有哪些不妥之处?为什么?

2.建设单位对工程质量有哪些责任?

3.监理工程师应如何处理现场发生的工程事件?

【知识训练】

一、单项选择题

1.建筑工程开工前,(　　)应当按照国家有关规定向工程所在地县级以上人民政府建设行政主管部门申请领取施工许可证。

  A.施工单位　　　　 B.建设单位　　　　 C.监理单位　　　　 D.设计单位

2.新建、扩建、改建的建设工程,建设单位必须在(　　)向建设行政主管部门或其授权的部门申请领取建设工程施工许可证。

  A.发包前　　　　 B.立项批准前　　　 C.初步设计批准前　D.开工前

3.《建筑法》第七条规定:"建筑工程开工前,建设单位应当按照国家有关规定向工程所在地(　　)以上人民政府建设行政主管部门申请领取施工许可证;但是,国务院建设行政主管部门确定的限额以下的小型工程除外。"

  A.乡级　　　　　 B.县级　　　　　 C.市级　　　　　 D.省级

4.根据《建筑工程施工许可管理办法》,(　　)不是领取施工许可证必须具备的条件。

  A.已办理了建筑工程用地批准手续的　　B.建设资金已经落实

  C.已经确定施工企业　　　　　　　　　D.法律法规和规章规定的其他条件

5.《建筑工程施工许可管理办法》规定建设资金已经落实是领取施工许可证必须具备的条件。建设工期不足 1 年的,到位资金原则上不得少于工程合同价的(　　)。

A.10%　　　　　　　B.20%　　　　　　　C.30%　　　　　　D.50%

6.《建筑工程施工许可管理办法》规定建设资金已经落实是领取施工许可证必须具备的条件。建设工期超过 1 年的,到位资金原则上不得少于工程合同价的(　　)。

A.10%　　　　　　　B.20%　　　　　　　C.30%　　　　　　D.50%

7.根据《建筑法》的规定,建设单位应当自领取施工许可证之日起(　　)内开工。

A.1 个月　　　　　　B.3 个月　　　　　　C.6 个月　　　　　　D.1 年

8.根据《建筑法》的规定,建设单位领取施工许可证后因故不能按期开工的,应当向发证机关申请延期,延期以(　　)为限。

A.1 次　　　　　　　B.2 次　　　　　　　C.3 次　　　　　　　D.4 次

9.根据《建筑法》的规定,建设单位向施工许可证发证机关申请延期施工的,每次延期不超过(　　)。

A.1 个月　　　　　　B.2 个月　　　　　　C.3 个月　　　　　　D.6 个月

10.根据《建筑法》的规定,在建的建筑工程因故中止施工的,(　　)应当及时向施工许可证发证机关报告,并按照规定做好建筑工程的维护管理工作。

A.施工单位　　　　B.建设单位　　　　C.监理单位　　　　D.设计单位

11.根据《建筑法》的规定,在建的建筑工程因故中止施工的,建设单位应当自中止施工之日起(　　)内,向施工许可证发证机关报告,并按照规定做好建筑工程的维护管理工作。

A.1 个月　　　　　　B.2 个月　　　　　　C.3 个月　　　　　　D.6 个月

12.根据《建筑法》的规定,在建的建筑工程因故中止施工的,中止施工满(　　)的工程恢复施工前,建设单位应当报施工许可证发证机关核验施工许可证。

A.1 个月　　　　　　B.3 个月　　　　　　C.6 个月　　　　　　D.1 年

13.根据《建筑法》的规定,在建的建筑工程因故中止施工的,中止施工满 1 年的工程恢复施工前,(　　)应当报施工许可证发证机关核验施工许可证。

A.施工单位　　　　B.建设单位　　　　C.监理单位　　　　D.设计单位

14.根据《建筑法》的规定,按照国务院有关规定批准开工报告的建筑工程,因故不能按期开工或者中止施工的,应当及时向批准机关报告情况,因故不能按期开工超过(　　)的应当重新办理开工报告的批准手续。

A.1 个月　　　　　　B.3 个月　　　　　　C.6 个月　　　　　　D.1 年

15.从事建筑工程活动的人员,要通过国家任职资格考试、考核,由(　　)注册并颁发资格证书。

A.工商行政管理部门　　　　　　　　B.建设行政主管部门

C.县级以上人民政府　　　　　　　　D.中国建筑协会

16.下列做法中(　　)不符合《建筑法》关于建筑工程发承包的规定。

A.发包单位将建筑工程的勘察、设计一并发包给一个工程总承包单位

B.发包单位将建筑工程的施工、设备采购一并发包给一个工程总承包单位

C.发包单位将建筑工程的勘察、设计、施工、设备采购一并发包给一个工程总承包单位

D.发包单位将应当由一个承包单位完成的建筑工程肢解成若干部分发包给几个承包单位

17.下列做法中( )符合《建筑法》关于建筑工程发承包的规定。

    A.某建筑施工企业超越本企业资质等级许可的业务范围承揽工程

    B.某建筑施工企业以另一个建筑施工企业的名义承揽工程

    C.某建筑施工企业有依法取得的资质证书,并在其资质等级许可的业务范围内承揽工程

    D.某建筑施工企业允许个体户王某以本企业的名义承揽工程

18.甲、乙、丙3家承包单位,甲的资质等级最高,乙次之,丙最低。当3家单位实行联合共同承包时,应按( )单位的业务许可范围承揽工程。

    A.甲   B.乙   C.丙   D.甲或乙

19.下列做法中( )符合《建筑法》关于建筑工程发承包的规定。

    A.某建筑施工企业将其承包的全部建筑工程转包给他人

    B.某建筑施工企业将其承包的全部建筑工程肢解以后以分包的名义分别转包给他人

    C.某建筑施工企业经建设单位认可将承包工程中的部分工程发包给具有相应资质条件的分包单位

    D.某建筑施工企业将其承包工程主体结构的施工分包给其他单位

20.有关总分包的责任承担叙述不正确的是( )。

    A.总承包单位按照总承包合同的约定对建设单位负责

    B.分包单位按照分包合同的约定对总承包单位负责

    C.总承包单位和分包单位就分包工程对建设单位承担连带责任

    D.总承包单位和分包单位就分包工程对建设单位承担各自的责任

21.根据《建筑法》的规定,( )可以规定实行强制监理的建筑工程的范围。

    A.国务院   B.县级以上人民政府

    C.市级以上人民政府   D.省级以上人民政府

22.根据《建筑法》的规定,实行监理的建筑工程,由( )委托具有相应资质条件的工程监理单位监理。

    A.施工单位   B.县级以上人民政府

    C.建设行政主管部门   D.建设单位

23.根据《建筑法》的规定,实施建筑工程监理前,建设单位应当将委托的工程监理单位、监理的内容及监理权限,书面通知被监理的( )。

    A.建筑施工企业   B.勘察单位

    C.设计单位   D.工程造价咨询机构

24.根据《建筑法》的规定,工程监理单位应当根据建设单位的委托,( )执行监理任务。

    A.偏向建设单位   B.偏向施工单位

    C.客观、公正地   D.按照建设行政主管部门的意见

25.根据《建筑法》的规定,工程监理单位( )转让工程监理业务。

    A.可以   B.经建设单位允许可以

    C.不得   D.经建设行政主管部门允许可以

26.根据《建筑法》的规定,工程监理单位与承包单位串通,为承包单位牟取非法利益,给建设单位造成损失的,(　　)。

　　A.由工程监理单位承担赔偿责任

　　B.由承包单位承担赔偿责任

　　C.由建设单位自行承担损失

　　D.由工程监理单位和承包单位承担连带赔偿责任

二、多项选择题

1.建设单位必须在建设工程立项批准后,工程发包前,向(　　)办理工程报建登记手续。

　　A.建设行政主管部门　　　　　　　B.建设行政主管部门授权的部门

　　C.县级以上人民政府　　　　　　　D.县级以上人民政府授权的部门

　　E.建筑业协会

2.根据《建筑工程施工许可管理办法》,下列选项中属于建设单位领取施工许可证条件的选项有(　　)。

　　A.已经办理了建筑工程用地批准手续

　　B.在城市规划区的建筑工程,已经取得建设工程规划许可证

　　C.有满足施工需要的施工图纸及技术资料

　　D.已经确定施工企业

　　E.建设资金正在筹措

3.下列选项中领取建筑工程施工许可证的法律后果有(　　)。

　　A.应当自领取施工许可证之日起 3 个月内开工

　　B.在建的建筑工程因故中止施工的,建设单位应当自终止之日起 3 个月内,向建筑工程施工许可证发证机关报告

　　C.中止施工满 1 年的工程恢复施工前,建设单位应当报建筑工程施工许可证发证机关核验施工许可证

　　D.按照国务院有关规定批准开工报告的建筑工程,因故不能按期开工或者中止施工的,应当及时向批准机关报告情况

　　E.按照国务院有关规定批准开工报告的建筑工程,因故不能按期开工超过 6 个月的,应当重新办理开工报告的批准手续

4.下列选项中,属于建筑工程从业的经济组织包括(　　)。

　　A.施工单位　　　　　　　　　　　B.勘察单位

　　C.设计单位　　　　　　　　　　　D.建设单位

　　E.工程监理单位

5.建筑工程从业的经济组织应具备下列条件(　　)。

　　A.有符合国家规定的注册资本

　　B.有与其从事的建筑活动相适应的具有法定执业资格的专业技术人员

　　C.有从事相关建筑活动所应有的技术装备

　　D.法律、行政法规规定的其他条件

　　E.有从事相关建筑活动的一级资质

6.(　　)建筑工程,可以由两个以上的承包单位联合共同承包。

A.大型
B.大中型
C.中小型
D.结构复杂的
E.结构特别的

7.下列做法中(　　)不符合《建筑法》关于建筑工程发承包的规定。

A.发包单位将应当由一个承包单位完成的建筑工程肢解成若干部分发包给几个承包单位

B.某建筑施工企业超越本企业资质等级许可的业务范围承揽工程

C.某建筑施工企业将其承包的全部建筑工程肢解以后,以分包的名义分别转包给他人

D.发包单位将建筑工程的勘察、设计、施工、设备采购一并发包给一个工程总承包单位

E.某建筑施工企业将所承包工程主体结构的施工分包给其他单位

【延伸阅读】

1.《中华人民共和国建筑法》(扫二维码可阅)。

2.全国一级建造师执业资格考试用书《建设工程法规及相关知识》。

3.二级建造师执业资格考试用书《建设工程法规及相关知识》。

4.住建部《建设工程企业资质管理制度改革方案》。

建筑法

建设工程企业资质
管理制度改革方案

知识学习任务 1.2　建设工程质量管理条例

【教学目标及学习要点】

能力目标	知识目标	学习要点
能正确分析案例中违反《建设工程质量管理条例》的行为	1.了解《建设工程质量管理条例》施行的时间及适用范围 2.熟悉建设工程质量管理其他基本制度 3.掌握《建设工程质量管理条例》建设各方质量责任和义务及质量保修制度	1.建设工程质量管理基本制度 2.建设工程质量责任制度 3.建设工程质量保修制度

【任务情景 1.2】

　　某建筑公司首次进入某省施工,为了"干一个工程,竖一块丰碑",创造良好的社会效益,项目经理李某决定暗自修改水泥混凝土的配合比,使得修改后的混凝土强度远高于原配合比的混凝土强度,项目经理部也愿意承担所增加的费用。

　　工作任务:

　　你认为这个决定可取吗?

　　《建设工程质量管理条例》于 2000 年 1 月 10 日国务院第二十五次常务会议通过,2000 年 1 月 30 日起施行,2019 年 4 月进行了修订。其立法目的在于加强对建设工程质量管理,保证建设工程质量,保护人民生命和财产安全,根据《建筑法》制定本条例。其内容包括总则;建设单

位的质量责任和义务;勘察、设计单位的质量责任和义务;施工单位的质量责任和义务;工程监理单位的质量责任和义务;建设工程质量保修;监督管理;罚则;附则。共 9 章 137 条。

【知识讲解】

1. 建设工程质量管理的基本制度

1) 建设工程质量标准化制度

工程建设标准化是国家、行业和地方政府从技术控制的角度,对建设活动或其结果规定共同的和重复使用的规则、指导原则或特定文件。工程建设标准化是为建筑市场提供运行规则的一项基础性工作,对引导和规范建筑市场行为具有重要的作用。

根据《中华人民共和国标准化法》的规定,工程建设标准按其协调统一的范围及适应范围的不同分为 4 级,即国家标准、行业标准、地方标准、企业标准。根据法律效力不同,标准又分为强制性标准和推荐性标准。强制性标准是必须执行的,不符合强制性标准就要处罚;对于推荐性标准,国家鼓励企业自愿采用。

《工程建设标准强制性条文》(以下简称《强制性条文》)是工程建设中必须严格执行的强制性标准。《强制性条文》以现行的强制性国家标准和行业标准为基础,编制了包括城乡规划、城市建设、房屋建筑、工业建筑、水利工程、电力工程、信息工程、水运工程、公路工程、铁道工程、石油和化工建设工程、矿山工程、人防工程、广播电影电视工程和民航机场工程在内的 15 个部分的内容。《强制性条文》是《建设工程质量管理条例》的一个配套文件。《强制性条文》的贯彻实施,推动了《建设工程质量管理条例》的全面落实。

2) 建设工程质量体系认证制度

《建筑法》第五十三条规定,国家对从事建筑活动的单位推行质量体系认证制度。从事建筑活动的单位根据自愿原则,可以向国务院产品质量监督管理部门或者国务院产品质量监督管理部门授权的部门认可的认证机构申请质量体系认证。经认证合格的,由认证机构颁发质量体系认证证书。

目前,绝大多数甲级勘察、设计、监理企业和特级、一级施工企业都建立了质量保证体系,并通过了质量体系认证,不仅强化了从业人员的质量意识,而且提高了质量管理水平。

3) 工程竣工验收备案制度

本条例确立了建设工程竣工验收备案制度。该项制度是加强政府监督管理,防止不合格工程流向社会的一个重要手段。结合《建设工程质量管理条例》和《房屋建筑和市政基础设施工程竣工验收备案管理办法》(住房和城乡建设部令第 2 号)的有关规定,建设单位应当自工程竣工验收合格后之日起 15 日内到工程所在地的县级以上人民政府建设行政主管部门备案。建设单位办理工程竣工验收备案应提交以下材料:

①工程竣工验收备案表。

②工程竣工验收报告。竣工验收报告应当包括工程报建日期,施工许可证号,施工图设计文件审查意见,勘察、设计、施工、工程监理等单位分别签署的质量合格文件及验收人员签署的竣工验收原始文件,市政基础设施的有关质量检测和功能性试验资料以及备案机关认为需要提供的有关资料。

③法律、行政法规规定应当由规划、环保等部门出具的认可文件或者准许使用文件。

④法律规定应当由公安消防部门出具的对大型的人员密集场所和其他特殊建设工程验收合格的证明文件。

⑤施工单位签署的工程质量保修书。

⑥法规、规章规定必须提供的其他文件。

⑦住宅工程还应提交《住宅质量保证书》和《住宅使用说明书》。

建设行政主管部门或其他有关部门收到建设单位的竣工验收备案文件后,依据质量监督机构的监督报告,发现建设单位在竣工验收过程中有违反国家有关建设工程质量管理规定行为的,责令停止使用,重新组织竣工验收后,再办理竣工验收备案。建设单位有下列违法行为的,要按照有关规定予以行政处罚:

①在工程竣工验收合格之日起15天内未办理工程竣工验收备案。

②在重新组织竣工验收前擅自使用工程。

③采用虚假证明文件办理竣工验收备案。

2.建设各方的质量责任制度

1)建设单位的质量责任和义务

（1）依法对工程进行发包的责任

《建设工程质量管理条例》第七条规定,建设单位应当将工程发包给具有相应资质等级的单位。建设单位不得将建设工程肢解发包。

（2）依法对采购行为进行招标的责任

《建设工程质量管理条例》第八条规定,建设单位应当依法对工程建设项目的勘察、设计、施工、监理以及与工程建设有关的重要设备、材料等的采购进行招标。

建设单位实施的工程建设项目采购行为,应当符合《招标投标法》及其相关规定。

（3）提供原始资料的责任

《建设工程质量管理条例》第九条规定,建设单位必须向有关的勘察、设计、施工、工程监理等单位提供与建设工程有关的原始资料。原始资料必须真实、准确、齐全。《建设工程安全生产管理条例》也有类似的规定。

（4）不得干预投标人的责任

《建设工程质量管理条例》第十条规定,建设工程发包单位不得迫使承包方以低于成本的价格竞标,不得任意压缩合理工期。建设单位不得明示或者暗示设计单位或者施工单位违反工程建设强制性标准,降低建设工程质量。《建设工程安全生产管理条例》也有类似的规定。

（5）送审施工图的责任

《建设工程质量管理条例》第十一条规定,建设单位应当将施工图设计文件报县级以上人民政府建设行政主管部门或者其他有关部门审查。施工图设计文件审查的具体办法,由国务院建设行政主管部门会同国务院其他有关部门制定。施工图设计文件未经审查批准的,不得使用。

关于施工图设计文件审查的主要内容,《建设工程勘察设计管理条例》第三十三条进一步明确规定,县级以上人民政府有关行政主管部门"应当对施工图设计文件中涉及公共利益、公众安全、工程建设强制性标准的内容进行审查"。施工图设计文件未经审查或审查不合格,建设单位擅自施工的,《建设工程质量管理条例》第五十六条规定,建设单位除被责令整改外,还应承担罚款的行政责任。

(6)依法委托监理的责任

《建设工程质量管理条例》第十二条规定,实行监理的建设工程,建设单位应当委托具有相应资质等级的工程监理单位进行监理,也可以委托具有工程监理相应资质等级并与被监理工程的施工承包单位没有隶属关系或者其他利害关系的该工程的设计单位进行监理。

下列建设工程必须实行监理:

①国家重点建设工程。

②大中型公用事业工程。

③成片开发建设的住宅小区工程。

④利用外国政府或者国际组织贷款、援助资金的工程。

⑤国家规定必须实行监理的其他工程。

(7)依法办理工程质量监督手续

《建设工程质量管理条例》第十三条规定,建设单位在领取施工许可证或者开工报告前,应当按照国家有关规定办理工程质量监督手续。

(8)确保提供的物资符合要求的责任

《建设工程质量管理条例》第十四条规定,按照合同约定,由建设单位采购建筑材料、建筑构配件和设备的,建设单位应当保证建筑材料、建筑构配件和设备符合设计文件和合同要求。建设单位不得明示或者暗示施工单位使用不合格的建筑材料、建筑构配件和设备。《建设工程安全生产管理条例》也有类似的规定。

如果建设单位提供的建筑材料、建筑构配件和设备不符合设计文件和合同要求,属于违约行为,应当向施工单位承担违约责任,施工单位有权拒绝接收这些货物。

我国《建设工程施工合同(示范文本)》(GF—2017—0201)也对此做出了相应约定:

第二十七条第二款:发包人按一览表约定的内容提供材料设备,并向承包人提供产品合格证明,对其质量负责。发包人在所供材料设备到货前24 h,以书面形式通知承包人,由承包人派人与发包人共同清点。

第二十七条第四款:发包人供应的材料设备与一览表不符时,发包人承担有关责任。

第二十七条第五款:发包人供应的材料设备使用前,由承包人负责检验或试验,不合格的不得使用,检验或试验费用由发包人承担。

(9)不得擅自改变主体和承重结构进行装修的责任

《建设工程质量管理条例》第十五条规定,涉及建筑主体和承重结构变动的装修工程,建设单位应当在施工前委托原设计单位或者具有相应资质等级的设计单位提出设计方案;没有设计方案的,不得施工。

房屋建筑使用者在装修过程中,不得擅自变动房屋建筑主体和承重结构。

(10)依法组织竣工验收的责任

《建设工程质量管理条例》第十六条规定,建设单位收到建设工程竣工报告后,应当组织设计、施工、工程监理等有关单位进行竣工验收。建设工程经验收合格的,方可交付使用。

建设工程竣工验收应当具备下列条件:

①完成建设工程设计和合同约定的各项内容。

②有完整的技术档案和施工管理资料。

③有工程使用的主要建筑材料、建筑构配件和设备的进场试验报告。

④有勘察、设计、施工、工程监理等单位分别签署的质量合格文件。

⑤有施工单位签署的工程保修书。

如果建设单位有下列行为,根据《建设工程质量管理条例》将承担法律责任:

①未组织竣工验收,擅自交付使用的。

②验收不合格,擅自交付使用的。

③对不合格的建设工程按照合格工程验收的。

(11)移交建设项目档案的责任

《建设工程质量管理条例》第十七条规定,建设单位应当严格按照国家有关档案管理的规定,及时收集、整理建设项目各环节的文件资料,建立、健全建设项目档案,并在建设工程竣工验收后,及时向建设行政主管部门或者其他有关部门移交建设项目档案。

2)勘察、设计单位的质量责任和义务

(1)勘察、设计单位共同的责任

①依法承揽工程的责任

《建设工程质量管理条例》第十八条规定,从事建设工程勘察、设计的单位应当依法取得相应等级的资质证书,并在其资质等级许可的范围内承揽工程。

禁止勘察、设计单位超越其资质等级许可的范围或者以其他勘察、设计单位的名义承揽工程。禁止勘察、设计单位允许其他单位或者个人以本单位的名义承揽工程。

勘察、设计单位不得转包或者违法分包所承揽的工程。

②执行强制性标准的责任

勘察、设计单位必须按照工程建设强制性标准进行勘察、设计,并对其勘察、设计的质量负责。注册建筑师、注册结构工程师等注册执业人员应当在设计文件上签字,对设计文件负责。

(2)勘察单位的质量责任

《建设工程质量管理条例》第二十条规定,勘察单位提供的地质、测量、水文等勘察成果必须真实、准确。

(3)设计单位的质量责任

①科学设计的责任

《建设工程质量管理条例》第二十一条规定,设计单位应当根据勘察成果文件进行建设工程设计。设计文件应当符合国家规定的设计深度要求,注明工程合理使用年限。

②选择材料设备的责任

《建设工程质量管理条例》第二十二条规定,设计单位在设计文件中选用的建筑材料、建筑构配件和设备,应当注明规格、型号、性能等技术指标,其质量要求必须符合国家规定的标准。除有特殊要求的建筑材料、专用设备、工艺生产线等外,设计单位不得指定生产厂、供应商。

③解释设计文件的责任

《建设工程质量管理条例》第二十三条规定,设计单位应当就审查合格的施工图设计文件向施工单位作出详细说明。

《建设工程勘察设计管理条例》第三十条规定:"建设工程勘察、设计单位应当在建设工程施工前,向施工单位和监理单位说明建设工程勘察、设计意图,解释建设工程勘察、设计文件。建设工程勘察、设计单位应当及时解决施工中出现的勘察、设计问题。"

④参与质量事故分析的责任

《建设工程质量管理条例》第二十四条规定,设计单位应当参与建设工程质量事故分析,并对因设计造成的质量事故,提出相应的技术处理方案。

3)施工单位的质量责任和义务

(1)依法承揽工程的责任

《建设工程质量管理条例》第二十五条规定,施工单位应当依法取得相应等级的资质证书,并在其资质等级许可的范围内承揽工程。

禁止施工单位超越本单位资质等级许可的业务范围或者以其他施工单位的名义承揽工程。禁止施工单位允许其他单位或者个人以本单位的名义承揽工程。

施工单位不得转包或者违法分包工程。

(2)施工单位对建设工程的施工质量负责

《建设工程质量管理条例》第二十六条规定,施工单位应当建立质量责任制,确定工程项目的项目经理、技术负责人和施工管理负责人。

建设工程实行总承包的,总承包单位应当对全部建设工程质量负责;建设工程勘察、设计、施工、设备采购的一项或者多项实行总承包的,总承包单位应当对其承包的建设工程或者采购的设备的质量负责。

(3)分包单位保证工程质量的责任

《建设工程质量管理条例》第二十七条规定,总承包单位依法将建设工程分包给其他单位的,分包单位应当按照分包合同的约定对其分包工程的质量向总承包单位负责,总承包单位与分包单位对分包工程的质量承担连带责任。

(4)按图施工的责任

《建设工程质量管理条例》第二十八条规定,施工单位必须按照工程设计图纸和施工技术标准施工,不得擅自修改工程设计,不得偷工减料。

施工单位在施工过程中发现设计文件和图纸有差错的,应当及时提出意见和建议。

(5)对建筑材料、构配件和设备进行检验的责任

《建设工程质量管理条例》第二十九条规定,施工单位必须按照工程设计要求、施工技术标准和合同约定,对建筑材料、建筑构配件、设备和商品混凝土进行检验,检验应当有书面记录和专人签字;未经检验或者检验不合格的,不得使用。

(6)对施工质量进行检验的责任

《建设工程质量管理条例》第三十条规定,施工单位必须建立、健全施工质量的检验制度,严格工序管理,做好隐蔽工程的质量检查和记录。隐蔽工程在隐蔽前,施工单位应当通知建设单位和建设工程质量监督机构。

《民法典》第七百九十八条 隐蔽工程在隐蔽以前,承包人应当通知发包人检查。发包人没有及时检查的,承包人可以顺延工程日期,并有权请求赔偿停工、窝工等损失。

由于隐蔽工程将要被后一道工序所覆盖,所以要在覆盖前进行验收,而且验收的数据就作为了最终验收的数据。对此,《建设工程施工合同(示范文本)》(GF—2017—0201)第5.3.2项规定:除专用合同条款另有约定外,工程隐蔽部位经承包人自检确认具备覆盖条件的,承包人应在共同检查前48小时书面通知监理人检查,通知中应载明隐蔽检查的内容、时间和地点,并应附有自检记录和必要的检查资料。

监理人应按时到场并对隐蔽工程及其施工工艺、材料和工程设备进行检查。经监理人检查确认质量符合隐蔽要求,并在验收记录上签字后,承包人才能进行覆盖。经监理人检查质量不合格的,承包人应在监理人指示的时间内完成修复,并由监理人重新检查,由此增加的费用和(或)延误的工期由承包人承担。

除专用合同条款另有约定外,监理人不能按时进行检查的,应在检查前24小时向承包人提交书面延期要求,但延期不能超过48小时,由此导致工期延误的,工期应予以顺延。监理人未按时进行检查,也未提出延期要求的,视为隐蔽工程检查合格,承包人可自行完成覆盖工作,并作相应记录报送监理人,监理人应签字确认。监理人事后对检查记录有疑问的,可按第5.3.3项〔重新检查〕的约定重新检查。

(7)见证取样的责任

《建设工程质量管理条例》第三十一条规定,施工人员对涉及结构安全的试块、试件以及有关材料,应当在建设单位或者工程监理单位监督下现场取样,并送具有相应资质等级的质量检测单位进行检测。

在工程施工过程中,为了控制工程总体或局部施工质量,需要依据有关技术标准和规定的方法,对用于工程的材料和构件抽取一定数量的样品进行检测,并根据检测结果判断其所代表部位的质量。

(8)返修保修的责任

《建设工程质量管理条例》第三十二条规定,施工单位对施工中出现质量问题的建设工程或者竣工验收不合格的建设工程,应当负责返修。

(9)培训上岗责任制度

《建设工程质量管理条例》第三十三条规定,施工单位应建立健全教育培训制度,加强对职工的教育培训,未经教育培训或培训不合格人员,不得上岗作业。

4)工程监理单位的质量责任和义务

(1)依法承揽业务的责任

《建设工程质量管理条例》第三十四条规定,工程监理单位应当依法取得相应等级的资质证书,并在其资质等级许可的范围内承担工程监理业务。

禁止工程监理单位超越本单位资质等级许可的范围或者以其他工程监理单位的名义承担工程监理业务。禁止工程监理单位允许其他单位或者个人以本单位的名义承担工程监理业务。

工程监理单位不得转让工程监理业务。

(2)独立监理的责任

《建设工程质量管理条例》第三十五条规定,工程监理单位与被监理工程的施工承包单位以及建筑材料、建筑构配件和设备供应单位不得有隶属关系或者其他利害关系的,不得承担该项建设工程的监理业务。

独立是公正的前提条件,监理单位如果不独立是不可能保持公正的。

(3)依法监理的责任

《建设工程质量管理条例》第三十六条规定,工程监理单位应当依照法律、法规以及有关技术标准、设计文件和建设工程承包合同,代表建设单位对施工质量实施监理,并对施工质量承担监理责任。

《建设工程质量管理条例》第三十八条规定,监理工程师应当按照工程监理规范的要求,采取旁站、巡视和平行检验等形式,对建设工程实施监理。

(4)确认质量和应付工程款的责任

《建设工程质量管理条例》第三十七条规定,工程监理单位应当选派具备相应资格的总监理工程师和监理工程师进驻施工现场。

未经监理工程师签字,建筑材料、建筑构配件和设备不得在工程上使用或者安装,施工单位不得进行下一道工序的施工。未经总监理工程师签字,建设单位不拨付工程款,不进行竣工验收。

3.建设工程质量保修制度及监督管理制度

1)建设工程质量保修制度

所谓建设工程质量保修,是指建设工程竣工验收后,在保修期限内出现的质量缺陷(或质量问题),由施工单位依照法律规定或合同约定予以修复。其中,质量缺陷是指建设工程的质量不符合工程建设强制性标准以及合同的约定。

(1)建设工程实行质量保修制度

《建设工程质量管理条例》第三十九条规定,建设工程承包单位在向建设单位提交工程竣工验收报告时,应当向建设单位出具质量保修书。质量保修书中应当明确建设工程的保修范围、保修期限和保修责任等。

(2)建设工程最低保修期限

在正常使用条件下,建设工程的最低保修期限为《建设工程质量管理条例》第四十条规定:

①基础设施工程、房屋建筑的地基基础工程和主体结构工程,为设计文件规定的该工程的合理使用年限。

②屋面防水工程、有防水要求的卫生间、房间和外墙面的防渗漏保修期限为 5 年。

③供热与供冷系统保修期限为两个采暖期、供冷期。

④电气管线、给排水管道、设备安装和装修工程保修期限为两年。

上述保修范围属于法律强制性规定,超出该范围的其他项目的保修不是强制的,属于发承包双方意思自治的领域——在工程实践中,通常由发包方在招标文件中事先明确规定,或由双方在竣工验收前另行达成约定。最低保修期限同样属于法律强制性规定,双方约定的保修期限不得低于条例规定的期限,但可以延长。

建设工程的保修期,自竣工验收合格之日起计算。

(3)保修责任

《建设工程质量管理条例》第四十一条规定,建设工程在保修范围和保修期限内发生质量问题的,施工单位应当履行保修义务,并对造成的损失承担赔偿责任。

根据该条规定,质量问题应当发生在保修范围和保修期以内,是施工单位承担保修责任的两个前提条件。《房屋建筑工程质量保修办法》规定了3种不属于保修范围的情况,分别如下:

①因使用不当造成的质量缺陷。

②第三方造成的质量缺陷。

③不可抗力造成的质量缺陷。

根据国家有关规定及行业惯例,就工程质量保修事宜,建设单位和施工单位应遵守以下基本程序:

①建设工程在保修期限内出现质量缺陷,建设单位应当向施工单位发出保修通知。

②施工单位接到保修通知后,应当到现场核查情况,在保修书约定的时间内予以保修。发生涉及结构安全或严重影响使用功能的紧急抢修事故,施工单位接到保修通知后,应立即到达现场抢修。

③施工单位不按工程质量保修书约定保修的,建设单位可另行委托其他单位保修,由原施工单位承担相应的责任。

④保修费用由造成质量缺陷的责任方承担。如果质量缺陷是由于施工单位未按照工程建设强制性标准和合同要求施工造成的,则施工单位不仅要负责保修,还要承担保修费用。但是,如果质量缺陷是由于设计单位、勘察单位或建设单位、监理单位的原因造成的,施工单位仅负责保修,其有权对由此发生的保修费用向建设单位索赔。建设单位向施工单位承担赔偿责任后,有权向造成质量缺陷的责任方追偿。

2) 建设工程质量的监督管理制度

建设工程质量必须执行政府监督管理。政府对工程质量的监督管理主要以保证工程使用安全和环境质量为主要目的,以法律、法规和强制性标准为依据,以地基基础、主体结构、环境质量和与此有关的工程建设各方主体的质量行为为主要内容,以施工许可制度和竣工验收备案制度为主要手段。

(1)工程质量监督管理部门

①建设行政主管部门及有关专业部门。我国实行国务院建设行政主管部门统一监督管理。各专业部门按照国务院确定的职责分别对其管理范围内的专业工程进行监督管理。

县级以上人民政府建设行政主管部门对本行政区域内的建设工程质量实施监督管理。专业部门按其职责对本专业建设工程质量实行监督管理。

②国家发展和改革委员会。

③工程质量监督机构。

(2)工程质量监督管理职责

①国务院建设行政主管部门的基本职责。

国务院建设行政主管部门和国务院铁路、交通、水利等有关部门应当加强对有关建设工程质量的法律、法规和强制性标准执行情况的监督检查。

②县级以上地方人民政府建设行政主管部门的基本职责。

县级以上地方人民政府建设行政主管部门和其他有关部门应当加强对有关建设工程质量的法律、法规和强制性标准执行情况的监督检查。

③工程质量监督机构的基本职责。

- 办理建设单位工程建设项目报监手续,收取监督费。
- 依照国家有关法律、法规和工程建设强制性标准,对建设工程的地基基础、主体结构及相关的建筑材料、构配件、商品混凝土的质量进行检查。
- 对于被检查实体质量有关的工程建设参与各方主体的质量行为及工程质量文件进行检查,发现工程问题时,有权采取局部暂停施工等强制性措施,直到问题得到改正。
- 对建设单位组织的竣工验收程序实施监督,查看其验收程序是否合法,资料是否齐全,实体质量是否存有严重缺陷。
- 工程竣工后,应向委托的政府有关部门报送工程质量监督报告。
- 对需要实施行政处罚的,报告委托的政府部门进行行政处罚。

4.建设工程质量管理其他制度

1)工程质量事故报告制度

建设工程发生质量事故后,有关单位应当在 24 h 内向当地建设行政主管部门和其他有关部门报告。对重大质量事故,事故发生地的建设行政主管部门和其他有关部门应当按照事故类别和等级向当地人民政府、上级建设行政主管部门以及其他有关部门报告。

2)建设工程质量检测制度

建设工程质量检测,是指工程质量检测机构接受委托,依据国家有关法律、法规和工程建设强制性标准,对涉及结构安全项目的抽样检测和对进入施工现场的建筑材料、构配件的见证取样检测。建设工程质量检测工作是政府对建设工程质量进行监督管理工作的重要手段之一。

建设工程质量检测机构是具有独立法人资格的中介机构。检测机构资质按照其承担的检测业务内容分为专项检测机构资质和见证取样检测机构资质。其质量检测的业务内容如下:

(1)专项检测

①地基基础工程检测。

②主体结构工程现场检测。

③建筑幕墙工程检测。

④钢结构工程检测。

(2)见证取样检测

①水泥物理力学性能检验。

②钢筋(含焊接与机械连接)力学性能检验。

③砂、石常规检验。

④混凝土、砂浆强度检验。

⑤简易土工试验。

⑥混凝土外加剂检验。

⑦预应力钢绞线、锚夹具检验。

⑧沥青、沥青混合料检验。

3)工程质量检举、控告、投诉制度

《建筑法》与《建设工程质量管理条例》均明确,任何单位和个人对建设工程的质量事故、质量缺陷都有权检举、控告、投诉。工程质量检举、控告、投诉制度是为了更好地发挥群众监督和社会舆论监督的作用,是保证建设工程质量的一项有效措施。

【技能实训 1.2】

某房地产新建住宅小区工程,通过招标方式确定了勘察、设计、施工单位及监理单位,监理单位与施工单位同属一个集团公司。设计单位设计的其中一栋住宅楼为 10 层,采用底层框架,上部(9 层)砖混结构形式。

在施工过程中发生以下事件:

①建设单位为了赶工期,在设计图未经有关部门审查的情况下,交给施工单位进行施工。

②施工单位为降低成本,按经验将每层楼板主筋间距 130 mm 改为 150 mm,厚度 120 mm变为 100 mm。

③混凝土浇筑之前,监理工程师进行了隐蔽工程验收,并在隐蔽工程记录上按合格签字;混凝土浇筑过程中施工人员自行进行混凝土取样,并送具有相应等级的质量检测单位进行检测。

工程完工后,建设单位组织竣工验收,验收合格,并在 1 个月后办理了竣工验收备案。工程使用第三年业主发现屋面漏水,于是要求施工单位保修,施工单位以合同中约定保修期为两年为由拒绝修复。

【思考练习】

1.本案例存在哪些不妥之处? 为什么?

2.建设单位和施工单位就保修事宜应遵守怎样的规定?

【知识训练】

一、单项选择题

1.承担施工总承包的企业可以对所承接的工程( )。

    A.全部进行分包   B.可以将主体工程转包

    C.全部自行施工   D.可以将全部工程转包

2.建筑业企业必须按照工程设计图纸和施工技术标准施工,不得偷工减料。工程设计的修改由( )负责。

    A.建设单位   B.原设计单位

    C.施工技术管理人员   D.监理单位

3.总承包单位将建筑工程分包给其他单位的,应对分包工程的质量与分包单位承担( )责任。分包单位应接受总承包单位的质量管理。

    A.检查   B.管理   C.连带   D.监督

4.建筑工程竣工经验收合格后,方可交付使用;未经验收或者验收不合格的,( )。

    A.不能正式使用   B.不得进行销售

    C.不能进行结算   D.不得交付使用

5.建筑业企业应根据( )向国务院产品质量监督管理部门或由它授权的部门认可的认证机构申请质量体系认证。经认证合格的,由认证机构颁发质量体系认证证书。

    A.认证管理原则   B.自愿认证原则

    C.必须认证原则   D.分期分批原则

6.建设单位不得以任何理由要求建筑业企业降低工程质量。建筑业企业对建设单位提出的在工程施工作业中,违反法律、行政法规和建筑工程质量、安全标准,降低工程质量的要求,有权且应当( )。

    A.予以论证   B.予以上报   C.予以拒绝   D.予以举报

7.建设单位和施工单位应在工程质量保修书中约定保修范围、保修期限和保修责任等,必须符合( )。

    A.国家有关规定   B.合同有关规定

    C.建设单位要求   D.工程验收规定

8.( )的最低保修期为设计文件规定的该工程的合理使用年限。

    A.基础防水工程和基础结构工程   B.地基基础工程和维护结构工程

    C.基础防水工程和主体结构工程   D.地基基础工程和主体结构工程

9.房屋建筑工程保修期从( )计算。

    A.签订工程保修书之日起   B.工程保修书中约定之日起

    C.工程竣工验收合格之日起   D.工程验收合格交付使用之日起

10.保修工程发生涉及结构安全的质量缺陷,( )应当立即向当地建设行政主管部门报告,采取安全防范措施。

    A.房屋建筑所有人   B.房屋原施工单位

    C.房屋建筑居住人   D.房屋原设计单位

11.在保修期限内,因工程质量缺陷造成房屋所有人、使用人或第三方人身、财产损害的,房屋所有人、使用人或第三方可以向( )提出赔偿要求。

    A.建设单位   B.施工单位

    C.工程质量责任单位   D.设计单位

12.根据《建设工程质量管理条例》,建设单位应当在工程竣工验收合格后的( )内到县级以上人民政府建设行政主管部门或其他有关部门备案。

    A.10 日   B.15 日   C.30 日   D.60 日

13.根据《建设工程质量管理条例》,建设工程发生质量事故后,有关单位应当在( )内向当地建设行政主管部门和其他有关部门报告。

    A.8 h   B.12 h   C.24 h   D.48 h

14.根据《建设工程质量管理条例》,下列选项中( )不是建设单位质量责任和义务的规定。

    A.建设单位应当将工程发包给具有相应资质等级的单位

    B.建设单位不得对承包单位的建设活动进行不合理干预

    C.施工图设计文件未经审查批准的,建设单位不得使用

    D.涉及建筑主体和承重结构变动的装修工程,施工单位要有设计方案

15.根据《建设工程质量管理条例》,建设单位应当依法对工程建设项目的勘察、设计、施工、监理以及与工程建设有关的重要设备、材料等的采购进行( )。

    A.指定购买   B.合同购买   C.招标   D.关联交易

16.根据《建设工程质量管理条例》,( )应按照国家有关规定组织竣工验收,建设工程验收合格的,方可交付使用。

A.建设单位　　　　B.施工单位　　　　C.监理单位　　　　D.设计单位

17.根据《建设工程质量管理条例》,下列选项中(　　　)不符合施工单位质量责任和义务的规定。

A.施工单位应当在其资质等级许可的范围内承揽工程

B.施工单位不得转包工程

C.施工单位不得分包工程

D.总承包单位与分包单位对分包工程的质量承担连带责任

18.根据《建设工程质量管理条例》,建设工程承包单位在向建设单位提交竣工验收报告时,应当向建设单位出具(　　　)。

A.质量保修书　　　B.质量保证书　　　C.质量维修书　　　D.质量保函

19.根据《建设工程质量管理条例》关于质量保修制度的规定,屋面防水工程、有防水要求的卫生间、房间和外墙面防渗漏的最低保修期为(　　　)。

A.6 个月　　　　　B.1 年　　　　　　C.3 年　　　　　　D.5 年

20.根据《建设工程质量管理条例》关于质量保修制度的规定,供热与供冷系统的最低保修期为(　　　)。

A.6 个月　　　　　　　　　　　　　B.一个采暖期、供冷期

C.3 年　　　　　　　　　　　　　　D.两个采暖期、供冷期

21.根据《建设工程质量管理条例》关于质量保修制度的规定,电气管线、给排水管道、设备安装和装修工程的最低保修期为(　　　)。

A.6 个月　　　　　B.1 年　　　　　　C.2 年　　　　　　D.5 年

22.根据《建设工程质量管理条例》,下列选项中(　　　)不属于工程质量监督管理部门。

A.工程质量监督机构　　　　　　　　B.建筑业协会

C.国家发展和改革委员会　　　　　　D.建设行政主管部门及有关专业部门

二、多项选择题

1.从事建筑活动的建筑业企业按照其拥有的(　　　)等资质条件,划分为不同的资质等级。

A.注册造价师　　　　　　　　　　　B.完成利润额

C.技术装备　　　　　　　　　　　　D.注册资本

E.已完成的建筑工程业绩

2.建筑业企业资质分为(　　　)3 个序列。

A.设计施工总承包　　　　　　　　　B.施工总承包

C.专业总承包　　　　　　　　　　　D.专业承包

E.劳务分包

3.获得专业承包资质的企业,可以承接(　　　)专业工程。

A.勘察设计单位分包的　　　　　　　B.施工总承包企业分包的

C.要求全部自行施工的　　　　　　　D.建设单位按照规定发包的

E.要求设计并施工的

4.建筑物在合理使用寿命内,必须确保(　　　)的质量。

A.地基基础工程　　　　　　　　　　B.屋面防水工程

C.地下防水工程　　　　　　　　　D.主体结构工程

E.地下人防工程

5.建筑业企业必须按照(　　　),对建筑材料、建筑构配件和设备进行检验,不合格的不得使用。

A.工程设计要求　　　　　　　　　B.合同的约定

C.建设单位要求　　　　　　　　　D.监理单位的要求

E.施工技术标准

6.按照规定不属于房屋建筑工程保修范围的(　　　)。

A.因使用不当造成的质量缺陷　　　B.不可抗力造成的质量缺陷

C.不包括设备的电气管线　　　　　D.保修期内保修之后又出现的质量缺陷

E.保修期第5年出现的屋面漏水

7.房屋建筑工程在保修范围内,保修期限为两年的工程内容为(　　　)。

A.供热与供冷系统　　　　　　　　B.电气管线、设备安装

C.装修工程　　　　　　　　　　　D.人防工程

E.房间和外墙面的防漏

8.下列选项中,(　　　)属于建设工程质量管理的基本制度。

A.工程质量监督管理制度　　　　　B.工程竣工验收备案制度

C.工程质量事故报告制度　　　　　D.工程质量检举、控告、投诉制度

E.工程质量责任制度

9.根据《建设工程质量管理条例》,(　　　)是建设单位办理工程竣工验收备案应提交的材料。

A.工程竣工验收备案表　　　　　　B.工程竣工验收报告

C.施工单位签署的工程质量保修书　D.住宅质量保证书

E.住宅使用说明书

10.根据《建设工程质量管理条例》,下列选项中(　　　)符合建设单位质量责任和义务的规定。

A.建设单位应当将工程发包给具有相应资质等级的单位

B.建设单位不得将工程肢解发包

C.建设单位不得对承包单位的建设活动进行干预

D.施工图设计文件未经审查批准的,建设单位不得使用

E.对必须实行监理的工程,建设单位应当委托具有相应资质等级的工程监理单位进行
　监理

11.根据《建设工程质量管理条例》,下列选项中(　　　)符合建设单位质量责任和义务的规定。

A.建设单位应当依法对工程建设项目的勘察、设计、施工、监理以及与工程建设有关的
　重要设备、材料等的采购进行招标

B.建设单位在领取施工许可证或者开工报告之前,应当按照国家有关规定办理工程质
　量监督手续

C.建设单位不得对承包单位的建设行为进行不合理的干预

D.施工图设计文件未经审查批准的,建设单位不得使用

E.建设单位应按照国家有关规定组织竣工验收,经过验收程序即可交付使用

12.根据《建设工程质量管理条例》,下列选项中(　　)符合勘察、设计单位质量责任和义务的规定。

A.勘察、设计单位应当依法取得相应资质等级的证书,并在其资质等级许可的范围内承揽工程

B.勘察、设计单位必须按照工程建设强制性进行勘察、设计

C.注册执业人员应当在设计文件上签字,对设计文件负责

D.任何情况下设计单位均不得指定生产厂、供应商

E.设计单位应当根据勘察成果文件进行建设工程设计

13.根据《建设工程质量管理条例》,下列选项中(　　)符合施工单位质量责任和义务的规定。

A.施工单位应当依法取得相应资质等级的证书,并在其资质等级许可的范围内承揽工程

B.施工单位不得转包或分包工程

C.总承包单位与分包单位对分包工程的质量承担连带责任

D.施工单位必须按照工程设计图纸和施工技术标准施工

E.建设工程实行质量保修制度,承包单位应履行保修义务

14.根据《建设工程质量管理条例》,下列选项中(　　)符合工程监理单位质量责任和义务的规定。

A.工程监理单位应当依法取得相应资质等级的证书,并在其资质等级许可的范围内承担工程监理业务

B.工程监理单位不得转让工程监理业务

C.工程监理单位代表建设单位对施工质量实施监理

D.工程监理单位代表施工单位对施工质量实施监理

E.工程监理单位不得与被监理工程施工承包单位有非正常联系

15.根据《建设工程质量管理条例》,下列选项中(　　)是工程质量监督管理部门。

A.建筑业协会　　　　　　　　B.国家发展和改革委员会

C.安全生产监督管理部门　　　D.工程质量监督机构

E.建设行政主管部门及有关专业部门

【延伸阅读】

1.《建设工程质量管理条例》(扫二维码可阅)。

2.《中华人民共和国标准化法》。

3.全国一级建造师执业资格考试用书《建设工程法规及相关知识》《习题集》。

4.二级建造师执业资格考试用书《建设工程法规及相关知识》。

质量管理系列

知识学习任务 1.3　招投标法

【教学目标及学习要点】

能力目标	知识目标	学习要点
1.能正确运用招投标的有关规定分析相关案例 2.能完成能力训练项目施工招标、投标文件的编写	1.了解《招标投标法》施行的时间及适用范围、招投标的目的 2.熟悉招投标活动的基本原则、建设工程招标的主要类别、招标组织形式 3.掌握必须招标的建设项目的范围和规模标准、招标方式	1.建设工程招投标的目的 2.必须招标的建设工程项目的范围和规模标准 3.招投标活动的基本原则、方式 4.建设工程招标的主要类别及组织形式

【任务情景 1.3】

某大型工程,由于技术特别复杂,对施工单位的施工设备和同类工程的施工经验要求较高,经省有关部门批准后决定采取邀请招标方式。招标人于 2013 年 3 月 8 日向通过资格预审的 A,B,C,D,E 5 家施工承包企业发出了投标邀请书,5 家企业接受了邀请并于规定时间内购买了招标文件。招标文件规定:2013 年 4 月 20 日下午 4 时为投标截止时间,5 月 10 日发出中标通知书。

在 4 月 20 日上午 A,B,D,E 这 4 家企业提交了投标文件,但 C 企业于 4 月 20 日下午 5 时才将投标文件送达。4 月 23 日由当地投标监督办公室主持进行了公开开标。

评标委员会由 7 人组成,其中当地招标办公室 1 人,公证处 1 人,招标人 1 人,技术经济专家 4 人。评标时发现 B 企业投标文件有项目经理签字并盖了公章,但无法定代表人签字和授权委托书;D 企业投标报价的大写金额与小写金额不一致;E 企业对某分项工程报价有漏项。招标人于 5 月 10 日向 A 企业发出了中标通知书,双方于 6 月 12 日签订了书面合同。

工作任务:

1.该项目采取的招标方式是否妥当? 说明理由。

2.分别指出对 B 企业、C 企业、D 企业和 E 企业投标文件应如何处理? 并说明理由。

3.指出开标工作的不妥之处,并说明理由。

4.指出评标委员会人员组成的不妥之处。

5.指出招标人与中标企业 6 月 12 日签订合同是否妥当,并说明理由。

《招标投标法》由第九届全国人民代表大会常务委员会第十一次会议于 1999 年 8 月 30 日通过,自 2000 年 1 月 1 日起施行,共 6 章 68 条。立法目的是规范招标投标活动,保护国家利益、社会公共利益和招标投标活动当事人的合法权益,提高经济效益,保证项目质量。其内容包括总则,招标,投标,开标、评标和中标,法律责任,附则内容。

【知识讲解】

1. 招投标活动的基本原则

《招标投标法》第五条规定："招标投标活动应当遵循公开、公平、公正和诚实信用的原则。"这一规定是指导招标投标活动的基本准则。

（1）公开原则

公开原则是指除依法应当保密的事项外，信息必须公开，以确保招标投标活动的透明度，即招标信息、招标程序、招标过程、评标标准、中标结果都应该公开。

（2）公平原则

公平原则是指招标人不得以任何方式限制或排斥本地区、本系统以外的法人或其他组织参加投标，保证所有投标人处于同一起跑线，进行平等竞争。

（3）公正原则

公正原则是指招标人或评标委员会在招标投标活动中，应当按照同一标准平等地对待每一位投标人，而且双方地位平等，任何一方不得向另一方提出不合理的要求，不得将自己的意志强加给对方。

（4）诚实守信原则

诚实守信，是民事活动中应当遵循的一项基本原则。该项原则是要求当事人在招标投标活动中都要诚实守信，不得有欺诈背信的行为。

2. 建设工程招标

1）工程招标基本知识

工程招标是招标单位就拟建设的工程项目发出要约邀请，对应邀请参与竞争的承包（供应）商进行审查、评选，并择优作出承诺，从而确定工程项目建设承包人的活动。它是招标单位订立建设工程合同的准备活动。建设工程招标与投标，是承发包双方合同管理工程项目的第一个重要环节。

2）建设工程招标的范围和规模标准

（1）建设工程招标的范围

总投资或单项合同估算价在限额以上的下列工程建设项目，包括项目的勘察、设计、施工、监理以及与工程建设有关的重要设备、材料等的采购，必须进行招标。

①大型基础设施、公用事业等关系社会公共利益、公众安全的项目。

②全部或者部分使用国有资金投资或者国家融资的项目。

③使用国际组织或者外国政府贷款、援助资金的项目。

必须招标的
范围和标准

（2）建设工程招标的规模标准（额度）

根据 2018 年发改委第 16 号文件《必须招标的工程项目规定》（国家发展改革委 2018 年第 16 号令）：建设工程项目的勘察、设计、施工、监理和重要建设物资的采购，达到下列标准之一必须进行招标：

①施工单项合同估算额在 400 万元人民币以上的。

②重要设备、材料等货物的采购,单项合同估算价在 200 万元以上的。

③勘察、设计、监理等服务的采购,单项合同估算价在 100 万元以上的。

④单项合同估算价低于第①、第②、第③项规定的标准,但总投资额在 3 000 万元人民币以上的项目,也须进行招标。

（3）例外情形

根据《工程建设项目施工招标投标办法》第十二条规定,虽属上述招标范围并达到规模标准,但符合下列情形之一的,可以不进行施工招标:

①涉及国家安全、国家秘密、抢险救灾而不适宜招标的。

②属于利用扶贫资金实行以工代赈需要使用农民工的。

③施工主要技术采用特定的专利或者专有技术的。

④施工企业自建自用的工程,且该施工企业资质等级符合工程要求的。

⑤在建工程追加的附属小型工程或者主体加层工程,原中标人仍具备承包能力的。

⑥法律、行政法规规定的其他情况。

3) 建设工程招标的基本条件

（1）招标单位必须具备的条件

①招标单位必须具备民事主体资格。

②招标单位自行办理招标,必须具备编制招标文件和组织评标的能力。

③不具备招标评标组织能力的招标单位,应当委托具有相应资格的工程招标代理机构代理招标。

④办理招标备案手续。

（2）招标工程应当具备的条件

①按照国家有关规定需要履行项目审批手续的,已经履行审批手续。通常包括以下内容:立项批准文件和固定资产投资许可证;已经办理该建设工程用地批准手续;已经取得规划许可证。

②工程建设资金或者资金来源已经落实。

③有满足施工招标需要的设计文件及其他技术资料。

④法律法规和规章规定的其他条件。

4) 建设工程的招标方式

我国自 2000 年 1 月 1 日施行的《招标投标法》明确规定了招标方式有两种,即公开招标和邀请招标。议标方式不是法定的招标形式,然而,议标作为一种简单、便捷的方式,目前仍被我国建设工程咨询服务行业广泛采用。只有不属于法律规定必须招标的项目,如涉及国家安全、国家秘密、抢险救灾工程或低于国家规定必须招标标准的小型工程等,才可以采用直接委托方式,即直接发包。

（1）公开招标

公开招标是指招标人以招标公告的方式邀请不特定的法人或者其他组织投标。公开招标也称开放型招标,是一种无限竞争性招标。

①公开招标方式的优点

为承包商提供公平竞争的平台,同时使招标单位有较大的选择余地,有利于降低工程造价,缩短工期和保证工程质量。

②公开招标方式的缺点

投标单位多且良莠不齐,不但招标工作量大,所需时间较长,而且容易被不负责任的单位抢标。因此,对投标单位进行严格的资格预审就特别重要。

③公开招标方式的适用范围

全部使用国有资金投资,或国有资金投资占控股地位或主导地位的项目,应当实行公开招标。一般情况下,投资额度大、工艺或结构复杂的较大型建设项目,实行公开招标较为合适。

(2)邀请招标

邀请招标是指招标人以投标邀请书的方式邀请特定的法人或者其他组织投标。邀请招标又称有限竞争性招标、选择性招标,是由招标单位根据工程特点,有选择地邀请若干个具有承包该项工程能力的承包人前来投标,是一种有限竞争性招标。一般邀请 5~10 家承包商参加投标,最少不得少于 3 家。

①邀请招标方式的适用范围

国务院发展计划部门确定的国家重点项目和省、自治区、直辖市人民政府确定的地方重点项目,以及全部使用国有资金投资或国有资金投资占控股或主导地位的项目,应当公开招标,有下列情形之一的,经国务院发展计划部门或者省、自治区、直辖市人民政府批准可以进行邀请招标:

A.项目技术复杂或有特殊要求,只有少量几家潜在投标人可供选择的;

B.受自然地域环境限制的;

C.涉及国家安全、国家机密或者抢险救灾,适宜招标但不宜公开招标的;

D.拟公开招标的费用与项目价值相比,不值得的;

E.法律、法规规定不宜公开招标的。

国家重点建设项目的邀请招标,应当经国家国务院发展计划部门批准;地方重点建设项目的邀请招标,应当经各省、自治区、直辖市人民政府批准。

全部使用国有资金投资或者国有资金投资占控股或者主导地位的并需要审批的工程建设项目的邀请招标,应当经项目审批部门批准,但项目审批部门只审批立项的,由有关行政监督部门审批。

②邀请招标方式的优点

招标所需的时间较短,工作量小,目标集中,且招标花费较省;被邀请的投标单位的中标概率高。

③邀请招标方式的缺点

不利于招标单位获得最优报价,取得最佳投资效益;投标单位的数量少,竞争性较差;招标单位在选择邀请人前所掌握的信息不可避免地存在一定的局限性,招标单位很难了解市场上所有承包商的情况,常会忽略一些在技术、报价方面更具竞争力的企业,使招标单位不易获得最合理的报价,有可能找不到最合适的承包商。

5)建设工程施工招标程序

建设工程施工招标程序,指建设工程招标活动按照一定的时间和空间应遵循的先后顺序,是以招标单位和其代理人为主进行的有关招标的活动程序。

（1）落实招标项目应当具备的条件

依法必须进行施工招标的工程建设项目,应当具备下列条件:

①招标人已经依法成立。

②初步设计及概算应当履行审批手续的,已经批准。

③招标范围、招标方式和招标组织形式等应当履行核准手续的,已经核准。

④有相应资金或资金来源已经落实。

⑤有招标所需的设计图纸及技术资料。

（2）成立招标组织,由建设单位自行招标或委托招标

依据招标人是否具有招标的条件和能力,可以将组织招标分为自行招标和委托招标两种情况。

①招标人自行招标

《招标投标法》第十二条规定,招标人具有编制招标文件和组织评标能力的,可以自行办理招标事宜。任何单位和个人不得强制其委托招标代理机构办理招标事宜。招标人自行办理招标事宜的,应当向有关行政监督部门备案。

建设单位自行招标应具备以下条件:

A.具有项目法人资格（或者法人资格）。

B.具有与招标项目规模和复杂程度相适应的工程技术、概预算、财务和工程管理等方面专业技术力量。

C.有从事同类工程建设项目招标的经验。

D.设有专门的招标机构或者拥有3名以上专职招标业务人员。

E.熟悉和掌握招标投标法及有关法规规章。

②招标人委托招标

招标人不具备自行招标能力的,必须委托具备相应资质的招标代理机构代为办理招标事宜。《招标投标法》第十二条规定,招标人有权自行选择招标代理机构,委托其办理招标事宜。任何单位和个人不得以任何方式为招标人指定招标代理机构。

招标代理机构应当具备以下条件:

A.有从事招标代理业务的营业场所和相应资金。

B.有能够编制招标文件和组织评标的相应专业力量。

招标代理机构是依法设立、从事招标代理业务并提供相关服务的社会中介组织。从事工程建设项目招标代理业务的招标代理机构,其资格由国务院或者省、自治区、直辖市人民政府的建设行政主管部门认定。招标代理机构与行政机关和其他国家机关不得存在隶属关系或者其他利益关系。

（3）发布招标公告或发出投标邀请书

①发布招标公告

《招标投标法》第十六条第一款规定:"招标人采用公开招标方式的,应当发布招标公告。依法必须进行招标的项目的招标公告,应当通过国家指定的报刊、信息网络或者其他媒介发布。"

②发出投标邀请书

《招标投标法》第十七条规定："招标人采用邀请招标方式的,应当向 3 个以上具备承担招标项目的能力、资信良好的特定的法人或者其他组织发出投标邀请书。"

(4)资格审查

一般来说,资格审查可分为资格预审和资格后审。资格预审是在招标前对潜在投标人进行的资格审查;资格后审是在投标后(一般是在开标后)对投标人进行的资格审查。进行资格预审的,一般不再进行资格后审,但招标文件另有规定的除外。无论是预审还是后审,都是主要审查潜在投标人或投标人是否符合下列条件:

①具有独立订立合同的权利。

②具有圆满履行合同的能力,包括专业、技术资格和能力,资金、设备和其他物质设施状况,管理能力,经验、信誉和相应的工作人员。

③没有处于被责令停业,投标资格被取消,财产被接管、冻结、破产状态。

④在最近 3 年内没有骗取中标和严重违约及重大工程质量问题。

⑤法律、行政法规规定的其他条件。

是否进行资格审查及资格审查的要求和标准,招标人应在招标公告或投标邀请书中载明。这些要求和标准应平等地适用于所有的潜在投标人或投标人。招标人不得规定任何并非客观上合理的标准、要求或程序,限制或排斥投标人,后者会给投标人以不公平的待遇,最终也会限制竞争。

招标人应按照招标公告或投标邀请书中载明的要求和标准,对提交资格审查证明文件和资料的潜在投标人或投标人的资格作出审查决定。招标人应告知潜在投标人或投标人是否审查合格。

(5)编制招标文件和标底

①招标文件的法律意义

建设工程招标文件是招标活动中最重要的法律文件。招标文件是招标人进行招标活动的依据;是投标人编制投标文件的依据;是评标委员会评审的依据;也是招标人和投标人订立合同的基础。

②编制招标文件

《招标投标法》第十九条规定："招标人应当根据招标项目的特点和需要编制招标文件。招标文件应当包括招标项目的技术要求、对投标人资格审查的标准、投标报价要求和评标标准等所有实质性要求和条件以及拟签订合同的主要条款。国家对招标项目的技术、标准有规定的,招标人应当按照其规定在招标文件中提出相应要求。招标项目需要划分标段、确定工期的,招标人应当合理划分标段、确定工期,并在招标文件中载明。"

招标文件不得要求或者标明特定的生产供应者以及含有倾向或者排斥潜在投标人的其他内容。招标人对已发出的招标文件进行必要的澄清或者修改的,应当在招标文件要求提交投标文件截止时间至少 15 日前,以书面形式通知所有招标文件收受人。该澄清或者修改的内容为招标文件的组成部分。《招标投标法》第二十四条规定："招标人应当确定投标人编制投标文件所需要的合理时间;但是,依法必须进行招标的项目,自招标文件开始发出之日起至投标人提交投标文件截止之日止,最短不得少于二十日。"

招标文件应当规定一个适当的投标有效期,以保证招标人有足够的时间完成评标和与中标人签订合同。投标有效期从投标人提交投标文件截止之日起计算。

③编制标底(如果有)

根据《招标投标法》及有关规定,编制标底并不是强制性的,招标人可以不设标底,进行无标底招标。对于设有标底的招标项目,标底通常是评标的一个关键指标。为了保证招标投标活动公平、公正,《招标投标法》特别规定:"招标人设有标底的,标底应该保密。"

标底由招标人自行编制或委托中介机构编制,一个工程只能编制一个标底。招标人设有标底的,标底在评标时应当作为参考,但不得作为评标的唯一标准。

【注意招标新趋向】现阶段我国很多地区采用控制价法进行招标,即招标人不设置标底,而设置最高控制价,控制价是公开的(在开标前)。投标人的报价不得高于招标人公布的控制价,高出控制价为废标。

(6)发售招标文件和对招标文件答疑

①招标文件的发售

《工程建设项目施工招标投标办法》第十五条规定,对招标文件或者资格预审文件的收费应当限于补偿印刷、邮寄的成本支出,不得以营利为目的。对于所附的设计文件,招标人可以向投标人酌收押金;对于开标后投标人退还设计文件的,招标人应当向投标人退还押金。

②投标人提出疑问

投标人对招标文件有疑问的,应在收到招标文件后的一定期限内以书面形式向招标人提出。

③招标人答疑

根据《招标投标法》第二十三条规定:"招标人对已发出的招标文件进行必要的澄清或者修改的,应当在招标文件要求提交投标文件截止时间至少十五日前,以书面形式通知所有招标文件收受人。该澄清或者修改的内容为招标文件的组成部分。"对于潜在投标人在阅读招标文件中提出的疑问,招标人应当以书面形式、投标预备会方式或者通过电子网络解答,但需要同时将解答以书面方式通知所有购买招标文件的潜在投标人。该解答的内容为招标文件的组成部分。

除招标文件明确要求外,出席投标预备会不是强制的,由潜在投标人自行决定,并自行承担由此可能产生的风险。

(7)签收投标文件

招标人在收到投标文件后,应当签收保存,不得开启。投标人少于 3 人的招标人应当按照《招标投标法》重新招标。在招标文件要求提交投标文件截止时间后送达的投标文件,招标人应当拒收。

招标人不得接受以电报、电传、传真以及电子邮件方式提交的投标文件及投标文件的修改文件。

6)施工招标无效的情形

招标人或者招标代理机构有下列情形之一,有关行政监督部门责令限期改正,根据情节可处 3 万元以下的罚款;情节严重的,招标无效:

①未在指定的媒介发布招标公告的。

②邀请招标不依法发出投标邀请书的。

③自招标文件或资格预审文件出售之日起至停止出售之日止,少于5个工作日的。

④依法必须招标的项目,自招标文件开始发出之日起至提交投标文件截止之日止,少于20日的。

⑤应当公开招标而不公开招标的。

⑥不具备招标条件而进行招标的。

⑦应当履行核准手续而未履行的。

⑧不按项目审批部门核准内容进行招标的。

⑨在提交投标文件截止时间后接收投标文件的。

⑩投标人数量不符合法定要求不重新招标的。

被认定为招标无效的,应当重新招标。

3.建设工程投标

1) 投标的基本知识

(1) 投标的基本概念

建设工程投标是投标单位针对招标单位的要约邀请,以明确的价格、期限、质量等具体条件,向招标单位发出要约,通过竞争获得经营业务的活动。投标人在响应招标文件的前提下,对项目提出报价,填制投标函,在规定的期限内报送招标单位,参与该项工程竞争及争取中标。

(2) 投标人

建设工程的投标人是建设工程招标投标活动中的另一方当事人,它是指响应招标,并按照招标文件的要求参与工程任务竞争的法人或者其他组织。

①投标人应具备的条件

《招标投标法》规定:"国家有关规定对投标人资格条件或者招标文件对投标人资格条件有规定的,投标人应当具备规定的资格条件。"

②投标联合体

在工程实践中,尤其是在国际工程承包中,联合投标是实现不同投标人优势互补,跨越地区市场竞争的有效方法。

A.联合体的法律地位。根据《招标投标法》第三十一条第一款的规定,联合投标是指"两个以上法人或者其他组织可以组成一个联合体,以一个投标人的身份共同投标"。

B.联合体的资格。《招标投标法》第三十一条第二款的规定:"联合体各方均应当具备承担招标项目的相应能力;国家有关规定或者招标文件对投标人资格条件有规定的,联合体各方均应当具备规定的相应资格条件。由同一专业的单位组成的联合体,按照资质等级较低的单位确定资质等级。"

C.联合体各方的责任。《招标投标法》第三十一条规定:"联合体各方应当签订共同投标协议,明确约定各方拟承担的工作和责任,并将共同投标协议连同投标文件一并提交招标人。联合体中标的,联合体各方应当共同与招标人签订合同,就中标项目向招标人承担连带责任。"

联合体各方签订共同投标协议后,不得再以自己的名义单独投标,也不得组成新的联合体或参加其他联合体在同一项目中投标。

D.投标单位的意思自治。《招标投标法》第三十一条第四款的规定:"招标人不得强制投标人组成联合体共同投标,不得限制投标人之间的竞争。"这说明投标人是否组成联合体以及与谁组成联合体,都由投标人自行决定,任何人不得干涉。

2)投标文件

建设工程投标文件是招标人判断投标人是否愿意参加投标的依据,也是评标委员会进行评审和比较的对象,中标的投标文件还和招标文件一起成为招标人和中标人订立合同的法定根据。因此,投标人必须高度重视建设工程投标文件的编制和提交工作。投标文件作为一种要约,必须符合以下条件:第一,必须明确向招标人表示愿以招标文件的内容订立合同的意思;第二,必须对招标文件提出的实质性要求和条件作出响应(包括技术要求、投标报价要求、评标标准等);第三,必须按规定的时间、地点提交给招标人。

(1)投标文件的编制

根据《招标投标法》第二十七条第一款的规定:"投标人应当按照招标文件的要求编制投标文件。投标文件应当对招标文件提出的实质性要求和条件作出响应。"

【相关知识】通常施工投标文件由经济部分、商务部分和技术部分等组成。

● 经济部分主要是投标报价。

● 商务部分包括可以证明企业和项目部组成人员的材料,如资质证书、营业执照、组织机构代码、税务登记证、企业信誉业绩奖励以及授权委托书、公证书、法人代表证明文件、项目部负责人证明文件等。

● 技术部分包括施工组织设计或施工方案及施工部署等。

有的工程项目将经济部分与实务部分合并,称为"商务标"。技术部分称为"技术标"。

施工投标文件一般包括以下内容:

①商务部分

A.投标函及投标函附录;

B.法定代表人身份证明或附有法定代表人身份证明的授权委托书;

C.联合体协议书(如果有);

D.投标保证金;

E.资格审查资料;

F.投标人须知前附表规定的其他材料。

②经济部分

A.投标报价;

B.已标价的工程量清单;

C.拟分包工程项目情况。

③技术部分

A.施工组织设计、施工方案、专项方案;

B.项目管理机构及保证体系;

C.工作程序与保证措施;

D.拟投入本项目的主要施工设备表；

E.拟配备本项目的试验和检测设备表；

F.劳动力计划表；

G.施工进度计划表(网络图或横道图)；

H.施工总平面布置图；

I.其他需要说明的内容。

(2)投标文件的提交

投标人应当在招标文件要求提交投标文件的截止时间前，将投标文件送达投标地点。在截止时间后送达的投标文件，招标人应当拒收。如发生地点方面的误送，由投标人自行承担后果。

(3)投标文件的补充、修改和撤回

《招标投标法》第二十九条规定："投标人在招标文件要求提交投标文件的截止时间前，可以补充、修改或者撤回已提交的投标文件，并书面通知招标人。补充、修改的内容为投标文件的组成部分。"在提交投标文件截止时间后，投标人不得补充、修改、替代或者撤回其投标文件；投标人补充、修改、替代投标文件的，招标人不予接受；投标人撤回投标文件的，其投标保证金将被没收。

(4)投标保证金

①投标保证金的概念

投标保证金是指投标人保证其在投标有效期内不随意撤回投标文件或中标后提交履约保证金和签署合同而提交的担保金。

从法律角度上讲，投标属于要约。设立投标保证金，就是对要约应承担法律责任的担保，约束投标人在投标有效期内不能撤出投标，或中标后按时与业主签订合同。一旦违反，投标保证金将被没收。投标人应当按照招标文件要求的方式和金额，将投标保证金随投标文件提交招标人。未提交投标保证金或未按规定方式、额度的或提交的投标保证金不符合招标文件约定的情况，则该投标文件被拒绝，作为废标处理。

②投标保证金的额度

投标保证金的额度招标人应在《投标人须知》前附表中写明，投标人在递交投标文件的同时，应当按照《投标人须知》前附表的数额和方式提交投标保证金。根据相关法规规定，施工招标或货物招标的，投标保证金一般不得超过投标总价的2%。勘察、设计招标的，投标保证金一般不得超过勘察、设计费报价的2%，招标人不得挪用投标保证金。

③投标保证金的形式

投标保证金可以选择现金、现金支票、银行汇票、保兑支票、银行保函或招标人认可的其他合法担保形式。

若采用现金支票或银行汇票，投标人应确保上述款项在投标文件提交截止时间前能够划拨到招标人的账户里，否则，其投标担保视为无效。

④投标保证金的期限

投标保证金有效期应当与投标有效期一致。招标人与中标人签订合同后5日内，应当向中标人与未中标的投标人退还投标保证金。

3）投标人的禁止行为

（1）禁止投标人之间串通投标

下列行为均属于投标人串通投标：

①投标人之间相互约定抬高或压低投标报价。

②投标人之间相互约定，在招标项目中分别以高、中、低价位报价。

③投标人之间先进行内部竞价，内定中标人，然后再参加投标。

④投标人之间其他串通投标报价的行为。

（2）禁止招标人与投标人之间串通投标

下列行为均属于招标人与投标人串通投标：

①招标人在开标前开启投标文件，并将有关信息泄露给其他投标人，或者授意投标人撤换、修改投标文件。

②招标人向投标人泄露标底、评标委员会成员等信息。

③招标人明示或暗示投标人压低或抬高投标报价。

④招标人明示或暗示投标人为特定投标人中标提供方便。

⑤招标人与投标人为谋求特定投标人中标而采取的其他串通行为。

（3）投标人不得以行贿手段谋取中标

（4）投标人不得以低于成本的报价竞标

（5）投标人不得以其他人名义投标

以他人名义投标是指投标人挂靠其他施工单位，或从其他单位通过转让或租借的方式获取资格证书或资质证书，或者由其他单位及其法定代表人在自己编制的投标文件上加盖印章或签字等进行投标的行为。

4.建设工程开标、评标、中标

违规投标
警示案例

1）开标

《招标投标法》规定，开标应当在招标文件确定的提交投标文件截止时间的同一时间公开进行；开标地点应当为招标文件中预先确定的地点。

开标由招标人主持，邀请所有投标人参加。开标时，由投标人或者其推选的代表检查投标文件的密封情况，也可以由招标人委托的公证机构检查并公证；经确认无误后，由工作人员当众拆封，宣读投标人名称、投标报价和投标文件的其他内容。招标人在招标文件要求提交投标文件的截止时间前收到的所有投标文件，开标时都应当当众予以拆封、宣读，开标过程应当记录，并存档备案。

《工程建设项目施工招标投标办法》规定，投标文件有下列情形之一的，招标人应当拒收：

①逾期送达。

②未按招标文件要求密封。

2）评标

《招标投标法》规定，评标由招标人依法组建的评标委员会负责。招标人应当采取必要的措施，保证评标在严格保密的情况下进行。任何单位和个人不得非法干预、影响评标的过程和结果。

依法必须进行招标的项目,其评标委员会由招标人的代表和有关技术、经济等方面的专家组成,成员人数为 5 人以上单数,其中技术、经济等方面的专家不得少于成员总数的 2/3。与投标人有利害关系的人不得进入相关项目的评标委员会;已经进入的应当更换。评标委员会成员的名单在中标结果确定前应当保密。

评标委员会可以书面方式要求投标人对投标文件中含义不明确、对同类问题表述不一致或者有明显文字和计算错误的内容做必要的澄清、说明或补正,但是澄清、说明或补正不得超出投标文件的范围或者改变投标文件的实质性内容。评标委员会应当按照招标文件确定的评标标准和方法,对投标文件进行评审和比较;设有标底的,应当参考标底。评标委员会完成评标后,应当向招标人提出书面评标报告,并推荐合格的中标候选人。评标委员会经评审,认为所有投标都不符合招标文件要求的,可以否决所有投标。依法必须进行招标的项目的所有投标被否决的,招标人应当依照本法重新招标。

《工程建设项目施工招标投标办法》规定,投标文件有下列情形之一的,由评标委员会初审后按废标处理:

①无单位盖章并无法定代表人或法定代表人授权的代理人签字或盖章的。

②未按规定的格式填写,内容不全或关键字迹模糊、无法辨认的。

③投标人递交两份或多份内容不同的投标文件,或在一份投标文件中对同一招标项目报有两个或多个报价,且未声明哪一个有效,按招标文件规定提交备选投标方案的除外。

④投标人名称或组织结构与资格预审时不一致的。

⑤未按招标文件要求提交投标保证金的。

⑥联合体投标未附联合体各方共同投标协议的。

3) 中标

(1) 确定中标人

根据《招标投标法》和《工程建设项目施工招标投标办法》的有关规定,确定中标人应当遵守如下程序:

①评标委员会提出书面评标报告后,招标人一般应当在 15 日内确定中标人,但最迟应当在投标有效期结束日 30 个工作日前确定。

②招标人应当接受评标委员会推荐的中标候选人,不得在评标委员会推荐的中标候选人之外确定中标人。

③依法必须招标的项目,招标人应当确定排名第一的中标候选人为中标人。排名第一的中标候选人放弃中标、因不可抗力提出不能履行合同,或者招标文件规定应当提交履约保证金而在规定的期限内未能提交的,招标人可以确定排名第二的中标候选人为中标人,以此类推。

④招标人可以授权评标委员会直接确定中标人。

(2) 中标通知书

根据《招标投标法》及《工程建设项目施工招标投标办法》的有关规定,招标人发出中标通知书应当遵守如下规定:

①中标人确定后,招标人应当向中标人发出中标通知书,并同时将中标结果通知所有未中标的投标人。

②招标人不得向中标人提出压低报价、增加工作量、缩短工期或其他违背中标人意愿的要求,以此作为发出中标通知书和签订合同的条件。

③中标通知书对招标人和投标人具有法律效力。中标通知书发出后,招标人改变中标结果的,或者中标人放弃中标项目的,应当依法承担法律责任。

(3)签订合同

根据《招标投标法》第四十六条第一款的有关规定,招标人和中标人应当自中标通知书发出之日起30日内,按照招标文件和中标人的投标文件订立书面合同。招标人和中标人不得再行订立背离合同实质性内容的其他协议。

招标文件要求中标人提交履约保证金或者其他形式履约担保的,中标人应当提交;拒绝提交的,视为放弃中标项目。招标人要求中标人提供履约保证金或其他形式履约担保的,招标人应当同时向中标人提供工程款支付担保。招标人不得擅自提高履约保证金,不得强制要求中标人垫付中标项目建设资金。

(4)招标投标情况书面报告

根据《招标投标法》的有关规定,依法必须进行招标的项目,招标人应当自确定中标人之日起15日内,向有关行政监督部门提交招标投标情况书面报告。

【技能实训 1.3】

某投资公司建造一幢办公楼,采用公开招标方式选择施工单位。提交投标文件和投标保证金的截止时间为2018年5月30日,该投资公司于2018年3月6日发出招标公告,共有5家建筑施工单位参加了投标。第五家施工单位于2018年6月2日提交投标保证金,开标会于2018年6月3日由该省建委主持。第四家施工单位在开标后向投资公司要求撤回投标文件和返还投标保证金。经综合评选,最后确定第二家施工单位中标。投资公司(甲方)与中标施工单位(乙方)双方按规定签订了施工承包合同。

【思考练习】

1.第五家施工单位提交投标保证金的时间对其投标产生什么影响?为什么?

2.第四家施工单位撤回投标文件,招标方对其投标保证金如何处理?为什么?

3.上述投标过程中,有哪些不妥之处?请说明理由。

【知识训练】

不定项选择题

1.招标投标活动应当遵循的原则是(　　　)。

A.公开、公平、公正和最低价中标　　　B.自愿、公平、公正和等价有偿

C.公开、公平、公正和诚实信用　　　　D.自愿、公平、等价有偿和诚实信用

2.《招标投标法》规定的招标方式是(　　　)。

A.公开招标、邀请招标和议标　　　　　B.公开招标和议标

C.邀请招标和议标　　　　　　　　　　D.公开招标和邀请招标

3.开标应当在招标文件确定的提交投标文件截止时间的(　　　)进行。

A.当天公开　　　　B.当天不公开　　　C.同一时间公开　　　D.同一时间不公开

4.《招标投标法》规定,投标文件有下列情形,招标人不予受理(　　　)。

A.逾期送达的

B.未送达指定地点的

C.未按规定格式填写的

D.无单位盖章并无法定代表人或法定代表人授权的代理人签字或盖章的

E.未按招标文件要求密封的

5.下列各项属于投标人之间串通投标的行为有( )。

A.投标者之间相互约定,一致抬高或者压低投标价

B.投标者之间相互约定,在招标项目中轮流以低价位中标

C.两个以上的投标者签订共同投标协议,以一个投标人的身份共同投标

D.投标者借用其他企业的资质证书参加投标

E.投标者之间进行内部竞价,内定中标人,然后参加投标

【延伸阅读】

1.《中华人民共和国招标投标法》(扫二维码可阅)。

2.全国一级建造师执业资格考试用书《建设工程法规及相关知识》。

3.二级建造师执业资格考试用书《建设工程法规及相关知识》。

招标投标法

知识学习任务 1.4　招标投标法实施条例

【教学目标及学习要点】

能力目标	知识目标	学习要点
能正确运用《建设工程招标投标实施条例》的有关规定解决工程建设实际问题	1.了解《招标投标法实施条例》关于从事建筑活动的企业和人员从事招投标工作的规定 2.掌握《招标投标法实施条例》关于招标、投标、评标的相关规定 3.熟悉招标投标过程中相关人员违法的法律责任	1.招标投标的具体实行办法 2.招标投标过程中的违法行为 3.招标投标违法行为必须承担的法律责任

【任务情景 1.4】

《招标投标法》于2000年1月1日开始实施,实施过程中出现了一些问题,为了进一步规范招标投标活动,根据《招标投标法》,国务院制定了《招标投标法实施条例》,并于2011年11月30日在第183次常务会议上通过,要求自2012年2月1日起施行。

工作任务:

1.你知道为什么要出台《招标投标法实施条例》吗?

2.《招标投标法实施条例》与《招标投标法》有哪些区别?

【知识讲解】

1.招标投标实施条例概述

1）制定招标投标法实施条例的必要性

（1）增强招标投标法律制度可操作性的需要

《招标投标法》的颁布实施，对规范招投标市场秩序发挥了重要作用。随着实践的不断发展，出现了许多新情况和新问题，《招标投标法》的有些规定较为原则，有些缺乏必要规范，不能很好地满足实践发展需要，如对资格审查、评标等程序规定得较为原则，对于限制或排斥潜在投标人、围标串标、以他人名义投标等违法行为，缺乏具体认定标准，实际工作中很难查处。针对以上情况，各部门、各地方采取了一些措施，但由于缺乏上位法依据或者受立法效力层次的限制，效果不明显。因此，有必要制定《招标投标法实施条例》，在行政法规层面作出具体的规定，进一步增强招投标制度的可操作性。

（2）促进招标投标市场规则统一的需要

《招标投标法》颁布实施后，为做好本部门、本地区招投标工作，国务院有关部门和各地方陆续出台了招投标地方性法规、规章和规范性文件，为依法规范招投标活动提供了制度保障。但由于大多数配套文件在制定过程中缺乏必要的协调，客观上造成了规则不统一，不利于招投标统一大市场的形成。因此，在总结实践证明行之有效做法的基础上，在行政法规层面对招投标配套规则进行整合提炼，有必要制定《招标投标法实施条例》，促进招投标规则统一。

（3）加强和改进招标投标行政监督的需要

规范有力的监督是招投标法律制度得以顺利执行的重要保障。《招标投标法》对行政监督的规定较为原则，实践中行政监督缺位、越位与错位的现象经常存在，并且，当事人投诉渠道也不够畅通，投诉处理机制也不够健全。针对上述问题，国务院办公厅发布了《国务院办公厅关于进一步规范招投标活动的若干意见》（国办发［2004］56号）（以下简称国办发［2004］56号文件），明确要求各部门严格按照国务院规定的职责分工，加强和改进招投标行政监督工作。因此，有必要制定《招标投标法实施条例》，落实国办发［2004］56号文件要求，切实改变招投标行政监督不规范的状况。

2）制定条例的基本原则

①坚持遵守上位法的立法原则；

②坚持落实政府职能转变要求的立法原则；

③坚持可操作性和原则性相结合的立法原则；

④坚持兼顾公平与效率的立法原则。

3）制定条例的基本思路

针对当前招标投标领域一些项目规避招标或者搞"明招暗定"的虚假招标、有的领导干部利用权力插手干预招标投标、当事人互相串通围标串标等突出问题，在总结实践经验基础上，条例针对性地从6个方面设置了相应条款：

①进一步明确应当公开招标的项目范围。凡属国有资金占控股或者主导地位的，依法必须招标的工程建设项目，除法律、行政法规规定的特殊情形外，都应当公开招标。

②充实细化防止虚假招标的规定。

③完善了评标委员会成员选取和规范评标行为的规定。

④进一步明确防止招标人与中标人串通搞权钱交易的规定。

⑤强化了禁止利用权力干预、操纵招标投标的规定。

⑥完善了防止和严惩串通投标、弄虚作假骗取中标行为的规定。

4）条例的主要内容

《招标投标法实施条例》共七章84条。

第一章	总则	（1—6条）共6条
第二章	招标	（7—32条）共26条
第三章	投标	（33—43条）共11条
第四章	开标、评标和中标	（44—59条）共16条
第五章	投诉与处理	（60—62条）共3条
第六章	法律责任	（63—82条）共20条
第七章	附则	（83—85条）共3条

与招标投标法相比增加了第五章。

2.《招标投标法实施条例》解读

1）关于和政府采购法适用分工的规定

• [工程建设项目]第二条:招标投标法第三条所称的工程建设项目,是指工程以及与工程有关的货物和服务。

前款所称工程,是指建设工程,包括建筑物和构筑物的新建、改建、扩建及其相关的装修、拆除、修缮等;所称与工程有关的货物,是指构成工程不可分割的组成部分,且为实现工程基本功能所必须的设备、材料等;所称与工程建设有关的服务,是指为完成工程所需的勘察、设计、监理等服务。

• [政府采购法律法规特别规定]第八十三条:政府采购的法律、行政法规对政府采购货物、服务的招标投标另有规定的,从其规定。

《政府采购法》第四条:政府采购工程进行招标投标的,适用《招标投标法》。

2）关于招标范围和规模的规定

《招标投标法》第二条:"在中华人民共和国境内进行招标投标活动,适用本法。"其中实行强制招标制度的是"依法必须招标的工程建设项目"。本次条例针对"国有资金占控股或者主导地位的依法必须招标的项目"提出进一步要求。即在招标投标的管理和监督方面分为3个层次,招标投标活动、依法必须招标的项目、国有资金占控股或者主导地位的依法必须招标的项目。

• [强制招标范围和规模标准]第三条:依法必须进行招标的工程建设项目的具体范围和规模标准,由国务院发展改革部门会同国务院有关部门制定,报国务院批准后公布施行。

• [邀请招标]第八条:国有资金占控股或者主导地位的依法必须进行招标的项目,应当公开招标;但有下列情形之一的,可以邀请招标:

①技术复杂、有特殊要求或者受自然环境限制,只有少量潜在投标人可供选择;

②采用公开招标方式的费用占项目合同金额的比例过大。

有前款第二项所列情形,属于本条例第七条规定的项目,由项目审批、核准部门在审批、核准项目时作出认定;其他项目由招标人申请有关行政监督部门作出认定。

【知识拓展】

公开和邀请的区别:发布招标的信息载体不同;选择的范围不同;审批要求不同。

●[可以不招标的项目]第九条:除招标投标法第六十六条规定的可以不进行招标的特殊情况外,有下列情形之一的,可以不进行招标:

①需要采用不可替代的专利或者专有技术;

②采购人依法能够自行建设、生产或者提供;

③已通过招标方式选定的特许经营项目投资人依法能够自行建设、生产或者提供;

④需要向原中标人采购工程、货物或者服务,否则将影响施工或者功能配套要求;

⑤国家规定的其他特殊情形。

招标人为适用前款规定弄虚作假的,属于招标投标法第四条规定的规避招标。

《招标投标法》第六十六条规定:"涉及国家安全、国家秘密、抢险救灾或者属于利用扶贫资金实行以工代赈、需要使用农民工等特殊情况,不适宜进行招标的项目,按照国家有关规定可以不进行招标。"

(备注:以工代赈资金建设内容包括:县乡村公路、农田水利、人畜饮水、基本农田、草场建设、小流域治理,以及根据国家需要安排的其他工程。但是,技术复杂投资规模大的工程,如桥梁、隧道可以通过招标选定施工单位,并以组织所在地农民参加劳务支付报酬为招标条件)。

●[自行招标]第十条:招标投标法第十二条第二款规定的招标人具有编制招标文件和组织评标能力,是指招标人具有与招标项目规模和复杂程度相适应的技术、经济等方面的专业人员(自行招标项目的核准两类人员基本条件:技术、经济技术经济专业人以及招标职业资格人员,但人员数量和其他条件留给部门规章具体规定)。

3)关于建立招标师职业资格、信用制度、电子招标制度

●[职业资格]第十二条:招标代理机构应当拥有一定数量的具备编制招标文件、组织评标等相应能力的专业人员。取得招标职业资格的具体办法由国务院人力资源和社会保障部门会同国务院发展改革部门制定。

职业资格包含:职业水平和执业资格(行业可持续发展的基本保障制度)。

●[信用制度]第七十八条:国家建立招标投标信用制度。有关行政监督部门应当依法公告对招标人、招标代理机构、投标人、评标委员会成员等当事人违法行为的行政处理决定(行业可持续发展的监督保障制度)。

●[招标投标交易场所及电子招标]第五条:设区的市级以上地方人民政府可以根据实际需要,建立统一规范的招标投标交易场所,为招标投标活动提供服务。招标投标交易场所不得与行政监督部门存在隶属关系,不得以营利为目的。

国家鼓励利用信息网络进行电子招标投标(行业可持续发展的技术保障制度)。

4) 对招标投标活动程序和实体规定的重要补充

（1）程序环节的补充

•［招标终止］第三十一条：招标人终止招标的，应当及时发布公告，或者以书面形式通知被邀请的或者已经获取资格预审文件、招标文件的潜在投标人。已经发售资格预审文件、招标文件或者已经收取投标保证金的，招标人应当及时退还所收取的资格预审文件、招标文件的费用，以及所收取的投标保证金及同期银行存款利息。招标终止是指在发出公告到开标前阶段招标活动终止。

按照招标投标法的规定，只要采取招标方式，无论发生什么情况，都必须进行下去。否则，就属于违法行为。因此，在一些特殊情况下，规定终止招标是非常必要的。

•［评标结果公示］第五十四条：依法必须进行招标的项目，招标人应当自收到评标报告之日起3日内公示中标候选人，公示期不得少于3日。

投标人或者其他利害关系人对依法必须进行招标的项目的评标结果有异议的，应当在中标候选人公示期间提出。招标人应当自收到异议之日起3日内做出答复；作出答复前，应当暂停招标投标活动。

•［履约能力审查］第五十六条：中标候选人的经营、财务状况发生较大变化或者存在违法行为，招标人认为可能影响其履约能力的，应当在发出中标通知书前由原评标委员会按照招标文件规定的标准和方法审查确认。

程序启动适用条件：变化或违法；

适用时间：发中标通知书前；

审查机构：原评标委员会；

审查方法和标准：招标文件规定。

（2）有关实体补充

①招标投标交易场所，第五条［招标投标交易场所及电子招标］第一款：设区的市级以上地方人民政府可以根据实际需要，建立统一规范的招标投标交易场所，为招标投标活动提供服务。招标投标交易场所不得与行政监督部门存在隶属关系，不得以营利为目的。

②提交资格预审申请文件的申请人，第四十三条［提交资格预审申请文件的申请人］：提交资格预审申请文件的申请人应当遵守招标投标法和本条例有关投标人的规定。

③财政部门，第四条［行政监督职责分工］第三款：财政部门依法对实行招标投标的政府采购工程建设项目的预算执行情况和政府采购政策执行情况实施监督。

④监察机关，第四条［行政监督职责分工］第四款：监察机关依法对与招标投标活动有关的行政监察对象实施监察。

（3）招标形式的补充

•［工程总承包招标］第二十九条：招标人可以依法对工程以及与工程建设有关的货物、服务全部或者部分实行总承包招标。以暂估价形式包括在总承包范围内的工程、货物、服务属于依法必须进行招标的项目范围且达到国家规定规模标准的，应当依法进行招标。

前款所称暂估价，是指总承包招标时不能确定价格而由招标人在招标文件中暂时估定的工程、货物、服务的金额。

•［两阶段招标］第三十条：对技术复杂或者无法精确拟定技术规格的项目，招标人可以进行两阶段招标。

第一阶段，投标人按照招标公告或者投标邀请书的要求提交不带报价的技术建议，招标人根据投标人提交的技术建议确定技术标准和要求，编制招标文件。

第二阶段，招标人向在第一阶段提交技术建议的投标人提供招标文件，投标人按照招标文件的要求提交包括最终技术方案和投标报价的投标文件。

招标人要求投标人提交投标保证金的，应当在第二阶段提出。

（4）规范程序、细化标准

《招标投标法实施条例》依据《招标投标法》规范了招标投标程序，重点是对法律中比较原则的资格预审、评标和投诉程序做了规范，同时对每个环节细化了标准。

①招标公告和招标文件的编制

•［公告与标准文本］第十五条：公开招标的项目，应当依照招标投标法和本条例的规定发布招标公告、编制招标文件。

招标人采用资格预审办法对潜在投标人进行资格审查的，应当发布资格预审公告、编制资格预审文件。

依法必须进行招标的项目的资格预审公告和招标公告，应当在国务院发展改革部门依法指定的媒介发布。在不同媒介发布的同一招标项目的资格预审公告或者招标公告的内容应当一致。指定媒介发布依法必须进行招标的项目的境内资格预审公告、招标公告，不得收取费用。

编制依法必须进行招标的项目的资格预审文件和招标文件，应当使用国务院发展改革部门会同有关行政监督部门制定的标准文本。

•［标段划分］第二十四条：招标人对招标项目划分标段的，应当遵守《招标投标法》的有关规定，不得利用划分标段限制或者排斥潜在投标人。依法必须进行招标的项目的招标人，不得利用划分标段规避招标。

•［投标有效期］第二十五条：招标人应当在招标文件中载明投标有效期。投标有效期从提交投标文件的截止之日起算。

•［投标保证金］第二十六条：招标人在招标文件中要求投标人提交投标保证金的，投标保证金不得超过招标项目估算价的 2%。投标保证金有效期应当与投标有效期一致。（注：取消 80 万限额规定）

•［标底］第二十七条：招标人可以自行决定是否编制标底。一个招标项目只能有一个标底。标底必须保密。接受委托编制标底的中介机构不得参加受托编制标底项目的投标，也不得为该项目的投标人编制投标文件或者提供咨询。招标人设有最高投标限价的，应当在招标文件中明确最高投标限价或者最高投标限价的计算方法。招标人不得规定最低投标限价。

第五十条：招标项目设有标底的，招标人应当在开标时公布。标底只能作为评标的参考，不得以投标报价是否接近标底作为中标条件，也不得以投标报价超过标底上下浮动范围作为否决投标的条件。

•［踏勘现场］第二十八条：招标人不得组织单个或者部分潜在投标人踏勘项目现场。

②招标投标资格审查制度

• [资格预审文件招标文件的发售]第十六条:招标人应当按照资格预审公告、招标公告或者投标邀请书规定的时间、地点发售资格预审文件或者招标文件。资格预审文件或者招标文件的发售期不得少于 5 日。

• [资格预审申请文件提交时间]第十七条:招标人应当合理确定提交资格预审申请文件的时间。依法必须进行招标的项目提交资格预审申请文件的时间,自资格预审文件停止发售之日起不得少于 5 日。

• [资格预审结果]第十九条:资格预审结束后,招标人应当及时向资格预审申请人发出资格预审结果通知书。未通过资格预审的申请人不具有投标资格。

通过资格预审的申请人少于 3 个的,应当重新招标。

• [资格后审]第二十条:招标人采用资格后审办法对投标人进行资格审查的,应当在开标后由评标委员会按照招标文件规定的标准和方法对投标人的资格进行审查。

• [资格预审文件和招标文件的澄清修改]第二十一条:在投标截止时间前,招标人可以对已发出的资格预审文件或者招标文件进行必要的澄清或者修改。澄清或者修改的内容可能影响资格预审文件或者投标文件编制的,招标人应当在提交资格预审申请文件截止时间至少 3 日前,或者投标截止时间至少 15 日前,以书面形式通知所有获取招标文件的潜在投标人;不足 3 日或者 15 日的,招标人应当顺延投标截止时间。

• [对资格预审文件和招标文件的异议]潜在投标人或者其他利害关系人对资格预审文件有异议的,应当在提交资格预审申请文件截止时间 2 日前提出;对招标文件有异议的,应当在投标截止时间 10 日前提出。招标人应当自收到异议之日起 3 日内作出答复;作出答复前,应当暂停招标投标活动。

③投标程序和管理制度

• [投标活动不受地区或者部门限制]第三十三条:投标人参加依法必须进行招标的项目的投标,不受地区或者部门的限制,任何单位和个人不得非法干涉。

• [对投标人的限制]第三十四条:与招标人存在利害关系可能影响招标公正性的法人、其他组织或者个人,不得参加投标。

单位负责人为同一人或者存在控股、管理关系的不同单位,不得参加同一招标项目投标。

违反前两款规定的,相关投标均无效。

• [投标截止]第三十五条:投标人撤回已提交的投标文件,应当在投标截止时间前书面通知招标人。招标人已收取投标保证金的,应当自收到投标人书面撤回通知之日起 5 日内退还。

投标截止后投标人撤销投标文件的,招标人可以不退还投标保证金。

• [拒收投标文件]第三十六条:未通过资格预审的申请人提交的投标文件,以及逾期送达或者未按照招标文件要求密封的投标文件,招标人应当拒收。

招标人应当如实记载投标文件的送达时间和密封情况,并存档备查。

• [联合体投标]第三十七条:招标人应当在资格预审公告、招标公告或者投标邀请书中载明是否接受联合体投标。

招标人接受联合体投标并进行资格预审的,联合体应当在提交资格预审申请文件前组成。资格预审后联合体增减、更换成员的,其投标无效。

联合体各方在同一招标项目中以自己名义单独投标或者参加其他联合体投标的,相关投标均无效。

④开标、评标、中标程序管理

• [开标]第四十四条:招标人应当按照招标文件规定的时间、地点开标。投标人少于 3 个的,不得开标;招标人应当重新招标。投标人对开标有异议的,应当在开标现场提出,招标人应当当场做出答复,并制作记录。

• [评标专家库]第四十五条:国家实行统一的评标专家专业分类标准和管理办法。具体标准和办法由国务院发展改革部门会同国务院有关部门制定。

省级人民政府和国务院有关部门应当组建综合评标专家库。

• [对招标人在评标中的要求]第四十八条:招标人应当向评标委员会提供评标所必需的信息,但不得明示或者暗示其倾向或者排斥特定投标人。

招标人应当根据项目规模和技术复杂程度等因素合理确定评标时间。超过三分之一的评标委员会成员认为评标时间不够的,招标人应当适当延长。

评标过程中,评标委员会成员有回避事由、擅离职守或者因健康等原因不能继续评标的,应当及时更换。被更换的评标委员会成员作出的评审结论无效,由更换后的评标委员会成员重新进行评审。

• [对评标委员会成员评标要求]第四十九条:评标委员会成员应当依照招标投标法和本条例的规定,按照招标文件规定的评标标准和方法,客观、公正地对投标文件提出评审意见。招标文件没有规定的评标标准和方法不得作为评标的依据。

评标委员会成员不得私下接触投标人,不得收受投标人给予的财物或者其他好处,不得向招标人征询确定中标人的意向或者接受任何单位或者个人明示或者暗示提出的倾向或者排斥特定投标人的要求,不得与其他不客观、公正履行职务的行为。

• [否决投标的情形]第五十一条:有下列情形之一的,评标委员会应当否决投标:

A.投标文件未经投标单位盖章和单位负责人签字;

B.投标联合体没有提交共同投标协议;

C.投标人不符合国家或者招标文件规定的资格条件;

D.同一投标人提交两个以上不同的投标文件或者投标报价,但招标文件要求提交备选投标的除外;

E.投标报价低于成本或者高于招标文件设定的最高投标限价;

F.投标文件没有对招标文件的实质性要求和条件作出响应;

G.投标人有串通投标、弄虚作假、行贿等违法行为。

• [投标文件的澄清说明]第五十二条:投标文件中有含义不明确的内容、明显文字或者计算错误,评标委员会认为需要投标人作出必要澄清、说明的,应当书面通知该投标人。投标人的澄清、说明应当采用书面形式,并不得超出投标文件的范围或者改变投标文件的实质性内容。

评标委员会不得暗示或者诱导投标人作出澄清、说明,不得接受投标人主动提出的澄清、说明。

• [评标报告]第五十三条:评标完成后,评标委员会应当向招标人提交书面评标报告和中标候选人名单。中标候选人应当不超过 3 个,并标明排序。

评标报告应当由评标委员会全体成员签字。对评标结果有不同意见的评标委员会成员应当以书面形式说明其不同意见和理由,评标报告应当注明该不同意见。评标委员会成员拒绝在评标报告上签字又不书面说明其不同意见和理由的,视为同意评标结果。

• [评标结果公示]第五十四条:依法必须进行招标的项目,招标人应当自收到评标报告之日起 3 日内公示中标候选人,公示期不得少于 3 日。

投标人或者其他利害关系人对依法必须进行招标的项目的评标结果有异议的,应当在中标候选人公示期间提出。招标人应当自收到异议之日起 3 日内作出答复;作出答复前,应当暂停招标投标活动。

• [中标人的确定]第五十五条:国有资金占控股或者主导地位的依法必须进行招标的项目,招标人应当确定排名第一的中标候选人为中标人。排名第一的中标候选人放弃中标、因不可抗力不能履行合同、未按照招标文件要求提交履约保证金,或者被查实存在影响中标结果的违法行为等情形,不符合中标条件的,招标人可以按照评标委员会提出的中标候选人名单排序依次确定其他中标候选人为中标人,也可以重新招标。

• [签订合同]第五十七条:招标人和中标人应当依照招标投标法和本条例的规定签订书面合同,合同的标的、价款、质量、履行期限等主要条款应当与招标文件和中标人的投标文件的内容一致。招标人和中标人不得再行订立背离合同实质性内容的其他协议。

招标人最迟应当在书面合同签订后 5 日内向中标人和未中标的投标人退还投标保证金及同期银行存款利息。

• [履约保证金]第五十八条:招标文件要求中标人提交履约保证金的,中标人应当按照招标文件的要求提交。履约保证金不得超过中标合同金额的 10%。

[关于分包]第五十九条:中标人应当按照合同约定履行义务,完成中标项目。中标人不得向他人转让中标项目,也不得将中标项目肢解后分别向他人转让。

中标人按照合同约定或者经招标人同意,可以将中标项目的部分非主体、非关键性工作分包给他人完成。接受分包的人应当具备相应的资格条件,并不得再次分包。

中标人应当就分包项目向招标人负责,接受分包的人就分包项目承担连带责任。

⑤异议投诉管理制度

• [投诉]第六十条:投标人或者其他利害关系人认为招标投标活动不符合法律、行政法规规定的,可以自知道或者应当知道之日起 10 日内向有关行政监督部门投诉。投诉应当有明确的请求和必要的证明材料。

• [投诉处理]第六十一条:投诉人就同一事项向两个以上有权受理的行政监督部门投诉的,由最先收到投诉的行政监督部门负责处理。

行政监督部门应当自受理投诉之日起 30 个工作日内作出书面处理决定,但需要检验、检测、鉴定、专家评审的,所需时间不计算在内。

投诉人捏造事实、伪造材料,以侵害他人合法权益,或者以阻碍招标投标活动正常进行为目的提出投诉的,予以驳回。

• [行政监督措施]第六十二条:行政监督部门处理投诉,有权查阅、复制有关文件、资料,调查有关情况,相关单位和人员应当予以配合。必要时,行政监督部门可以责令暂停招标投标活动。

　　行政监督部门的工作人员对监督检查过程中知悉的国家秘密、商业秘密,应当依法予以保密。

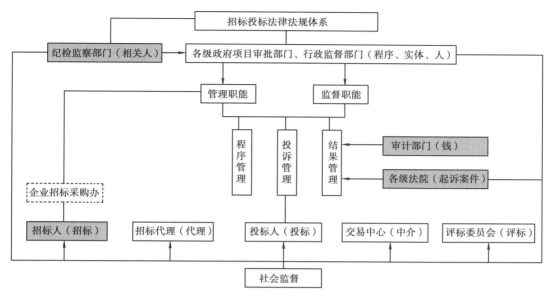

图 1.2　招标投标监督管理体系图

⑥招标投标违法行为的认定

●[不得限制和排斥投标人行为]第三十二条:招标人不得以不合理的条件限制、排斥潜在投标人或者投标人。

●[投标人串通投标]第三十九条:禁止投标人相互串通投标。有下列情形之一的,属于投标人相互串通投标:

A.投标人之间协商投标报价等投标文件的实质性内容;

B.投标人之间约定中标人;

C.投标人之间约定部分投标人放弃投标或者中标;

D.属于同一集团、协会、商会等组织成员的投标人按照该组织要求协同投标;

E.投标人之间为牟取中标或者排斥特定投标人而采取的其他联合行动。

[串通投标的认定]第四十条,有下列情形之一的,视为投标人相互串通投标:

A.不同投标人的投标文件由同一单位或者个人编制;

B.不同投标人委托同一单位或者个人办理投标事宜;

C.不同投标人的投标文件载明的项目管理成员为同一人;

D.不同投标人的投标文件异常一致或者投标报价呈规律性差异;

E.不同投标人的投标文件相互混装;

F.不同投标人的投标保证金从同一单位或者个人的账户转出。

●[招标人与投标人的串通投标]第四十一条:禁止招标人与投标人串通投标。有下列情形之一的,属于招标人与投标人串通投标:

A.招标人在开标前开启投标文件并将有关信息泄露给其他投标人;

B.招标人直接或者间接向投标人泄露标底、评标委员会成员等信息;

C.招标人明示或者暗示投标人压低或者抬高投标报价;

D.招标人授意投标人撤换、修改投标文件;

E.招标人明示或者暗示投标人为特定投标人中标提供方便;

F.招标人与投标人为谋求特定投标人中标而采取的其他串通行为。

•[以他人名义投标或弄虚作假]第四十二条:使用通过受让或者租借等方式获取的资格、资质证书投标的,属于招标投标法第三十三条规定的以他人名义投标。

投标人有下列情形之一的,属于招标投标法第三十三条规定的以其他方式弄虚作假的行为:

A.使用伪造、变造的许可证件;

B.提供虚假的财务状况或者业绩;

C.提供虚假的项目负责人或者主要技术人员简历、劳动关系证明;

D.提供虚假的信用状况;

E.其他弄虚作假的行为。

【延伸阅读】

1.[违法发布公告的责任]第六十三条;

2.[招标违法的情形与责任]第六十四条;

3.[中介机构接受两家以上委托的责任]第六十五条;

4.[违规收取、退还投标保证金的责任]第六十六条;

5.[串通投标的责任]第六十七条;

6.[以他人名义投标和弄虚作假的责任]第六十八条;

7.[出让资格资质证书的责任]第六十九条;

8.[不依法组织评标的责任]第七十条;

9.[评委违规的责任]第七十一条;

10.[不遵守评标纪律的责任]第七十二条;

11.[不按规定确定中标人或者不签订合同的责任]第七十三条;

12.[中标人不签订合同的责任]第七十四条;

13.[招标人和中标人不按规定签订合同的责任]第七十五条;

14.[中标人违法分包的责任]第七十六条;

15.[关于投诉的相关责任]第七十七条;

16.[取得招标投标职业资格的专业人员的法律责任]第七十八条;

17.[信用制度]第七十九条。

【知识训练】

不定项选择题

1.工程建设项目必须进行招标的有( )。

　　A.大型基础设施、公用事业等关系社会公共利益、公众安全的项目

　　B.全部或者部分使用国有资金投资或者国家融资的项目

　　C.使用国际组织或者外国政府贷款、援助资金的项目

　　D.职工集资住宅项目

　　E.厂区内道路工程

2.国有资金占控股或者主导地位的依法必须进行招标的项目,应当公开招标;但有下列情形之一的,可以邀请招标(　　　)。

　　A.技术复杂、有特殊要求或者受自然环境限制,只有少量潜在投标人可供选择

　　B.需要采用不可替代的专利或者专有技术

　　C.需要向原中标人采购工程、货物或者服务,否则将影响施工或者功能配套要求

　　D.采用公开招标方式的费用占项目合同金额的比例过大

　　E.国家规定的其他特殊情形

3.资格预审文件或者招标文件的发售期不得少于(　　　)。

　　A.3 日　　　　　　B.5 日　　　　　　C.7 日　　　　　　D.15 日

4.依法必须进行招标的项目提交资格预审申请文件的时间,自资格预审文件停止发售之日起不得少于(　　　)。

　　A.5 日　　　　　　B.7 日　　　　　　C.10 日　　　　　　D.15 日

5.招标人可以对已发出的资格预审文件或者招标文件进行必要的澄清或者修改。澄清或者修改的内容可能影响资格预审申请文件或者投标文件编制的,招标人应当在提交资格预审申请文件截止时间至少(　　　)前,或者投标截止时间至少(　　　)前,以书面形式通知所有获取资格预审文件或者招标文件的潜在投标人;不足规定要求的,招标人应当顺延提交资格预审申请文件或者投标文件的截止时间。

　　A.3 日、7 日　　　B.3 日、10 日　　　C.3 日、15 日　　　D.5 日、15 日

6.潜在投标人或者其他利害关系人对资格预审文件有异议的,应当在提交资格预审申请文件截止时间两日前提出;对招标文件有异议的,应当在投标截止时间 10 日前提出。招标人应当自收到异议之日起(　　　)内作出答复;作出答复前,应当暂停招标投标活动。

　　A.3 日　　　　　　B.5 日　　　　　　C.7 日　　　　　　D.10 日

7.投标有效期从(　　　)之日起算。

　　A.购买招标文件　　　　　　　　B.提交投标文件

　　C.提交投标文件的截止　　　　　D.开始评标

8.投标人撤回已提交的投标文件,应当在投标截止时间前书面通知招标人。招标人已收取投标保证金的,应当自收到投标人书面撤回通知之日起(　　　)内退还。投标截止后投标人撤销投标文件的,招标人可以不退还投标保证金。

　　A.3 日　　　　　　B.5 日　　　　　　C.10 日　　　　　　D.15 日

9.招标人应当按照招标文件规定的时间、地点开标。投标人少于(　　　)个的,不得开标;招标人应当重新招标。

　　A.2　　　　　　　　B.3　　　　　　　　C.4　　　　　　　　D.5

10.有下列情形之一的,评标委员会应当否决其投标(　　　)。

　　A.投标文件未经投标单位盖章和项目经理签字

　　B.投标联合体没有提交共同投标协议

　　C.投标人不符合招标文件规定的资格条件

　　D.同一投标人提交两个以上不同的投标文件或者投标报价

　　E.投标报价低于成本或者高于招标文件设定的最高投标限价

11.依法必须进行招标的项目,招标人应当自收到评标报告之日起 3 日内公示中标候选人,公示期不得少于(　　)。

  A.2 日   B.3 日   C.4 日   D.5 日

12.招标人最迟应当在书面合同签订后(　　)内向中标人和未中标的投标人退还投标保证金及银行同期存款利息。

  A.3 日   B.5 日   C.7 日   D.15 日

13.招标文件要求中标人提交履约保证金的,中标人应当按照招标文件的要求提交。履约保证金不得超过中标合同金额的(　　)。

  A.8%   B.10%   C.15%   D.20%

14.投标人有下列行为之一的,属于《招标投标法》第五十四条规定的情节严重行为,由有关行政监督部门取消其 1～3 年内参加依法必须进行招标的项目的投标资格(　　)。

  A.伪造、变造资格、资质证书或者其他许可证件骗取中标

  B.3 年内 2 次以上使用他人名义投标

  C.弄虚作假骗取中标给招标人造成直接经济损失 30 万元以上

  D.其他弄虚作假骗取中标情节严重的行为

  E.其他串通投标情节严重的行为

【延伸阅读】

《中华人民共和国招标投标法实施条例》(扫二维码可阅)。

招投标法实施条例

知识学习任务 1.5　招投标地方及部门规章

【教学目标及学习要点】

能力目标	知识目标	学习要点
能结合本地区情况,应用地方规章解决招投标问题	1.各地区招标的要求 2.招投标政府管理部门的职责	1.各地区的招投标相关规定 2.本地区招投标相关的规定

【知识讲解】

  国家出台了《招投标法》,国务院出台了《招投标法实施条例》,中央直属部委及各省、自治区、直辖市结合本部门、本地区的实际情况,相继出台了相关规定。下面以广东省、上海市、交通部为例介绍有关规定如下。

1.广东省实施《中华人民共和国招标投标法》办法——招标范围和标准

根据第八条规定,必须进行招标项目的范围包括:

(一)基础设施和公用事业工程建设项目:

1.煤炭、石油、天然气、电力、新能源等能源项目;

2.铁路、公路、管道、水运、航空以及其他交通运输业等交通运输项目;

3.邮政和电信枢纽,通信、信息网络等邮电通讯项目;

4.防洪、灌溉、水利枢纽、引(供)水、滩涂治理、排涝、水土保持等水利项目;

5.道路、桥梁、轨道交通、污水处理及排放、垃圾处理、排水、地下管道、园林绿化、城市照明、公共停车场等市政设施项目;

6.生态环境与自然资源保护项目;

7.供水、供电、供气、集中供热等项目;

8.科技、教育、文化、卫生、社会福利、体育、旅游项目;

9.广播电视、新闻出版项目;

10.经济适用住房、解困房、微利房项目;

11.其他基础设施和公用事业项目。

(二)使用国有资金投资或者国家融资的工程建设项目:

1.使用各级政府财政性资金,国家机关、国有企业事业单位自有资金及借贷资金的建设项目;

2.使用国家发行债券所筹资金、国家政策性贷款资金、国家对外借款或者担保所筹资金的建设项目,国家授权投资主体融资、国家特许的融资项目。

(三)使用世界银行、亚洲开发银行等国际组织或者外国政府贷款资金,以及国际组织或者外国政府援助资金的建设项目。

(四)使用财政性资金的货物采购和使用国有资金涉及社会公共利益的货物采购项目。

(五)使用财政性资金的勘察、设计、咨询、监理、劳务等服务项目。

(六)关系社会公共利益和国有资金投资效益的服务项目。

(七)国家垄断或者控制产品的经营权出让项目。

(八)选择社会投资主体的政府特许经营项目。

(九)国有自然资源的经营性开发项目。

(十)国家和省人民政府规定必须进行招标的其他项目。

根据第九条规定,必须进行招标项目的规模标准为:

(一)工程建设:

1.施工单项合同估算投资一百万元人民币以上或者建筑面积一千五百平方米以上的;

2.与工程建设有关的设备、材料等货物采购单项合同估算价一百万元人民币以上的;

3.施工单项合同估算低于上述标准,但项目总投资在一千万元人民币以上的建设工程的土建施工和主要设备购置、安装。

(二)货物采购:

1.使用财政性资金采购货物,批量货物价值三十万元人民币以上,单项货物价值十万元人民币以上的;

2.使用国有资金采购关系社会公共利益、公众安全的货物,货物价值五十万元人民币以上的。

药品采购按照国家有关部门的规定执行。

(三)服务:

1.勘察、设计、咨询、监理、劳务等服务单项合同估算价五十万元人民币以上的;

2.勘察、设计、监理单项合同低于五十万元人民币,但项目总投资三千万元人民币以上的;

3.研究开发项目政府资助费用五十万元人民币以上的；

4.国有或者国有控股项目贷款额一亿五千万元人民币以上，向商业银行贷款的；

5.使用财政性投资二亿元人民币以上的项目向社会选择项目建设组织者的。

（四）特许经营：

1.总投资一亿元人民币以上的政府特许经营建设项目向社会选择投资主体的；

2.出让年经营额一百万元人民币以上的公共交通、特定贸易经营场所的经营权的；

3.出让年经营额一千万元人民币以上的道路、供水、电力的经营权的。

根据第十条规定，符合第八条、第九条规定但不适宜招标的下列项目，经项目审批部门报地级以上市人民政府批准，政府采购货物和服务项目经地级以上市人民政府采购监督管理部门批准，可以不进行招标：

（一）涉及国家安全和国家秘密的；

（二）抢险救灾的；

（三）利用扶贫资金实行以工代赈、需要使用农民工的；

（四）勘测、设计、咨询等项目，采用特定专利或者专有技术的；

（五）为与现有设备配套而需从该设备原提供者处购买零配件的；

（六）项目标的单一，适宜采取拍卖等其他有利于引导竞争的方式的；

（七）法律、行政法规或者国务院另有规定的。

经批准不进行招标的项目，项目审批部门应当抄送同级行政监察机关备案。

根据第十一条规定，必须进行招标的下列项目应当公开招标：

（一）列入国家计划的大中型基本建设和技术改造项目；

（二）省重点基本建设项目和技术改造项目；

（三）使用财政性资金投资的项目；

（四）使用财政性资金采购货物、购置设备的项目；

（五）使用财政性资金的勘察、设计、咨询、监理、管理等服务项目。

全部使用国有资金投资，以及国有资金投资占控股或者主导地位的工程建设项目进行公开招标，按照国家有关规定执行。

根据第十二条规定，必须进行招标的项目符合下列条件而不适宜公开招标的，经批准，实行邀请招标：

（一）技术要求复杂，或者有特殊的专业要求的；

（二）公开招标所需费用和时间与项目价值不相称，不符合经济合理性要求的；

（三）受自然资源或者环境条件限制的；

（四）法律、行政法规或者国务院另有规定的。

实行邀请招标的项目，市、县管项目经上一级项目审批部门核准，广州、深圳市管项目经市人民政府批准，省管项目经项目审批部门核准，省重点建设项目经省人民政府批准，国家重点建设项目经国家发展计划部门批准，政府采购货物和服务项目经地级以上市人民政府采购监督管理部门批准。

2.上海市建设工程招标投标管理办法(节选)

第三条(管理职责)

市建设行政管理部门是本市建设工程招标投标活动的主管部门。上海市建设工程招标投标管理办公室(以下简称"市招标投标办")负责招标投标活动的具体工作。区建设行政管理部门在其职责范围内,负责所辖区域内建设工程招标投标活动的管理工作。

本市发展改革、规划国土资源、财政、国资、审计、监察、金融、交通、水务、海洋、绿化市容、民防等部门按照各自职责,协同实施本办法。

第四条(进场交易范围)

市和区建设行政管理部门应当对政府投资的建设工程招标投标活动加强监管。

政府投资的建设工程,以及国有企业事业单位使用自有资金且国有资产投资者实际拥有控制权的建设工程,达到法定招标规模标准的,应当在市或者区统一的建设工程招标投标交易场所(以下简称"招标投标交易场所")进行全过程招标投标活动。

其他建设工程,达到法定招标规模标准的,可以由招标人自行确定是否进入招标投标交易场所进行招标投标活动。招标人决定不进入招标投标交易场所的,应当依法自行组织招标投标活动;建设行政管理部门可以提供发布公告公示和专家抽取服务。

本办法所称的政府投资,是指使用政府性资金进行的固定资产投资活动。政府性资金包括财政预算内投资资金、各类专项建设基金、统借国外贷款和其他政府性资金。

第五条(信息化建设)

市建设行政管理部门应当加强招标投标交易场所的信息化建设,推进本市建设工程的电子化招标投标工作,加强与有关行政管理部门之间的信息共享。

第七条(设计方案招标和设计单位招标)

建设工程设计招标可以根据项目特点和实际需要,采用设计方案招标或者设计单位招标。设计方案招标通过以设计方案为主的综合评审确定中标人;设计单位招标通过对投标人拟从事该工程设计的人员构成、业绩经历、设计费报价和设计构思等的评审确定中标人。

第八条(招标启动)

招标人可以自行决定开始招标活动,并自行承担因项目各种条件发生变化而导致招标失败的风险。进场交易的建设工程招标开始前,招标人应当向市招标投标办或者区建设行政管理部门提交风险承诺书。

第九条(工程总承包再发包)

工程总承包单位依法将其承接的勘察、设计或者施工依法再发包给具有相应资质企业的,可以采用招标发包或者直接发包;相应的设计、施工总承包企业可以依法将部分专业工程分包。

第十条(批量招标和预选招标)

招标人在同一时间段实施多个同类工程的,可以采用批量招标的方式进行招标。

应急抢险工程以及经常发生的房屋修缮、园林绿化养护、市政设施和水利设施维修等工程,可以采用预选招标的方式进行招标。

第十一条(标段划分)

招标人应当根据建设工程特点合理划分标段,不得利用标段划分降低投标人资格条件。建设工程招标标段的划分标准,由市建设行政管理部门会同有关行政管理部门确定。

第十二条(不招标情形)

通过招标、竞争性谈判、竞争性磋商等竞争方式取得建设项目的建设单位,具有勘察、设计、施工资质并由其自行进行该项目勘察、设计、施工的,该项目的勘察、设计、施工可免于招标。

依法必须进行招标的建设工程,有下列情形之一且原中标人仍具备承包能力的,可以不进行招标:

(一)已建成工程进行改、扩建或者技术改造,需由原中标人进行勘察、设计,否则将影响项目功能配套性的;

(二)在建工程追加的附属小型工程或者主体加层工程,需由原中标人进行勘察、设计、施工、监理的,追加的全部附属小型工程在原项目审批范围内,造价累计不超过原中标价的30%且低于1 000万元的;

(三)与在建工程结构紧密相连,受施工场地限制且安全风险大,须由原中标人进行勘察、设计、施工、监理,并经本市专项技术评审专家库中抽取的专家论证的;

(四)法律、法规、规章规定的其他情形.

第十五条(投标人筛选)

采用资格后审方式招标的,招标人可以选择是否采用投标人筛选方式进行招标。未采用投标人筛选方式,投标人少于3人的,招标人应当重新招标。采用投标人筛选方式,经筛选入围的投标人少于15人的,应当重新招标。

投标筛选条件限于投标人的信用、行政处罚、行贿犯罪记录以及投标人在招标人之前的工程中的履约评价。投标筛选条件以及履约评价不合格的名单应当在招标公告中予以明示。投标人筛选违反以上规定的,在1至3年内不得再采用投标人筛选的方式进行招标。

第十九条(投标文件编制期限)

依法必须进行招标的项目,自招标文件开始发出之日起至投标人提交投标文件截止之日止,最短不得少于20日。

工程总承包招标中,自招标文件开始发出之日起至投标人提交投标文件截止之日止,最短不得少于30日。

国家对前两款规定的最短期限有更长规定的,从其规定。

第二十一条(暂估价招标)

以暂估价方式包括在工程总承包或者施工总承包范围内,且达到法定规模标准的,应当采用招标方式发包。

建设单位、总承包单位或者建设单位与总承包单位的联合体均可作为暂估价工程的招标人。建设单位在总承包招标文件中,应当明确暂估价工程的招标主体以及双方的权利义务。

进场交易的建设工程,其暂估价工程的招标投标活动应当在招标投标交易场所进行。暂估价工程结算,应当以暂估价招标的中标价作为结算依据。

本条所称的暂估价工程,是指招标人在招标文件中列明的必然发生但暂时不能确定价格的专业工程。

第二十二条(禁止投标)

承担建设工程前期设计、造价咨询、监理业务的单位,不得参加该建设工程包含施工的工程总承包投标。

施工单位拖欠工人工资,情节严重且被市建设行政管理部门向社会公布的,在公布的期限内不得参加本市建设工程的投标报名。

招标人应当将前款规定纳入资格预审文件或者招标文件中。

第二十三条(限制、排斥潜在投标人)

招标人有下列行为之一的,属于以不合理条件限制、排斥潜在投标人:

(一)在招标文件中设置的投标人资质条件或者项目负责人资格条件高于工程规模要求的;

(二)除复杂和大型建设工程外,在招标文件中设置企业或者项目负责人类似项目业绩要求的;

复杂和大型建设工程的招标文件中,对企业或者项目负责人类似项目业绩的规模要求,超过发包标段规模指标的70%,或者设置与该工程类别不相适应的项目业绩要求的。

第二十九条(评标委员会组成)

评标委员会由招标人或者其委托的代表,以及有关技术、经济等方面的专家组成,成员人数为5人以上单数。

勘察、设计合并招标的,评标委员会成员人数应当为7人以上单数。

工程总承包招标的评标委员会成员人数应当为9人以上单数。

第三十条(专家抽取)

评标委员会的专家成员应当按照相关规定,从市建设工程评标专家库中随机抽取;其中技术复杂、专业性强或者国家有特殊要求的,可以由招标人在市建设工程评标专家库资深专家中随机抽取。市建设工程评标专家库不能满足项目需求的,招标人可以直接确定评标专家。

市、区重要项目,在进行设计评标时,招标人可以从本市、外省市或者境外专家中选择确定评标专家组成评标委员会;经评标后,由评标委员会推荐合格投标人。

管理办法第四十四条(招标人的决策约束)

本市国有资产监督管理部门和有关行政管理部门应当要求国有企业事业单位建立建设工程招标投标活动的决策约束制度;资格预审、投标筛选、定标等事项应当纳入决策约束制度。

国有企业事业单位负责人的考核中,应当包括有关建设工程招标投标情况以及决策约束制度落实情况。

3.公路工程建设项目招标投标管理办法(节选)

第八条 对于按照国家有关规定需要履行项目审批、核准手续的依法必须进行招标的公路工程建设项目,招标人应当按照项目审批、核准部门确定的招标范围、招标方式、招标组织形式开展招标。

公路工程建设项目履行项目审批或者核准手续后,方可开展勘察设计招标;初步设计文件批准后,方可开展施工监理、设计施工总承包招标;施工图设计文件批准后,方可开展施工招标。

施工招标采用资格预审方式的,在初步设计文件批准后,可以进行资格预审。

第十三条 资格预审审查办法原则上采用合格制。

第十五条 资格预审申请人对资格预审审查结果有异议的,应当自收到资格预审结果通知书后 3 日内提出。招标人应当自收到异议之日起 3 日内作出答复;作出答复前,应当暂停招标投标活动。

第十八条 招标人应当自资格预审文件或者招标文件开始发售之日起,将其关键内容上传至具有招标监督职责的交通运输主管部门政府网站或者其指定的其他网站上进行公开,公开内容包括项目概况、对申请人或者投标人的资格条件要求、资格审查办法、评标办法、招标人联系方式等,公开时间至提交资格预审申请文件截止时间 2 日前或者投标截止时间 10 日前结束。

招标人发出的资格预审文件或者招标文件的澄清或者修改涉及到前款规定的公开内容的,招标人应当在向交通运输主管部门备案的同时,将澄清或者修改的内容上传至前款规定的网站。

第二十六条 招标人应当按照国家有关法律法规规定,在招标文件中明确允许分包的或者不得分包的工程和服务,分包人应当满足的资格条件以及对分包实施的管理要求。

招标人不得在招标文件中设置对分包的歧视性条款。

招标人有下列行为之一的,属于前款所称的歧视性条款:

(一)以分包的工作量规模作为否决投标的条件;

(二)对投标人符合法律法规以及招标文件规定的分包计划设定扣分条款;

(三)按照分包的工作量规模对投标人进行区别评分;

(四)以其他不合理条件限制投标人进行分包的行为。

第二十八条 招标人应当根据招标项目的具体特点以及本办法的相关规定,在招标文件中合理设定评标标准和方法。评标标准和方法中不得含有倾向或者排斥潜在投标人的内容,不得妨碍或者限制投标人之间的竞争。禁止采用抽签、摇号等博彩性方式直接确定中标候选人。

【延伸阅读】

1.国家发展改革委等部门《关于严格执行招标投标法规制度 进一步规范招标投标主体行为的若干意见》(扫二维码可阅)

2.广东省实施《中华人民共和国招标投标法》办法(扫二维码可阅)

3.上海市建设工程招标投标管理办法(扫二维码可阅)

4.公路工程建设项目招标投标管理办法(扫二维码可阅)

严格执行招标投标法的若干意见

广东省实施《招标投标法》办法

上海市建设工程招标投标管理办法

公路工程建设项目招标投标管理办法

守法故事——曹操断发

模块 2 建设工程招投标

知识学习任务 2.1 基础知识

【教学目标及学习要点】

能力目标	知识目标	学习要点
能运用有关知识指导工作	1.掌握承发包的方式 2.掌握招标范围、方式	1.建设工程承发包 2.建设工程招标原则、招投标程序

【任务情景 2.1】

某建设单位准备开发一公路工程项目,某咨询公司为其进行了可行性研究,认为此项目可行,报建设主管部门审批后,通过了立项。建设单位自己没有设计能力及施工单位,请你帮助建设单位选择一种承发包模式,如采用招标方式将怎样做?

【知识讲解】

1.建设工程承发包

1) 概念

建设工程承发包是根据协议,作为交易一方的承包商负责为交易另一方的发包方完成某一项工程的全部或其中的一部分工作,并按一定的价格取得相应的报酬。

发包人(建设单位):委托任务并负责支付报酬的一方。

承包人(建筑施工企业):接受任务并负责按时保质、保量完成而取得报酬的一方。

2) 建设工程承发包

建设工程承发包方式是指发包人与承包人双方之间的经济关系形式。从承发包的范围、承包人所处的地位、合同计价方式、获得任务的途径等不同的角度,可以对工程承发包方式进行不同的分类,其主要分类如下:

①按承发包范围划分,工程承发包方式可分为建设全过程承发包、阶段承发包和专项(业)承发包。

阶段承发包和专项承发包方式还可划分为包工包料、包工部分包料、包工不包料三种方式。

②按获得承包任务的途径划分,工程承发包方式可分为计划分配、投标竞争、委托承包和指令承包。

③按合同计价方法划分,工程承发包方式可分为固定总价合同、估算工程量单价合同、纯单价合同、按投资总额或承包工程量计取酬金的合同和成本加酬金合同。

④按承包人所处的地位划分,工程承发包方式可分为总承包、分承包、独立承包、联合承包和平行承包。

2.必须招标的建设工程任务范围和规模标准

1)工程建设招标范围

在中华人民共和国境内进行下列工程建设项目的勘察、设计、施工、监理以及与工程建设有关的重要设备材料的采购,必须进行招标:

①大型基础设施、公用事业等关系社会公共利益、公共安全的项目。

②全部或者部分使用国有资金投资或者国家融资的项目。

③使用国际组织或者外国政府贷款、援助资金的项目。

招投标法中所规定的招标范围是一个原则性的规定,《工程建设项目招标范围和规模标准规定》的具体范围如表2.1所示。

表2.1　工程建设项目招标范围

序　号	范　围	具体内容
1	大型基础设施关系社会公共利益、公共安全的项目	(1)煤炭、石油、天然气、电力、新能源等能源项目 (2)铁路、公路、管道、水运、航空以及其他交通运输业等交通运输项目 (3)邮政、电信枢纽、通信、信息网络等邮电通信项目 (4)防洪、灌溉、排涝、引(供)水、滩涂治理、水土保持、水利枢纽等水利项目 (5)道路、桥梁、地铁和轻轨交通、污水排放及处理、垃圾处理、地下管道、公共停车场等城市设施项目 (6)生态环境保护项目 (7)其他基础设施项目
2	公用事业等关系社会公共利益、公共安全的项目	(1)供水、供电、供气、供热等市政工程项目 (2)科技、教育、文化等项目 (3)体育、旅游等项目 (4)卫生、社会福利等项目 (5)商品住宅,包括经济适用房 (6)其他公用事业项目
3	全部或者部分使用国有资金投资项目	(1)使用各级财政预算资金项目 (2)使用纳入财政管理的各种政府性专项建设基金的项目 (3)使用国有企业事业单位自有资金,并且国有资产投资者实际拥有控制权的项目
4	国家融资的项目	(1)使用国家发行债券所筹资金的项目 (2)使用国家对外借款或者担保所筹资金的项目 (3)使用国家政策性贷款的项目 (4)国家授权投资主体融资的项目 (5)国家特许的融资项目
5	使用国际组织或者外国政府贷款、援助资金的项目	(1)使用世界银行、亚洲开发银行等国际组织贷款资金的项目 (2)使用外国政府及其机构贷款资金的项目 (3)使用国际组织或者外国政府援助资金的项目

2) 招标的限额规定

各类工程建设项目,包括项目的勘察、设计、施工、监理以及与工程有关的重要设备、材料等的采购,达到下列标准之一的必须进行招标:

①施工单项合同估算价在 400 万元人民币以上的。

②重要设备、材料等货物的采购,单项合同估算价在 200 万元人民币以上的。

③勘察、设计、监理等服务的采购,单项合同估算价在 100 万元人民币以上的。

④单项合同估算价低于上述 3 项规定的标准,但项目总投资在 3 000 万元人民币以上的。

3) 可以不参加招标的建设项目范围

①涉及国家安全、国家秘密、抢险救灾或者属于利用扶贫资金实行以工代赈,需要使用农民工等特殊情况,不适宜进行招标的项目,按照国家有关规定可以不进行招标。

②使用国际组织或者外国政府贷款、援助资金的项目进行招标贷款人、资金提供人对招标投标的具体条件和程序有不同规定,可以使用其规定,但违背中华人民共和国的社会公共利益的除外。

③建设项目的勘察设计采用特定专利或专有技术的,或者其建筑艺术造型有特殊要求的,经项目主管部门批准,可以不进行招标。

④施工企业自建自用的工程,且该施工企业资质等级符合工程要求的,在建工程追加的附属小型工程或者主体加层工程,原中标人仍具备承包能力的。

⑤停建或者缓建后恢复的单位工程,且承包方未发生变更的。

4) 建设工程招标的条件

①按照国家有关需要履行项目审核手续的,已经履行审核手续。

②工程资金或者资金来源已经落实。

③有满足施工招标需要的设计文件及其他技术资料。

④法律、法规、规章制度的其他条件。

3.招投标活动基本原则

①合法原则。

②统一、开放原则。

③公开、公平、公正原则。

④诚实信用原则。

⑤求效、择优原则。

⑥招标投标权益不受侵犯原则。

操纵招投标
警示案例

4.招标方式

我国规定国内工程施工招标应采用公开招标和邀请招标两种方式。其中又以公开招标为主要方式。

1) 公开招标

(1) 公开招标

公开招标也称无限竞争性招标,是指招标人以招标公告的方式邀请不特定的法人或者其他组织投标。

招标人按照法定程序,在报纸、专业性刊物、广播、电视媒体及网络方式发布招标信息,投标单位根据招标信息在规定的日期内向招标单位申请,取得投标资格,经招标单位审查合格后领取、购买文件,参加投标。

注意:实行公开招标的工程,凡投标企业符合该工程资格等级和施工能力要求的,投标报名不受限制,招标单位不得以任何理由拒绝投标单位参加。

(2)特点

优点:为潜在的投标人提供均等的机会,能最大限度地引起竞争,选择报价合理、工期较短、信誉良好的承包商。

缺点:招标工作量大,周期长,花费人力多,招标成本大。

2)邀请招标

(1)邀请招标

邀请招标也称选择性招标,是指招标人以投标邀请书的方式邀请特定的法人或其他组织投标的一种方式。

也就是说邀请符合条件的供应商、承包商(资质、质量、资信)来投标竞争。

(2)特点

不使用公开招标形式,不需要发布公告;接受投标邀请的单位才是合格的投标人;为了保证竞争性,投标人的数量为4~7家。

优点:缩短了投标的有效期;节约了招标费用;提高了投标人的中标机会。

缺点:可能排除了许多更有竞争实力的单位;中标价格可能高于公开招标的价格。

所以,《招标投标法》规定国家重点项目,省、自治区、直辖市的地方重点项目不宜进行公开招标的,经批准后可进行邀请招标。

邀请招标工作程序如图2.1所示。

3)公开招标和邀请招标的主要区别

①招标信息发布的方式不同。

②对投标人的资格审查时间不同。

③适用的条件不同。

④招标中的时间、费用不同。

⑤竞争程度、范围和效果不同。

⑥中标可能性大小不同。

4)议标

议标也称非竞争性招标或指定性招标,是指招标人和承包商之间通过"一对一"的协商谈判,最终达到工程承包的目的,是一种合同谈判形式,不具公开性和竞争性,从严格意义上讲不是招标方式。

议标的优点是:目标明确,省时省力,比较灵活,适用造价较低、工期紧、专业性强的工程或军事保密项目;缺点:议标程序很随意,没竞争性,缺乏透明度(因此"议标"不是一种法定招标方式)。

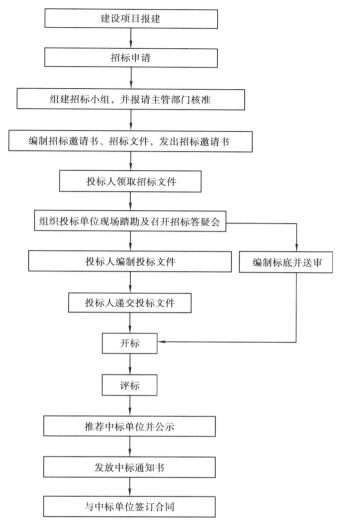

图 2.1　邀请招标工作程序示意图

5.招投标程序

招标程序可分 3 个阶段,即招标准备阶段、招投标阶段和决标成交阶段。施工招标应进行的程序如下:

①由建设单位组织招标班子。

②向招标投标办事机构提交招标申请书。

③编制招标文件和标底,并报告招投标办事机构审定。

④发布招标公告或发出招标邀请书。

⑤投标单位申请投标。

⑥对投标单位进行资质审查,并将审查结果通知各申请投标者。

⑦向合格投标单位分发招标文件及设计图纸、技术资料。

⑧组织投标单位踏勘现场,并对招标文件答疑。

⑨建立评标组织,制订评标、定标办法。

⑩召开开标会议,审查投标书,组织评标,决定定标单位。

⑪发出中标通知书。

⑫建设单位与中标单位签订承发包合同。

针对不同形式的招标方法,具体的施工招标程序如图 2.2 所示。

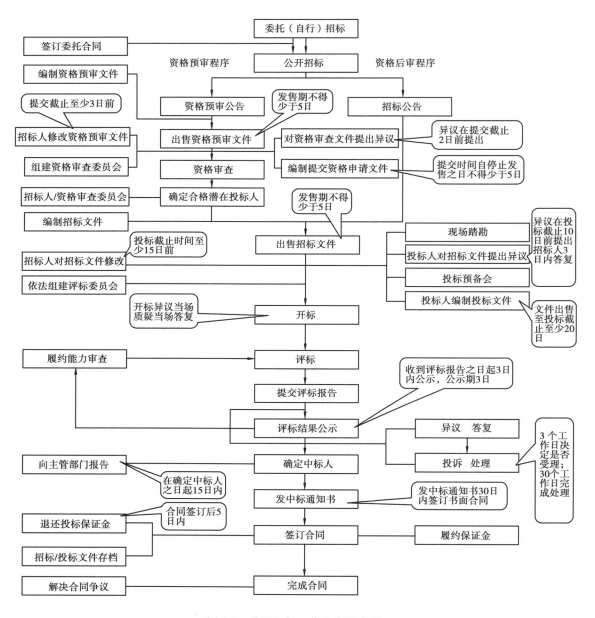

图 2.2　公开招标工作程序示意图

招标过程计划时间要求见表 2.2。

表 2.2　招标工作计划时间要求明细

序号	项　目	时间要求	备　注
1	发布资格预审公告,投标人报名、领取资格预审文件	上网公布次日起不少于 5 个工作日,报名、领取资格预审文件与公告同步进行,公告发布日期截止,即截止报名	招标办负责上传到网上,上传当日不算
2	投标申请人对资格预审文件提出质疑	投标申请人对资格预审文件有异议的,在提交资格预审申请文件截止时间两日前提出	本工程假设发生投标申请人在提交资格预审文件截止时间前第 3 天对资格预审文件提出质疑
3	招标人对资格预审文件发布澄清或修改	招标人在提交资格预审申请文件截止时间至少 3 日前通知所有获取资格预审文件投标申请人;不足 3 日的,顺延提交资格预审申请文件截止时间	本工程假设招标人对资格预审文件发布澄清或修改
4	提交资格预审申请文件	报名时间截止 5 天后(最少 5 天)	即提交资格预审申请文件截止时间
5	资格审查会		一般在资格预审申请文件递交后第二天进行
6	发布资格预审结果通知		
7	发售招标文件	发布资格审查结果通知书后(时间由招标人定,一般 1~3 天)	
8	现场考察		一般间隔最少 3 天
9	投标预备会		
10	投标申请人对招标文件提出质疑	在投标截止时间(即提交投标文件截止时间)10 日前提出	
11	如发布招标文件澄清函或补遗书	与投标预备会间隔至少 1 天,发布时间与提交时间之间不得少于 15 天	招标人根据需要编制招标文件澄清函或修改
12	提交投标文件	自招标文件发售之日起不得少于 20 天(两者中间间隔 20 天,如发布招标文件澄清函或补遗书)	本工程假设发布招标文件澄清函或补遗书

续表

序号	项　目	时间要求	备　注
13	开标	提交投标文件时间截止的同一时间	
14	评标,提交评标报告,推荐中标候选人	开标后即进行	时间根据项目具体情况而定
15	中标公示	评标结束后次日上网,从上网次日起算5个工作日	上网当天不算
16	中标通知	中标公示结束后次日	
17	签订合同	自中标通知书发出之日起30日内	

技能训练任务 2.2　招标文件编制

【教学目标及学习要点】

能力目标	知识目标	学习要点
能运用施工招投标的有关知识,完成施工招标文件的编制	1.熟悉建设工程施工招标程序及各阶段的主要工作、建设工程施工招标相关业务 2.掌握施工招标资格预审文件、施工招标、投标文件的编写方法	1.建设工程施工招标各阶段的主要工作 2.建设工程资格预审文件、工程招标文件的编制 3.建设工程施工投标具体业务

【任务情景 2.2】

　　2018 年 10 月,××学院为解决一部分教师的住房问题,拟建设一栋宿舍楼,建设规模为钢筋混凝土框架结构,地上 10 层,地下一层,总建筑面积约 12 000 m²。该工程施工图纸设计已完成,施工现场已完成"三通一平"工作,具备了开工条件。工程地点位于广东省××市环市东路 166 号;要求工期 13 个月;工程质量要求达到合格标准;计划开工日期为 2019 年 1 月 1 日。资金来源为自筹资金,采用的招标方式为公开招标(无标底),本招标标段为土建工程施工,采用施工总承包的形式。

　　试以上述背景资料严格按照《标准施工招标文件》(2010 年版)进行施工招标文件的编制,包括招标公告、招标资格预审文件、施工招标文件。

　　要求:招标单位自拟,自行确定是否采用招标代理。若采用招标代理,招标代理机构自行选择。

2.2.1　编制招标公告

【教学目标及学习要点】

能力目标	知识目标	学习要点
能运用施工招投标的有关知识，完成招标公告的编制	1.熟悉招标公告的发布要求 2.掌握施工招标公告的编写方法	1.建设工程施工招标公告的发布媒介 2.建设工程招标公告格式

【知识讲解】

国内依法必须进行公开招标的项目，依据我国《招标投标法》相关规定，应当通过国家指定的报刊、信息网络或者其他媒介发布，如《中国建设报》《中国日报》和中国招标投标网等。此外，除在省、自治区、直辖市人民政府指定的媒介发布外，在招标人自愿的前提下，可以同时在其他媒介发布。任何单位和个人不得违法指定或者限制招标公告的发布和发布范围。对非法干预招标公告发布活动的，依法追究领导和直接责任人的责任。在指定媒介发布必须招标项目的招标公告，不得收取费用。

招标公告应当载明招标人的名称和地址，招标项目的性质、数量，实施地点和时间以及获取招标文件的办法等事项。

招标公告的格式如下（请按照格式填写项目各项内容）：

_____（项目名称）_____标段施工招标公告

1.招标条件

本招标项目_____（项目名称）已由_____（项目审批、核准或备案机关名称）以_____（批文名称及编号）批准建设，项目业主为_____，建设资金来自_____（资金来源），项目出资比例为_____，招标人为_____。项目已具备招标条件，现对该项目的施工进行公开招标。

2.项目概况与招标范围

_____（说明本次招标项目的建设地点、规模、计划工期、招标范围、标段划分等）。

3.投标人资格要求

3.1　本次招标要求投标人须具备_____资质，_____业绩，并在人员、设备、资金等方面具有相应的施工能力。

3.2　本次招标_____（接受或不接受）联合体投标。联合体投标的，应满足下列要求：_____。

3.3　各投标人均可就上述标段中的_____（具体数量）个标段投标。

4.招标文件的获取

4.1　凡有意参加投标者，请于____年__月__日至____年__月__日（法定公休日、法定节假日除外），每日上午____时至____时，下午____时至_____

时(北京时间,下同),在＿＿＿＿＿＿＿＿＿＿＿＿＿＿＿＿＿(详细地址)持单位介绍信购买招标文件。

4.2 招标文件每套售价＿＿＿＿＿＿＿＿＿＿元,售后不退。图纸押金＿＿＿＿＿＿＿＿＿元,在退还图纸时退还(不计利息)。

4.3 邮购招标文件的,需另加手续费(含邮费)＿＿＿＿＿＿元。招标人在收到单位介绍信和邮购款(含手续费)后＿＿＿＿＿＿日内寄送。

5.投标文件的递交

5.1 投标文件递交的截止时间(投标截止时间,下同)为＿＿＿＿＿＿＿年＿＿＿月＿＿＿日＿＿＿时＿＿＿＿＿＿分,地点为＿＿＿＿＿＿＿＿＿＿＿＿＿＿。

5.2 逾期送达的或者未送达指定地点的投标文件,招标人不予受理。

6.发布公告的媒介

本次招标公告同时在＿＿＿＿＿＿＿＿＿＿＿＿＿＿(发布公告的媒介名称)上发布。

7.联系方式

招 标 人:＿＿＿＿＿＿＿＿＿	招标代理机构:＿＿＿＿＿＿＿＿＿＿＿
地 址:＿＿＿＿＿＿＿＿＿	地 址:＿＿＿＿＿＿＿＿＿＿＿
邮 编:＿＿＿＿＿＿＿＿＿	邮 编:＿＿＿＿＿＿＿＿＿＿＿
联 系 人:＿＿＿＿＿＿＿＿＿	联 系 人:＿＿＿＿＿＿＿＿＿＿＿
电 话:＿＿＿＿＿＿＿＿＿	电 话:＿＿＿＿＿＿＿＿＿＿＿
传 真:＿＿＿＿＿＿＿＿＿	传 真:＿＿＿＿＿＿＿＿＿＿＿
电子邮件:＿＿＿＿＿＿＿＿＿	电子邮件:＿＿＿＿＿＿＿＿＿＿＿
网 址:＿＿＿＿＿＿＿＿＿	网 址:＿＿＿＿＿＿＿＿＿＿＿
开 户 银 行:＿＿＿＿＿＿＿＿＿	开 户 银 行:＿＿＿＿＿＿＿＿＿＿＿
账 号:＿＿＿＿＿＿＿＿＿	账 号:＿＿＿＿＿＿＿＿＿＿＿

＿＿＿＿＿＿＿年＿＿＿月＿＿＿日

2.2.2 编制招标资格预审文件

【教学目标及学习要点】

能力目标	知识目标	学习要点
能运用施工招投标的有关知识,完成资格预审文件的编制	1.熟悉资格审查的主要内容及程序 2.掌握施工招标资格预审文件的编写方法	1.建设工程施工招标资格审查的主要内容 2.建设工程施工招标资格审查的程序 3.建设工程施工招标资格预审文件的格式

【知识讲解】

招标人可根据招标项目本身的特点和需要,要求潜在投标人或者投标人提供满足其资格要求的文件,对潜在投标人或者投标人进行资格审查。

1.资格审查的分类

资格审查分为资格预审和资格后审。

资格预审是指在投标前对潜在投标人进行的资格审查。资格预审是在招标阶段对申请投标人第一次筛选,目的是审查投标人的企业总体能力是否适合招标工程的需要。只有在公开招标时才设置此程序。

资格后审是指在开标后对投标人进行的资格审查。进行资格预审的,一般不再进行资格后审,但招标文件另有规定的除外。资格后审适用于那些工期紧迫、工程较为简单的建设项目,审查的内容与资格预审基本相同。

2.资格审查的主要内容

资格审查应主要审查潜在投标人或者投标人是否符合下列条件:

①具有独立订立合同的权利。

②具有履行合同的能力,包括专业、技术资格和能力,资金、设备和其他物质设施状况,管理能力,经验、信誉和相应的从业人员。

③没有处于被责令停业,投标资格被取消,财产被接管、冻结,破产状态。

④在最近 3 年内没有骗取中标和严重违约及重大工程质量问题。

⑤法律、行政法规规定的其他资格条件。

对于大型复杂项目,尤其是需要有专门技术、设备或经验的投标人才能完成时,则应设立设置更加严格的条件。如针对工程所需的特别措施或工艺专长,专业工程施工经历和资质及安全文明施工要求等内容。但标准应适当,否则过高会使合格投标人过少影响竞争,过低会使不具备能力的投标人获得合同而导致不能按预期目标完成建设项目。

具体审查指标可参考《标准施工招标资格预审文件》(2010 年版)第三章内容。有一项因素不符合审查标准的,不能通过资格预审。

3.资格审查的方法与程序

1)资格审查的方法

资格审查办法一般分为合格制和有限数量制两种。合格制即不限定资格审查合格者数量,凡通过各项资格审查设置的考核因素和标准者均可参加投标。有限数量制则预先限定通过资格预审的人数,依据资格审查标准和程序,将审查的各项指标量化,最后按得分由高到低的顺序确定通过资格预审的申请人。通过资格预审的申请人不得超过限定的数量。

2)资格审查的程序

(1)初步审查

初步审查是一般符合性审查。

(2)详细审查

通过第一阶段的初步审查后,即可进入详细审查阶段。审查的重点在于投标人财务能力、技术能力和施工经验等内容。

（3）资格预审申请文件的澄清

在审查过程中，审查委员会可以以书面形式，要求申请人对所提交的资格预审申请文件中不明确的内容进行必要的澄清或说明。申请人的澄清或说明应采用书面形式，并不得改变资格预审申请文件的实质性内容。申请人的澄清和说明内容属于资格预审申请文件的组成部分。招标人和审查委员会不接受申请人主动提出的澄清或说明。

通过资格预审的申请人除应满足初步审查和详细审查的标准外，还不得存在下列任何一种情形：

①不按审查委员会要求澄清或说明的。

②在资格预审过程中弄虚作假、行贿或有其他违法违规行为的。

③申请人存在下列情形之一：

A.为招标人不具有独立法人资格的附属机构（单位）。

B.为本标段前期准备提供设计或咨询服务的，但设计施工总承包的除外。

C.为本标段的监理人；为本标段的代建人；为本标段提供招标代理服务的。

D.与本标段的监理人或代建人或招标代理机构同为一个法定代表人的。

E.与本标段的监理人或代建人或招标代理机构相互控股或参股的。

F.与本标段的监理人或代建人或招标代理机构相互任职或工作的。

G.被责令停业的。

H.被暂停或取消投标资格的。

I.财产被接管或冻结的。

J.在最近 3 年内有骗取中标或严重违约或重大工程质量问题的。

（4）提交审查报告

按照规定的程序对资格预审申请文件完成审查后，确定通过资格预审的申请人名单，并向招标人提交书面审查报告。

通过资格预审申请人的数量不足 3 个的，招标人重新组织资格预审或不再组织资格预审而直接招标。

资格预审评审报告一般包括工程项目概述、资格预审工作简介、资格评审结果和资格评审表等附件内容。

4.资格审查文件的编制

1）资格审查文件编制目的

招标人利用资格预审程序可以较全面地了解申请投标人各方面的情况，并将不合格或竞争能力较差的投标人淘汰，以节省评标时间。一般情况下，招标人只通过资格预审文件了解申请投标人的各方面情况，不向投标人当面了解，所以资格预审文件编制水平直接影响后期招标工作。在编制资格预审文件时应结合招标工程的特点突出对投标人实施能力要求所关注的问题，不能遗漏某一方面的内容。

2）资格审查文件的内容

根据发改委〔2007〕3419 号文件，为规范招标文件的编制，进一步规范招标投标活动，由国务院九部门在总结现有行业施工招标文件范本实施经验，针对实践中存在的问题，并借鉴世界银行、亚洲开发银行做法的基础上编制的《标准施工招标资格预审文件》。2010 年版又在 2007 年版基础上进行了修改,现就该文件内容作简要说明和介绍。

（1）《标准施工招标资格预审文件》适用范围

《标准施工招标资格预审文件》在政府投资项目中试行。国务院有关部门和地方人民政府有关部门可选择若干政府投资项目作为试点（2010 年版）,由试点项目招标人按本规定使用该文件。试点项目招标人结合招标项目具体特点和实际需要,按照公开、公平、公正和诚实信用原则编写施工招标资格预审文件。行业标准施工招标文件和试点项目招标人编制的施工招标资格预审文件、施工招标文件,应不加修改地引用《标准施工招标资格预审文件》中的"申请人须知"（申请人须知前附表除外）"资格审查办法"（资格审查办法前附表除外）。

（2）《标准施工招标资格预审文件》内容

《标准施工招标资格预审文件》（2010 年版）包括资格预审公告、申请人须知、资格预审办法、资格预审申请文件格式及项目建设概况共 5 章。

①第一章　资格预审公告。公告包括招标条件、项目概况与招标范围、申请人资格要求、资格预审方法、资格预审文件的获取、资格预审申请文件的递交、发布公告的媒介和联系方式 8 个部分。

②第二章　申请人须知。

③第三章　资格审查办法。

④第四章　资格预审申请文件格式。

⑤第五章　项目建设概况。

标准施工招标
资格预审文件

2.2.3　编制建设工程施工招标文件

【教学目标及学习要点】

能力目标	知识目标	学习要点
能运用施工招投标的有关知识,完成施工招标文件的编制	1.熟悉建设工程施工招标文件的组成和适用范围 2.掌握施工招标文件的编写方法	1.建设工程施工招标文件的适用范围 2.建设工程施工招标文件的格式

【知识讲解】

为了规范招标文件编制活动,提高招标文件编制质量,促进招标投标活动的公开、公平和公正,由国家发展和改革委员会、财政部、原建设部等九部委在原 2007 年版招标文件范本基础上,联合编制了《标准施工招标文件》（2010 年版）。招标文件由以下 8 章组成:第一章招标公告,第二章投标人须知,第三章评标办法,第四章合同条款与格式,第五章工程量清单,第六章图纸,第七章技术标准和要求,第八章投标文件格式。

1.《标准施工招标文件》（2010 年版）的实施原则和特点

招标文件的编制是招标投标活动的一个重要环节。规范招标文件的编制,是进一步规范招标投标活动的重要措施。该文件是国务院九部委在总结现有行业施工招标文件范本实施经验,针对实践中存在的问题,并借鉴世界银行、亚洲开发银行做法的基础上编制的。它定位于通用性,着力解决各行业施工招标文件编制中带有普遍性和共同性的问题,规范了招标投标活动当事人的权利义务,标志着政府对招标投标活动的管理已经从单纯依靠法律制度深化到结合运用技术操作规程进行科学管理。

2.《标准施工招标文件》(2010 年版)的适用范围

《房屋建筑和市政工程标准施工招标文件》(以下简称《标准施工招标文件》)是《〈标准施工招标资格预审文件〉和〈标准施工招标文件〉试行规定》(国家发展和改革委员会、财政部、原建设部等九部委 56 号令发布)的配套文件,适用于一定规模以上,且设计和施工不是由同一承包人承担的房屋建筑和市政工程的施工招标。

3.《标准施工招标文件》(2010 年版)的内容

中华人民共和国《标准施工招标文件》(2010 年版)共包括 8 章。

第一章　招标公告(投标邀请书)
第二章　投标人须知
第三章　评标办法
第四章　合同条款及格式
第五章　工程量清单
第六章　图纸
第七章　技术标准和要求
第八章　投标文件格式

标准施工
招标文件

技能训练任务 2.3　投标文件编制

【教学目标及学习要点】

能力目标	知识目标	学习要点
能运用工程建设投标文件范本,根据招标文件的具体要求,编制一份投标文件,包含投标函和商务标	1.熟悉投标文件的组成 2.掌握投标函及附录、法定代表人身份证明、授权委托书、投标保证金、商务标中报价文件的编制方法 3.了解各投标技巧	1.建设工程施工投标阶段的主要工作 2.建设工程资格预审申请文件的编制 3.建设工程投标文件的编制

【任务情景 2.3】

根据任务情景 2.2 给出的任务,在同学们完成的招标文件中选出一个比较好的招标文件,作为招标项目,编制投标文件。

2.3.1　编制资格预审申请文件

【**教学目标及学习要点**】

能力目标	知识目标	学习要点
能根据资格预审文件的要求,编制一份资格预审申请文件	1.熟悉资格审查的程序 2.掌握资格预审申请文件的编制方法	建设工程资格预审申请文件的格式

【**知识讲解**】

投标人在获悉招标公告或投标邀请书后,应当按照招标公告或投标邀请书中所提出的资格审查要求,向招标人申报资格审查。资格审查是投标人投标过程中的第一关。

投标人申报资格审查,应当按招标公告或投标邀请书的要求,向招标人提供有关资料。经招标人审查后,招标人应将符合条件的投标人的资格审查资料,报建设工程招标投标管理机构复查。经复查合格的,就具备了参加投标的资格。

在审查的过程中,审查委员会可以以书面形式,要求申请人对所提交的资格预审申请文件中不明确的内容进行必要的澄清或说明。申请人的澄清或说明应采用书面形式,并不得改变资格预审申请文件的实质性内容。申请人的澄清或说明内容属于资格预审申请文件的组成部分。招标人和审查委员会不接受申请人主动提出的澄清或说明。

资格预审申请文件包括以下内容:

①资格预审申请函。

②法定代表人身份证明及授权委托书。

③联合体协议书(如果有)。

④申请人基本情况表。

⑤近年财务状况表。

⑥近年完成的类似项目情况表。

⑦正在施工的和新承接的项目情况表。

⑧近年发生的诉讼及仲裁情况。

⑨其他材料。

资格预审申请文件格式

一、资格预审申请函

_____(招标人名称):

1.按照资格预审文件的要求,我方(申请人)递交的资格预审申请文件及有关资料,用于你方(招标人)审查我方参加_____(项目名称)_____标段施工招标的投标资格。

2.我方的资格预审申请文件包含第二章"申请人须知"第 3.1.1 项规定的全部内容。

3.我方接受你方的授权代表进行调查,以审核我方提交的文件和资料,并通过我方的客户,澄清资格预审申请文件中有关财务和技术方面的情况。

4.你方授权代表可通过_____(联系人及联系方式)得到进一步的资料。

5.我方在此声明,所递交的资格预审申请文件及有关资料内容完整、真实和准确,且不存在第二章"申请人须知"第1.4.3项规定的任何一种情形。

申   请   人:_____(盖单位章)

法定代表人或其委托代理人:_____(签字)

电   话:_____

传   真:_____

申请人地址:_____

邮 政 编 码:_____

_____年____月____日

二、法定代表人身份证明

申请人名称:_____

单位性质:_____

成立时间:_____年____月____日

经营期限:_____

姓名:_____ 性别:_____ 年龄:_____ 职务:_____

系_____(申请人名称)的法定代表人。

特此证明。

申   请   人:_____(盖单位章)

_____年____月____日

三、授权委托书

本人_____(姓名)系_____(申请人名称)的法定代表人,现委托_____(姓名)为我方代理人。代理人根据授权,以我方名义签署、澄清、递交、撤回、修改_____(项目名称)_____标段施工招标资格预审申请文件,其法律后果由我方承担。

委托期限:_____。

代理人无转委托权。

附:法定代表人身份证明

申请人:_____(盖单位章)

法定代表人:_____(签字)

身份证号码:_____

委托代理人:_____(签字)

身份证号码:_____

_____年____月____日

四、联合体协议书

_____(所有成员单位名称)自愿组成_____(联合体名称)联合体,共同参加_____(项目名称)_____标段施工招标资格预审和投标。现就联合体投标事宜订立如下协议：

1.＿＿＿＿＿＿＿＿＿（某成员单位名称）为＿＿＿＿＿＿＿＿（联合体名称）牵头人。

2.联合体牵头人合法代表联合体各成员负责本标段施工招标项目资格预审申请文件、投标文件编制和合同谈判活动，代表联合体提交和接收相关的资料、信息及指示，处理与之有关的一切事务，并负责合同实施阶段的主办、组织和协调工作。

3.联合体将严格按照资格预审文件和招标文件的各项要求，递交资格预审申请文件和投标文件，履行合同，并对外承担连带责任。

4.联合体各成员单位内部的职责分工如下：＿＿＿＿＿＿＿＿＿＿＿＿＿＿＿＿＿＿。

5.本协议书自签署之日起生效，合同履行完毕后自动失效。

6.本协议书一式＿＿＿＿＿＿＿份，联合体成员和招标人各执一份。

注：本协议书由委托代理人签字的，应附法定代表人签字的授权委托书。

牵头人名称：＿＿＿＿＿＿＿＿＿＿＿＿＿＿＿＿＿＿＿＿（盖单位章）

法定代表人或其委托代理人：＿＿＿＿＿＿＿＿＿＿＿＿＿（签字）

成员一名称：＿＿＿＿＿＿＿＿＿＿＿＿＿＿＿＿＿＿＿＿（盖单位章）

法定代表人或其委托代理人：＿＿＿＿＿＿＿＿＿＿＿＿＿（签字）

成员二名称：＿＿＿＿＿＿＿＿＿＿＿＿＿＿＿＿＿＿＿＿（盖单位章）

法定代表人或其委托代理人：＿＿＿＿＿＿＿＿＿＿＿＿＿（签字）

⋮

＿＿＿＿＿＿年＿＿＿月＿＿＿日

五、申请人基本情况表

申请人名称					
注册地址			邮政编码		
联系方式	联系人		电 话		
	传 真		网 址		
组织结构					
法定代表人	姓 名		技术职称		电 话
技术负责人	姓 名		技术职称		电 话
成立时间		员工总人数			
企业资质等级			项目经理		
营业执照号			高级职称人员		
注册资金		其中	中级职称人员		
开户银行			初级职称人员		
账号			技 工		
经营范围					
备 注					

附：项目经理简历表

项目经理应附项目经理证、身份证、职称证、学历证、养老保险复印件,管理过的项目业绩须附合同协议书复印件。

姓　名		年　龄		学　历	
职　称		职　务		拟在本合同任职	
毕业学校		年毕业于	学校	专业	
主要工作经历					
时　间	参加过的类似项目		担任职务	发包人及联系电话	

六、近年财务状况表(略)

七、近年完成的类似项目情况表

项目名称	
项目所在地	
发包人名称	
发包人地址	
发包人电话	
合同价格	
开工日期	
竣工日期	
承担的工作	
工程质量	
项目经理	
技术负责人	
总监理工程师及电话	
项目描述	
备　注	

八、正在施工的和新承接的项目情况表

项目名称	
项目所在地	
发包人名称	
发包人地址	

续表

项目名称	
发包人电话	
签约合同价	
开工日期	
计划竣工日期	
承担的工作	
工程质量	
项目经理	
技术负责人	
总监理工程师及电话	
项目描述	
备　注	

九、近年发生的诉讼及仲裁情况

十、其他材料

2.3.2　编制投标文件

【教学目标及学习要点】

能力目标	知识目标	学习要点
能根据招标文件的具体要求，编制一份投标文件，包含投标函和商务标	1.熟悉投标文件的组成 2.掌握投标函及附录、法定代表人身份证明、授权委托书、投标保证金、商务标中报价文件的编制方法	1.建设工程施工投标阶段的主要工作 2.建设工程投标文件的格式 3.投标技巧

【知识讲解】

现阶段，我国市场经济体制在逐步完善，施工企业作为建筑市场竞争的主体参与招投标是拿到工程的唯一途径。工程施工投标则是施工企业在激烈的竞争中，凭借本企业的实力和优势、经验和信誉以及投标水平和技巧获得工程项目承包任务的过程。

1.建设工程施工投标步骤

建设工程投标人取得投标资格并愿意参加投标，其参加投标一般要经过以下 8 个步骤：

①建筑企业根据招标公告或投标邀请书，向招标人提交有关资格预审资料。

②接受招标人的资格审查。

③购买招标文件及有关技术资料。

④参加现场踏勘，并对有关疑问提出书面询问。

⑤参加投标答疑会。

⑥编制投标书及报价。投标书是投标人的投标文件，是对招标文件提出的要求和条件作出实质性响应的文本。

⑦参加开标会议。

⑧如果中标，接受中标通知书，与招标人签订合同。

2.建设工程施工投标主要工作内容

投标过程主要是指投标人从填写资格预审申报资格预审时开始，到将正式投标文件递交业主为止所进行的全部工作，一般需要完成下列工作：

①投标初步决策：企业管理层分析工程类型、中标概率、盈利情况决定是否参与投标。

②成立投标团队：团队成员包括经营管理类人才、专业技术人才、财经类人才。

③参加资格预审，购买标书：投标企业按照招标公告或投标邀请函的要求向招标企业提交相关资料。资格预审通过后，购买投标书及工程资料。

④参加现场踏勘和投标预备会：现场的考察（踏勘）是指招标人组织投标人对项目实施现场的地理、地质、气候等客观条件和环境进行的现场调查。

⑤进行工程所在地环境调查：主要进行自然环境和人文环境调查，了解拟建工程当地的风土人情、经济发展情况以及建筑材料的采购运输等情况。

⑥编制施工组织设计：施工组织设计是针对投标工程具体施工中的具体设想和安排，有人员机构、施工机具、安全措施、技术措施、施工方案和节能降耗措施等。

⑦编制施工图预算：根据招标文件规定，详细认真地作出施工图预算，仔细核对无误，注意保密，供决策层参考。

⑧投标最终决策：企业高层根据搜集到的业主情况、竞争环境、主观因素、法律法规及招标条件等信息，作出最终投标报价和响应性条件的决策。

⑨投标书成稿：投标团队汇总所有投标文件，按照招标文件规定整理成稿，检查遗漏和瑕疵。

⑩标书装订和密封：已经成稿的投标书进行美工设计，装订成册，按照商务标和技术标分开装订。为了保守商业秘密应该在商务标密封前由企业高层手工填写决策后的最终投标报价。

⑪递交投标书、保证金，参加开标会：《招标投标法》规定：投标截止时间即是开标时间。为了投标顺利通常的做法是在投标截止时间前1~2 h递交投标书和投标保证金，然后准时参加开标会议。

3.建设工程施工投标文件的编制

1) 投标文件的组成

投标文件应包括下列内容：

①投标函及投标函附录。

②法定代表人身份证明或附有法定代表人身份证明的授权委托书。

③联合体协议书（投标人须知前附表规定不接受联合体投标的，或投标人没有组成联合体的，投标文件不包括联合体协议书）。

④投标保证金或保函。

⑤已标价工程量清单。

⑥施工组织设计。

⑦项目管理机构。

⑧拟分包项目情况表。

⑨资格审查资料。

⑩投标人须知前附表规定的其他材料。

2)投标文件的编制

①投标文件应按招标文件和《标准施工招标文件》(2010年版)"投标文件格式"进行编写,如有必要,可增加附页,作为投标文件的组成部分。其中,投标函附录在满足招标文件实质性要求的基础上,可提出比招标文件要求更有利于招标人的承诺。

②投标文件应当对招标文件有关工期、投标有效期、质量要求、技术标准和要求、招标范围等实质性内容作出响应。

③投标文件应用不褪色的材料书写或打印,并由投标人的法定代表人或其委托代理人签字或盖单位章。委托代理人签字的,投标文件应附法定代表人签署的授权委托书。投标文件应尽量避免涂改、行间插字或删除。如果出现上述情况,改动之处应加盖单位章或由投标人的法定代表人或其授权的代理人签字确认。签字或盖章的具体要求见投标人须知前附表。

④投标文件正本一份,副本份数见投标人须知前附表。正本和副本的封面上应清楚地标记"正本"或"副本"的字样。当副本和正本不一致时,以正本为准。

⑤投标文件的正本与副本应分别装订成册,并编制目录,具体装订要求见投标人须知前附表规定。

投标文件格式如下:

投标文件封面

_____(项目名称)_____标段施工招标

投　标　文　件

投标人:_____(盖单位章)

法定代表人或其委托代理人:_____(签字)

_____年____月____日

目　录

一、投标函及投标函附录

二、法定代表人身份证明

三、授权委托书

四、联合体协议书

五、投标保证金

六、已标价工程量清单

七、施工组织设计

八、项目管理机构

九、拟分包项目情况表

十、资格审查资料

十一、其他材料

一、投标函及投标函附录

（一）投标函

致：＿＿＿＿＿＿＿＿＿＿＿＿＿＿＿＿＿＿＿（招标人名称）

在考察现场并充分研究＿＿＿＿＿＿＿＿＿＿＿＿＿（项目名称）＿＿＿＿＿＿＿标段（以下简称"本工程"）施工招标文件的全部内容后，我方兹以：

人民币（大写）：＿＿＿＿＿＿＿＿＿＿＿＿＿＿＿＿＿＿＿元

RMB￥：＿＿＿＿＿＿＿＿＿＿＿＿＿＿＿＿＿＿＿元

的投标价格和按合同约定有权得到的其他金额，并严格按照合同约定，施工、竣工和交付本工程并维修其中的任何缺陷。

在我方的上述投标报价中，包括：

安全文明施工费 RMB￥：＿＿＿＿＿＿＿＿＿＿＿＿＿＿＿元

暂列金额（不包括计日工部分）RMB￥：＿＿＿＿＿＿＿＿＿＿＿＿＿元

专业工程暂估价 RMB￥：＿＿＿＿＿＿＿＿＿＿＿＿＿＿＿元

如果我方中标，我方保证在＿＿＿＿＿年＿＿＿月＿＿＿日或按照合同约定的开工日期开始本工程的施工，＿＿＿＿＿＿＿＿＿＿天（日历天）内竣工，并确保工程质量达到＿＿＿＿＿＿＿＿标准。我方同意本投标函在招标文件规定的提交投标文件截止时间后，在招标文件规定的投标有效期期满前对我方具有约束力，且随时准备接受你方发出的中标通知书。

随本投标函递交的投标函附录是本投标函的组成部分，对我方构成约束力。

随同本投标函递交投标保证金一份，金额为人民币（大写）：＿＿＿＿＿＿＿＿＿＿＿元（￥：＿＿＿＿＿元）。

在签署协议书之前，你方的中标通知书连同本投标函，包括投标函附录，对双方具有约束力。

投标人（盖章）：

法定代表人或委托代理人（签字或盖章）：

日期：＿＿＿＿＿年＿＿＿月＿＿＿日

备注：采用综合评估法评标，且采用分项报价方法对投标报价进行评分的，应当在投标函中增加分项报价的填报。

（二）投标函附录

工程名称：＿＿＿＿＿＿＿＿＿＿＿＿＿＿＿＿（项目名称）＿＿＿＿标段

序 号	条款内容	合同条款号	约定内容	备 注
1	项目经理	1.1.2.4	姓名：＿＿＿＿	
2	工 期	1.1.4.3	＿＿＿＿日历天	
3	缺陷责任期	1.1.4.5		
4	承包人履约担保金额	4.2		
5	分 包	4.3.4	见分包项目情况表	
6	逾期竣工违约金	11.5	＿＿＿元/天	
7	逾期竣工违约金最高限额	11.5	＿＿＿	
8	质量标准	13.1		
9	价格调整的差额计算	16.1.1	见价格指数权重表	
10	预付款额度	17.2.1		
11	预付款保函金额	17.2.2		
12	质量保证金扣留百分比	17.4.1		
	质量保证金额度	17.4.1		
⋮	⋮			

注：投标人在响应招标文件中规定的实质性要求和条件的基础上，可做出其他有利于招标人的承诺。此类承诺可在本表中予以补充填写。

投标人（盖章）：

法定代表人或委托代理人（签字或盖章）：

日期：＿＿＿＿年＿＿月＿＿日

价格指数权重表

名 称		基本价格指数		权 重			价格指数来源
		代号	指数值	代号	允许范围	投标人建议值	
定值部分				A			
变值部分	人工费	F_{01}		B_1	＿＿至＿＿		
	钢材	F_{02}		B_2	＿＿至＿＿		
	水泥	F_{03}		B_3	＿＿至＿＿		
	⋮	⋮		⋮	⋮		
合 计						1.00	

注：在专用合同条款 16.1 款约定采用价格指数法进行价格调整时适用本表。表中除"投标人建议值"由投标人结合其投标报价情况选择填写外，其余均由招标人在招标文件发出前填写。

二、法定代表人身份证明

投 标 人：_____

单位性质：_____

地　　址：_____

成立时间：_____年____月____日

经营期限：_____

姓　　名：_____　　性　　别：_____

年　　龄：_____　　职　　务：_____

系_____（投标人名称）的法定代表人。

特此证明。

投标人：_____（盖单位章）

_____年____月____日

三、授权委托书

本人_____（姓名）系_____（投标人名称）的法定代表人，现委托_____（姓名）为我方代理人。代理人根据授权，以我方名义签署、澄清、说明、补正、递交、撤回、修改_____（项目名称）_____标段施工投标文件、签订合同和处理有关事宜，其法律后果由我方承担。

委托期限：_____

_____。

代理人无转委托权。

附：法定代表人身份证明

投 标 人：_____（盖单位章）

法定代表人：_____（签字）

身份证号码：_____

委托代理人：_____（签字）

身份证号码：_____

_____年____月____日

四、联合体协议书

牵头人名称：_____

法定代表人：_____

法定住所：_____

成员二名称：_____

法定代表人：_____

法定住所：_____

　　　　　　：

鉴于上述各成员单位经过友好协商，自愿组成_____（联合体名称）联合体，共同参加_____（招标人名称）（以下简称招标人）_____（项目名称）_____标段（以下简称本工程）的施工投标并争取赢得本工程施工承包合同（以下简称合同）。现就联合体投标事宜订立如下协议：

1._____（某成员单位名称）为_____（联合体名称）牵头人。

2.在本工程投标阶段,联合体牵头人合法代表联合体各成员负责本工程投标文件编制活动,代表联合体提交和接收相关的资料、信息及指示,并处理与投标和中标有关的一切事务;联合体中标后,联合体牵头人负责合同订立和合同实施阶段的主办、组织和协调工作。

3.联合体将严格按照招标文件的各项要求,递交投标文件,履行投标义务和中标后的合同,共同承担合同规定的一切义务和责任,联合体各成员单位按照内部职责的部分,承担各自所负的责任和风险,并向招标人承担连带责任。

4.联合体各成员单位内部的职责分工如下：_____
_____。按照本条上述分工,联合体成员单位各自所承担的合同工作量比例如下：_____
_____。

5.投标工作和联合体在中标后工程实施过程中的有关费用按各自承担的工作量分摊。

6.联合体中标后,本联合体协议是合同的附件,对联合体各成员单位有合同约束力。

7.本协议书自签署之日起生效,联合体未中标或者中标时合同履行完毕后自动失效。

8.本协议书一式_____份,联合体成员和招标人各执一份。

牵头人名称：_____（盖单位章）

法定代表人或其委托代理人：_____（签字）

成员二名称：_____（盖单位章）

法定代表人或其委托代理人：_____（签字）

　　　　　　　　⋮

_____年____月____日

备注:本协议书由委托代理人签字的,应附法定代表人签字的授权委托书。

五、投标保证金

保函编号：_____

_____（招标人名称）：

鉴于_____（投标人名称）（以下简称"投标人"）参加你方____
（项目名称）_____标段的施工投标,_____（担保人名称）（以下简称"我方"）受该投标人委托,在此无条件地、不可撤销地保证:一旦收到你方提出的下述任何一种事实的书面通知,在 7 日内无条件地向你方支付总额不超过_____
_____（投标保函额度）的任何你方要求的金额：

1.投标人在规定的投标有效期内撤销或者修改其投标文件。

2.投标人在收到中标通知书后无正当理由而未在规定期限内与贵方签署合同。

3.投标人在收到中标通知书后未能在招标文件规定期限内向贵方提交招标文件所要求的履约担保。

本保函在投标有效期内保持有效,除非你方提前终止或解除本保函。要求我方承担保证责任的通知应在投标有效期内送达我方。保函失效后请将本保函交投标人退回我方注销。

本保函项下所有权利和义务均受中华人民共和国法律管辖和制约。

担保人名称：_____（盖单位章）

法定代表人或其委托代理人：_____（签字）

地　　址：_____

邮政编码：_____

电　　话：_____

传　　真：_____

_____年____月____日

备注：经过招标人事先的书面同意，投标人可采用招标人认可的投标保函格式，但相关内容不得背离招标文件约定的实质性内容。

六、已标价工程量清单

说明：已标价工程量清单按第五章"工程量清单"中的相关清单表格式填写。构成合同文件的已标价工程量清单包括第五章"工程量清单"有关工程量清单、投标报价以及其他说明的内容。

七、施工组织设计

1.投标人应根据招标文件和对现场的勘察情况，采用文字并结合图表形式，参考以下要点编制本工程的施工组织设计：

（1）施工方案及技术措施；

（2）质量保证措施和创优计划；

（3）施工总进度计划及保证措施（包括以横道图或标明关键线路的网络进度计划、保障进度计划需要的主要施工机械设备、劳动力需求计划及保证措施、材料设备进场计划及其他保证措施等）；

（4）施工安全措施计划；

（5）文明施工措施计划；

（6）施工场地治安保卫管理计划；

（7）施工环保措施计划；

（8）冬季和雨季施工方案；

（9）施工现场总平面布置（投标人应递交一份施工总平面图，绘出现场临时设施布置图表并附文字说明，说明临时设施、加工车间、现场办公、设备及仓储、供电、供水、卫生、生活、道路、消防等设施的情况和布置）；

（10）项目组织管理机构（若施工组织设计采用"暗标"方式评审，则在任何情况下，"项目管理机构"不得涉及人员姓名、简历、公司名称等暴露投标人身份的内容）；

（11）承包人自行施工范围内拟分包的非主体和非关键性工作（按第二章"投标人须知"第1.11款的规定）、材料计划和劳动力计划；

（12）成品保护和工程保修工作的管理措施和承诺；

（13）任何可能的紧急情况的处理措施、预案以及抵抗风险（包括工程施工过程中可能遇到的各种风险）的措施；

（14）对总包管理的认识以及对专业分包工程的配合、协调、管理、服务方案；

（15）与发包人、监理及设计人的配合；

（16）招标文件规定的其他内容。

2.若投标人须知规定施工组织设计采用技术"暗标"方式评审,则施工组织设计的编制和装订应按附表七"施工组织设计(技术暗标部分)编制及装订要求"编制和装订施工组织设计。

3.施工组织设计除采用文字表述外可附下列图表,图表及格式要求附后。若采用技术暗标评审,则下述表格应按照章节内容,严格按给定的格式附在相应的章节中。

附表一　拟投入本工程的主要施工设备表

附表二　拟配备本工程的试验和检测仪器设备表

附表三　劳动力计划表

附表四　计划开、竣工日期和施工进度网络图

附表五　施工总平面图

附表六　临时用地表

附表七　施工组织设计(技术暗标部分)编制及装订要求

附表一:拟投入本工程的主要施工设备表

序　　号	设备名称	型号规格	数　　量	国别产地	制造年份	额定功率/kW	生产能力	用于施工部位	备　注

附表二:拟配备本工程的试验和检测仪器设备表

序　　号	仪器设备名称	型号规格	数　　量	国别产地	制造年份	已使用台时数	用　　途	备　注

附表三:劳动力计划表　　　　　　　　　　　　　　　　单位:人

工　　种	按工程施工阶段投入劳动力情况					

附表四：计划开、竣工日期和施工进度网络图

1.投标人应递交施工进度网络图或施工进度表，说明按招标文件要求的计划工期进行施工的各个关键日期。

2.施工进度表可采用网络图和(或)横道图表示。

附表五：施工总平面图

投标人应递交一份施工总平面图，绘出现场临时设施布置图表并附文字说明，说明临时设施、加工车间、现场办公、设备及仓储、供电、供水、卫生、生活、道路、消防等设施的情况和布置。

附表六：临时用地表

用　　途	面积/m²	位　　置	需用时间

附表七：施工组织设计(技术暗标部分)编制及装订要求

(一)施工组织设计中纳入"暗标"部分的内容：

_____

_____。

(二)暗标的编制和装订要求：

1.打印纸张要求：_____。

2.打印颜色要求：_____。

3.正本封皮(包括封面、侧面及封底)设置及盖章要求：_____。

4.副本封皮(包括封面、侧面及封底)设置要求：_____。

5.排版要求：_____。

6.图表大小、字体、装订位置要求：_____。

7.所有"技术暗标"必须合并装订成一册，所有文件左侧装订，装订方式应牢固、美观，不得采用活页方式装订，均应采用_____方式装订。

8.编写软件及版本要求：Microsoft Word_____。

9.任何情况下，技术暗标中不得出现任何涂改、行间插字或删除痕迹。

10.除满足上述各项要求外，构成投标文件的"技术暗标"的正文中均不得出现投标人的姓名和其他可识别投标人身份的字符、徽标、人员姓名以及其他特殊标记等。

备注："暗标"应当以能够隐去投标人的身份为原则，尽可能简化编制和装订要求。

八、项目管理机构

（一）项目管理机构组成表

项目管理机构组成表

职　务	姓　名	职　称	执业或职业资格证明					备　注
			证书名称	级　别	证　号	专　业	养老保险	

（二）主要人员简历表

附 1：项目经理简历表

项目经理应附建造师执业资格证书、注册证书、安全生产考核合格证书、身份证、职称证、学历证、养老保险复印件及未担任其他在施建设工程项目的项目经理的承诺书，管理过的项目业绩须附合同协议书和竣工验收备案登记表复印件。类似项目限于以项目经理身份参与的项目。

项目经理简历表

姓　名		年　龄		学　历	
职　称		职　务		拟在本工程任职	项目经理
注册建造师执业资格等级		级	建造师专业		
安全生产考核合格证书					
毕业学校	年毕业于		学校		专业
主要工作经历					
时　间	参加过的类似项目名称		工程概况说明		发包人及联系电话

附 2：主要项目管理人员简历表

主要项目管理人员指项目副经理、技术负责人、合同商务负责人、专职安全生产管理人员等岗位人员。应附注册资格证书、身份证、职称证、学历证、养老保险复印件，专职安全生产管理人员应附安全生产考核合格证书，主要业绩须附合同协议书。

主要项目管理人员简历表

岗位名称			
姓　名		年　龄	
性　别		毕业学校	
学历和专业		毕业时间	
拥有的执业资格		专业职称	
执业资格证书编号		工作年限	
主要工作业绩及担任的主要工作			

附3：承诺书

承诺书

_____（招标人名称）：

我方在此声明，我方拟派往_____（项目名称）_____标段（以下简称"本工程"）的项目经理_____（项目经理姓名）现阶段没有担任任何在施建设工程项目的项目经理。

我方保证上述信息的真实和准确，并愿意承担因我方就此弄虚作假所引起的一切法律后果。

特此承诺。

投标人：_____（盖单位章）

法定代表人或其委托代理人：_____（签字）

_____年___月___日

九、拟分包计划表

拟分包计划表

序　号	拟分包项目名称、范围及理由	拟选分包人				备　注
		拟选分包人名称	注册地点	企业资质	有关业绩	
		1				
		2				
		3				
		1				
		2				
		3				

续表

序　号	拟分包项目名称、范围及理由	拟选分包人				备　注
		拟选分包人名称	注册地点	企业资质	有关业绩	
		1				
		2				
		3				
		1				
		2				
		3				

注:本表所列分包仅限于承包人自行施工范围内的非主体、非关键工程。

日期:　　　年　　月　　日

十、资格审查资料
(一)投标人基本情况表

投标人基本情况表

投标人名称						
注册地址				邮政编码		
联系方式	联系人			电　话		
	传　真			网　址		
组织结构						
法定代表人	姓　名		技术职称		电　话	
技术负责人	姓　名		技术职称		电　话	
成立时间			员工总人数			
企业资质等级			其　中	项目经理		
营业执照号				高级职称人员		
注册资金				中级职称人员		
开户银行				初级职称人员		
账　号				技　工		
经营范围						
备　注						

注:本表后应附企业法人营业执照及其年检合格的证明材料、企业资质证书副本、安全生产许可证等材料的复印件。

(二)近年财务状况表

备注:在此附经会计师事务所或审计机构审计的财务会计报表,包括资产负债表、损益表、现金流量表、利润表和财务情况说明书的复印件,具体年份要求见第二章"投标人须知"的规定。

（三）近年完成的类似项目情况表

近年完成的类似项目情况表

项目名称	
项目所在地	
发包人名称	
发包人地址	
发包联系人及电话	
合同价格	
开工日期	
竣工日期	
承担的工作	
工程质量	
项目经理	
技术负责人	
总监理工程师及电话	
项目描述	
备　注	

注：1.类似项目指＿＿＿＿＿＿＿＿＿＿＿＿＿＿＿＿＿＿＿＿＿＿＿＿＿＿＿工程。

2.本表后附中标通知书和（或）合同协议书、工程接收证书（工程竣工验收证书）的复印件，具体年份要求见投标人须知前附表。每张表格只填写一个项目，并标明序号。

（四）正在施工的和新承接的项目情况表

正在施工的和新承接的项目情况表

项目名称	
项目所在地	
发包人名称	
发包人地址	
发包人电话	
签约合同价	
开工日期	
计划竣工日期	
承担的工作	
工程质量	
项目经理	

续表

技术负责人	
总监理工程师及电话	
项目描述	
备　注	

注:本表后附中标通知书和(或)合同协议书复印件。每张表格只填写一个项目,并标明序号。

（五）近年发生的诉讼和仲裁情况

说明:近年发生的诉讼和仲裁情况仅限于投标人败诉的,且与履行施工承包合同有关的案件,不包括调解结案以及未裁决的仲裁或未终审判决的诉讼。

（六）企业其他信誉情况表(年份要求同诉讼及仲裁情况年份要求)

1.近年企业不良行为记录情况。

2.在施工程以及近年已竣工工程合同履行情况。

3.其他。

备注:1.企业不良行为记录情况主要是近年投标人在工程建设过程中因违反有关工程建设的法律、法规、规章或强制性标准和执业行为规范,经县级以上建设行政主管部门或其委托的执法监督机构查实和行政处罚,形成的不良行为记录。应当结合第二章"投标人须知"前附表第10.1.2 项定义的范围填写。

2.合同履行情况主要是投标人近年所承接工程和已竣工工程是否按合同约定的工期、质量、安全等履行合同义务,对未竣工工程合同履行情况还应重点说明非不可抗力解除合同(如果有)的原因等具体情况,等等。

（七）主要项目管理人员简历表

说明:"主要人员简历表"同本章附件七之(二)。未进行资格预审但本章"项目管理机构"已有本表内容的,无须重复提交。

十一、其他材料

4.投标报价的技巧

投标不仅要靠一个企业的实力,为了提高中标的可能性和中标后的利益,投标人一定要研究投标报价的技巧,即在保证质量和工期的前提下,寻求一个好的报价。通常投标方所熟悉并经常使用的投标技巧方法有以下 4 种:

1）不平衡报价法

在总报价基本确定的情况下,造价人员在保证总报价不变的情况下,可通过调整分部、分项工程的单价,采用不平衡报价的方法来使招标后企业利润最大化,较常见的几种方法如表 2.3 所示。

表 2.3　不平衡报价方法表

序　号	影响因素	变化趋势	定价原则
1	工程项目款(资金)收入时间	早	单价高
		晚	单价低
2	清单工程量不准确	增加	单价高
		减少	单价低
3	图纸不明确	工程量增加	单价高
		工程量减少	单价低
4	可能分包的工程	自己承包可能性大	单价高
		自己承包可能性小	单价低
5	单价组成分析表(如计日工资)	人工和机械	单价高
		材料	单价低
6	工程量不明的单价项目	没有工程量	单价高
		有假定工程量	具体分析
7	议标时业主要求压低单价	工程量大	单价降低幅度小
		工程量小	单价降低幅度大

不平衡报价法的应用一定要建立在对工程量仔细核算的基础上。特别是对于报低单价的项目,如实际工程量增多时将造成投标者的重大损失。同时,调价幅度一定要控制在合理范围内,以免引起业主不信任,甚至因价格过分背离合理价格导致废标。不平衡报价法需要投标人技巧娴熟,对建设形势进行透彻分析和预测,在有把握的情况下采用。

2) 多方案报价法

多方案报价法是在招标人容许的情况下采用的方法。投标单位在研究招标文件和进行现场勘察过程中,如果发现招标方的设计不合理并且可以改进,或者可以利用某种新技术使其功能增加或不变而造价降低,除了完全按照招标文件要求提出基本报价之外,可另附一个建议方案用于选择性报价。选择性报价应附有全面评标所需的一切资料,并对价格进行详细分析,包括对招标文件所提出的修改建议、设计计算书、技术规范、价款细目、施工方案细节和其他有关细节。

这种方法运用时应注意,当招标文件中明确提出可以提交一个或多个补充方案时,投标文件可以有多个报价(一个方案一个报价)。如果明确不允许的话,绝对不能使用,否则会导致废标。

当投标人采取多方案报价时,必须在所提交的投标文件上都标清哪个是"基本报价",或是"选择性报价",以免造成废标。

3) 突然袭击法

突然袭击法也称突然调价法。建设工程投标竞争激烈,其他投标人的情况是判断投标报价的重要参考值。竞争对手会多方打探投标人的方案和报价,投标人可利用这种情况迷惑对方。

投标人可以有意泄露一些假消息,在投标截止之前几个小时突然改变报价,使对手来不及进行修改报价,从而打乱对方报价策略,达到中标的目的。此法一定要事先对各种情况考虑成熟,想好应对办法,在送标书前很短的时间内再作决策。

4)联合体法

联合体法在大型工程投标时比较常见,即两家或以上公司成立联合体进行投标。这样可利用各公司的优势,如企业业绩、社会关系资源、劳动力资源、资金设备资源等优势,优势互补、利益共享、风险共担,相对提高竞争力和中标几率。

劳动楷模
——时传祥

值得注意的是,成立联合体的,必须有有效的联合体协议。另外,招标文件中明确规定不得采用联合体投标的,不可采用此法,这样会造成废标。

技能训练任务 2.4 建设工程开标、评标、定标

【教学目标及学习要点】

能力目标	知识目标	学习要点
能作为投标人参与实际工作中的开标会议 能作为招标人组织实际工作中的开标、评标、定标工作	1.掌握投标报价的技巧 2.掌握开标会议召开的程序及无效标的判定 3.熟悉评标过程及具体方法、废标的判定	1.建设工程开标的相关概念 2.开标会议的程序 3.评标与定标的方法

【任务情景 2.4】

同学们的投标文件已编制完成,在招标文件规定的投标截止日期举行开标会议。开标会议由招标人或招标代理人主持,同学们模拟参加会议的人员不同角色,组织模拟开标。开标会议举行过程严格参照《房屋建筑工程施工招标评标定标办法》执行。

参加开标会的有所有投标人、招标人代表、有关单位代表(咨询机构代表、公证机关代表)、建设工程招标投标站监督人员、记录员以及唱标人员等工作人员。

开标会议结束后,教师组织学生对有效标书按既定的评标方式进行评审,定出中标单位,并发出中标通知书和中标结果通知书。

教师对开标、评标全过程进行考核。

【知识讲解】

1.建设工程开标

1)开标概述

(1)含义

开标是指在招标文件确定的投标截止时间的同一时间,招标人依招标文件规定的地点,当众开启投标人提交的投标文件,并公开宣布投标人的名称、投标报价、工期等主要内容的活动。

（2）时间和地点规定

①开标时间应当在招标文件确定的提交投标文件截止时间的同一时间立即进行。

②开标地点应当是招标文件中预先确定的地点。

如果招标人不公开开标,或者违反开标的时间和地点的规定,投标人或其他利害关系人有权向招标人提出异议或者向有关行政监督部门投诉,甚至可以向法院起诉。

（3）开标的主持和参加人

①主持人

主持人担任:开标由招标人或招标代理人负责主持。政府相关监督管理部门,公证机构等均无权主持开标会。

主持人职责:按照规定的开标时间宣布开标开始;核对出席开标的投标人身份和出席人数;安排投标人或代表检查投标文件密封情况后工作人员监督拆封;组织唱标、记录;维护开标活动的正常秩序。

②参加人

所有投标人、招标人代表、有关单位代表(咨询机构代表、公证机关代表)、建设工程招标投标站监督人员。

必须参与开标会的人员有招标人、所有投标人代表、招标站监督人员。

除了通知所有投标人参与开标外,招标人还应邀请有关单位代表参加开标,以实现开标向社会公开,保证开标的公正性和合法性。

2）开标会程序及相关记录

（1）程序

①主持人宣布开标开始,宣读参加开标人员名单,包括招标方代表、投标方代表、公证员、法律顾问、拆封人、唱标人、监标人以及记录人员等名单;主持人宣布评标、决标的原则和纪律。

②公布开标后的程序安排。

③验证。在公证员的监督下,由各投标单位按照顺序依次检查自己投标文件的完整性、密封性,确定无误后,由双方在登记表上签字,然后才能开标。也可以由招标人委托的公证机构检查并公证,如发现投标文件没有密封或发现曾被打开过的痕迹,无论是邮寄还是直接送到开标地点,应被认定为无效的投标,不予宣读。

④按投标顺序,依次开封,若是涉外招标投标的,要分别用中英文宣读投标人名称、投标价格和投标文件的其他主要内容,并在事先备好的唱标记录上登记。

⑤唱标结束后,记录表由主持人、唱标人、公证人签名,保留存档。

（2）开标记录

开标过程应当记录,并存档备查。开标记录一般应记载下列事项,由主持人和所有参加开标的投标人以及其他工作人员签字确认:

①有案号的,记录其案号。

②招标项目的名称及数量摘要。

③投标人的名称。

④投标报价。

⑤开标日期。

⑥其他必要的事项。

开标结束后,应编写一份开标会议纪要。其内容包括开标日期、时间、地点;开标会议主持者;出席开标会议的全体工作人员名单,到场的投标商代表和各有关部门代表名单;截止时间前收到的标书、收到日期和时间及其报价一览表;迟到标书的处理等。

开标的会议记录应送有关方面,包括业主、工程师、项目主管部门,如果是世界银行贷款项目,还应送交世界银行。

3)开标相关规定

(1)设计投标文件废标情况

投标文件有下列情形之一的,投标文件作废:

①投标文件未经密封的。

②无相应资格的注册建筑师签字的。

③无投标人公章的。

④注册建筑师受聘单位与投标人不符的。

(2)施工投标文件废标情况

施工投标文件有下列情形之一的,招标人不予受理:

①逾期送达的或者未送达指定地点的。

②未按招标文件要求密封的。

(3)现场初审后按废标处理的情况

①无单位盖章并无法定代表人或法定代表人授权的代理人签字或盖章的。

②未按规定的格式填写,内容不全或关键字迹模糊、无法辨认的。

③投标人递交两份或多份内容不同的投标文件,或在一份投标文件中对同一招标项目报有两个或多个报价,且未声明哪一个有效的(按招标文件规定提交备选投标方案的除外)。

④投标人名称或组织结构与资格预审时不一致的。

⑤未按招标文件要求提交投标保证金的。

⑥联合体投标未附加联合体各方共同投标协议的。

2.建设工程评标

1)评标组织

(1)评标概念

评标是依据招标文件的规定和要求,对投标文件所进行的审查、评审和比较。评标是审查确定中标人的必经程序,是保证招标成功的重要环节。

评标委员会是由招标人依法组建的负责评标的临时组织,负责依据招标文件规定的评标标准和方法,对所有投标文件进行评审,向招标人推荐中标候选人或者直接确定中标人。评标委员会由招标人负责组织。

(2)评标委员会组成

①评标委员会由招标人或其委托的招标代理机构熟悉相关业务的代表,以及有关技术、经

济等方面的专家组成,成员人数为5人以上的单数(原因:为了避免评委在投标决定中标候选人或中标人时,出现相反意见票数相等的情况),其中技术、经济等方面的专家不得少于成员总数的2/3。

②为了防止招标人在选定评标专家时的主观随意性,招标人应从国务院或省级人民政府建设行政主管部门提供的专家名册或者招标代理机构的专家库中,采取随机抽取的方式确定评标专家。

③技术特点复杂,专业性要求特别高或者国家有特殊要求的招标项目,采取随机抽取方式确定的专家难以胜任的,可以由招标人直接确定。

④专家名册或专家库,也称人才库,是根据不同的专业分别设置的该专业领域的专家名单或数据库。

(3)评标专家应符合的条件

基本条件如下:

①从事相关领域工作满8年并具有高级职称或者同等专业水平。

②熟悉有关招标投标的法律法规,并具有与招标项目相关的实践经验。

③能够认真、公正、诚实、廉洁的履行职责。

不得担任相关招标工程的评标委员会成员如下:

①投标人或者投标人主要负责人的近亲属。

②项目主管部门或者行政监督部门的人员。

③与投标人有经济利益关系,可能影响对投标公正评审的。

④曾因在招标、评标以及其他与招标投标有关活动中从事违法行为而受过行政处罚或刑事处罚的。

⑤评标委员会应该有回避更换制度。所谓回避更换制度,即指与投标人有利害关系的人应当回避,不得进入评标委员会,已经进入的应予以更换。

⑥评标委员会成员的名单应于开标前确定。评标委员会成员的名单,在中标结果确定前属于保密的内容,不得泄露。

2)评标原则和纪律

(1)评标应遵循原则

①竞争择优。

②公平、公正、科学合理。

③质量好,履约率高,价格、工期合理,施工方法先进。

④反对不正当竞争。

(2)评标纪律

①评标活动由评标委员会依法进行,任何单位和个人不得非法干预或者影响评标过程和结果。

②评标委员会成员应当客观、公正地履行职责,遵守职业道德,对所提出的评审意见承担个人责任。

③评标委员会成员不得与任何投标人或者招标结果有利害关系的人进行私下接触,不得收受投标人、中介人以及其他利害关系人的财物或者其他好处。

④评标委员会成员和参与评标活动的所有工作人员不得透露对投标文件的评审和比较中标候选人的推荐情况以及与评标有关的其他情况。

⑤招标人应当采取有效的措施,保证评标活动在严格保密的情况下进行。

3)评标方法

为了保证评标的这种公正和公平性,评标必须按照招标文件规定的评标标准和方法,不得采用招标文件未列明的任何标准和方法,也不得改变招标文件确定的评标标准和方法。

(1)经评审的最低投标价法(合理低标法)

①含义

在满足招标文件实质要求的前提下,选择经评审标价最低的投标人中标的评标办法。

②基准价

经综合计算得出,用来与投标报价对比评分的价。

a.标底 = 基准价。

b.“A+B”值法:基准价 = A×50%＋B×50%。

A 值:指投标报价的影响值,是投标人全部或部分报价的算术平均值。它有 3 种常见的计算方法:全部投标人报价的算术平均;去掉最高和最低报价后的算术平均;经过次高(次低)偏离判断取舍后的算术平均。

B 值:标底影响值。两种常见的计算方法:B 值等于标底;B 值是标底的某一幅度差值。

③基准价在评标中的运用

a.报价最接近基准价的中标。

b.报价最接近基准价某一幅度差的中标。

c.报价在基准价的浮动范围内最低或次低的中标。

采用这一方法,评标委员会应当根据招标文件规定的评标价格调整方法,对所有投标人的投标报价以及投标文件的商务部分做必要的价格调整,中标人的投标应当符合招标文件规定的技术要求和标准,但评标委员会无须对投标文件的技术部分进行价格折算。

采用经评审的最低投标价法,必须对报价进行严格评审,特别是对报价明显较低的或者在设有标底时明显低于标底的,必须经过质疑、答辩的程序,或要求投标人提出相关说明资料,以证明具有实现低标价的有力措施,其保证方案合理可行,而不低于投标人的个别成本。

(2)综合评估法(综合评分法)

含义:根据综合评估法,最大限度地满足招标文件中规定的各项综合评价标准的投标,应当推荐为中标候选人。

衡量中标文件是否最大限度地满足招标文件中规定的各项评价标准,需要将报价、施工组织设计、质量保证、工期保证、业绩与信誉等赋予不同的权重,用打分的方法或折算货币的方法,评出中标人。

4)评标程序

①评标的准备。

②初步评审。

③详细评审。

④投标文件的澄清与质询。

⑤资格后审。

3. 建设工程定标

1）概念

定标也称决标，是指评标小组对投标书按既定的评标方法和程序得出评标结论。

2）定标的程序

（1）确定中标人

业主根据评委会提供的评标报告，确定中标人。中标人的投标应符合以下条件之一：

①能最大限度满足招标文件中规定的各项综合评价指标。

②能满足招标文件的实质性要求，并且经评审的投标价格最低，但投标价格低于成本的除外。

如评委会认为所有投标都不符合招标文件的要求，可否决所有投标，通常有以下 3 种情况：

①最低评标价大大超过标底和合同估价。

②所有投标人在实质上均未响应投标文件的要求。

③投标人过少，没有达到预期竞争力。

（2）核发中标通知书

招标人有义务将中标结果通知所有未中标人。中标通知书具有法律效力，通知书发出后，中标人改变中标结果或放弃中标项目的，应当承担法律责任。招标单位拒绝与中标单位签订合同的，应当双倍返还其投标保证金，并赔偿相应损失。

（3）授标

中标人接到中标通知书后，即成为该招标工程的施工承包商，应在中标通知书发出之日起30 日内与业主签订施工合同。合同自双方签字盖章之日起成立。签约前业主与中标人还要进行决标后的谈判，但不得再行订立违背合同实质性内容的其他协议。在决标后的谈判中，如果中标人拒签合同，业主有权没收他的投标保证金，再与其他人签订合同。

业主与中标人签署施工合同后，对未中标的投标人也应当发出落标通知书，并退还他们的投标保证金，至此，招标工作即告结束。

3）定标应满足的要求

①在确定中标人之前，招标人不得与投标人就投标价格、投标方案等实质性内容进行谈判。

②评标委员会成员应当客观、公正地履行职务，遵守职业道德，对所提出的评审意见承担个人责任。评标委员会成员不得私下接触投标人，不得接受投标人的财物或其他好处。

③评标委员会成员和参与评标的有关工作人员不得透露投标文件的评审和比较情况、中标候选人的推荐情况以及与评标有关的其他情况。

④评标委员会推荐的中标候选人应该为 1~3 人，并且要排列先后顺序，招标人只能选择排名第一的中标候选人作为中标人。

⑤对于使用国有资金投资和利用国际融资的项目,如果排名第一的投标人因不可抗力不能履行合同、自行放弃中标或未按要求提交投标保金的,招标人可以选取排名第二的中标候选人作为中标人,以此类推。

⑥中标人应当按照合同约定履行义务,完成中标项目。中标人不得向他人转让中标项目,也不得将中标项目肢解后分别向他人转让。

⑦按照合同约定或者经招标人同意,中标人可以将招标项目的部分非主体、非关键性工作分包给他人完成。接受分包的人应当具备相应的资格条件,并不得再次分包,中标人应当就分包项目向招标人负责,接受分包的人就分包项目承担连带责任。

4)评标报告

评标报告是评标委员会评标结束后提交给招标人的一份重要文件。评标委员会按照招标文件中规定的评标方法完成评标后,应向招标人提出书面评审报告,阐明评标委员会对各投标文件的评审和比较意见,并向招标人推荐中标候选人或确定中标人。

评标报告应包括以下内容:

①基本情况和数据表。

②评标委员会成员名单。

③开标记录。

④对投标申请人的资格审查情况(采用资格后审方式时)。

⑤投标文件的符合性鉴定情况。

⑥符合要求的投标一览表。

⑦废标情况说明。

⑧评标标准、评标方法或者评标因素一览表。

⑨对投标文件的商务部分评审、分析、论证及评估。

⑩对投标文件的技术部分评审,技术、经济风险分析。

⑪经评审的价格或者评分比较一览表。

⑫经评审的投标人排序。

⑬推荐的中标候选人名单与签订合同前处理的事宜。

⑭投标文件的澄清、说明、补正事项纪要。

【技能实训 2.1】

某工程采用公开招标方式,有 A,B,C,D,E,F 6 家承包商参加投标,经资格预审该 6 家承包商均满足业主要求。该工程采用两阶段评标法评标,评标委员由 7 名委员组成,评标具体规定如下:

①第一阶段评技术标。

技术标共计 40 分。其中,施工方案 15 分,总工期 8 分,工程质量 6 分,项目班子 6 分,企业信誉 5 分。

技术标各项内容的得分,为各评委评分去掉一个最高分和一个最低分后的算术平均数。

技术标合计得分不满 28 分者,不再评其商务标。

施工方案评分汇总表

投标单位＼评委	一	二	三	四	五	六	七
A	13.0	11.5	12.0	11.0	11.0	12.5	12.5
B	14.5	13.5	14.5	13.0	13.5	14.5	14.5
C	12.0	10.0	11.5	11.0	10.5	11.5	11.5
D	14.0	13.5	13.5	13.0	13.5	14.0	14.5
E	12.5	11.5	12.0	11.0	11.5	12.5	12.5
F	10.5	10.5	10.5	10.0	9.5	11.0	10.5

总工期、工程质量、项目班子、企业信誉得分汇总表

投标单位	总工期	工程质量	项目班子	企业信誉
A	6.5	5.5	4.5	4.5
B	6.0	5.0	5.0	4.5
C	5.0	4.5	3.5	3.0
D	7.0	5.5	5.0	4.5
E	7.5	5.0	4.0	4.5
F	8.0	4.5	4.0	3.5

②第二阶段评商务标。

商务标共计60分。以标底的50%与承包商报价算术平均数的50%之和为基准价,但最高(或最低)报价高于(或低于)标底的15%者,在计算承包商报价算术平均数时不予考虑。

以基准价为满分(60),报价比基准价每下降1%,扣1分,最多扣10分;报价比基准价每增加1%,扣2分,扣分不保底。

标底和各承包商的报价汇总表如下表:

标底和各承包商报价汇总表

投标单位	A	B	C	D	E	F	标底
报价	13 656	11 108	14 303	13 098	13 241	14 125	13 790

③计算结果保留两位小数。

【思考练习】

1.请按综合得分最高者中标的原则确定中标单位。

2.若该工程未编制标底,以各承包商报价的算术平均数作为基准价,其余评标规定不变,试按原定标原则确定中标单位。

参考答案：

1.综合得分计算：

技术标得分计算：（施工方案+总工期+工程质量+项目班子+企业信誉）

A 单位：（11.5+12+11+12.5+12.5）÷5+6.5+5.5+4.5+4.5=32.9

B 单位：（14.5+13.5+14.5+13.5+14.5）÷5+6+5+5+4.5=34.6

C 单位：（11.5+11+10.5+11.5+11.5）÷5+5+4.5+3.5+3=27.2

D 单位：（14+13.5+13.5+13.5+14）÷5+7+5.5+5+4.5=35.7

E 单位：（11.5+12+11.5+12.5+12.5）÷5+7.5+5+4+4.5=33

F 单位：（10.5+10.5+10.5+11+10.5）÷5+8+4.5+4+3.5=30.6

商务标得分计算：

计算基准价：

C 单位技术标得分为 27.2，小于 28 分，商务标不予考虑。

投标单位报价为 15 858.5 万~11 721.5 万元的计算算术平均数。B 单位报价不参与计算。

基准价=13 790 万元×50%+（13 656+13 098+13 241+14 125）万元÷4×50%=13 660 万元

A 单位商务标得分：60-（13 660-13 656）万元÷13 660 万元×100×1=59.97

B 单位商务标得分：（13 660-11 108）万元÷13 660 万元×100%=18.68%，大于 10%，最多扣 10 分，得分 50。

D 单位商务标得分：60-（13 660-13 098）万元÷13 660 万元×100×1=55.89

E 单位商务标得分：60-（13 660-13 241）万元÷13 660 万元×100×1=56.93

F 单位商务标得分：60-（14 125-13 660）万元÷13 660 万元×100×2=53.19

综合得分：

A 单位：32.9+59.97=92.87　　　　　B 单位：34.6+50=84.6

C 单位：27.2　　　　　　　　　　　D 单位：35.7+55.89=91.59

E 单位：33+56.93=89.93　　　　　　F 单位：30.6+53.19=83.79

A 单位综合得分最高，综合得分最高者中标的原则确定中标单位应该是 A 单位。

2.如果没有标底，技术标得分不变，商务标得分计算如下：

基准价为投标单位的算术平均值（去掉 C 单位不参与商务标评标）。

基准价=（13 656+11 108+13 098+13 241+14 125）万元÷5=13 045.6 万元

A 单位商务标得分：60-（13 656-13 045.6）万元÷13 045.6 万元×100×2=50.64

B 单位商务标得分：（13 045.6-11 108）万元÷13 045.6 万元×100%=14.85%，大于 10%，最多扣 10 分，得分 50。

D 单位商务标得分：60-（13 098-13 045.6）万元÷13 045.6 万元×100×2=59.2

E 单位商务标得分：60-（13 241-13 045.6）万元÷13 045.6 万元×100×2=57

F 单位商务标得分：60-（14 125-13 045.6）万元÷13 045.6 万元×100×2=43.45

综合得分：

A 单位：32.9+50.64=83.54　　　　　B 单位：34.6+50=84.6

C 单位：27.2　　　　　　　　　　　D 单位：35.7+59.2=94.9

E 单位：33+57=90　　　　　　　　　F 单位：30.6+43.45=74.05

D 单位综合得分最高,综合得分最高者中标的原则确定中标单位应该是 D 单位。

技能训练任务 2.5　电子招投标

通过本课程内容的学习,使学生了解我国招投标发展的趋势,掌握新技术、新方法,为今后从事招投标工作奠定基础。

2015 年 7 月 8 日,国家发展改革委、工业和信息化部、住房城乡建设部、交通运输部、水利部、商务部等六部委联合下发《关于扎实开展国家电子招标投标试点工作的通知》。

试点类型和期限:在总结深圳市、昆明市先行先试经验基础上,将试点范围扩大到浙江省、福建省、湖北省、湖南省、甘肃省、广州市、宜宾市,各部门和各地区可以根据实际情况继续推荐和申报。交易平台试点由各地方、有关行业协会根据《电子招标投标办法》及其技术规范推荐,在国家发改委会同有关部门指导下组织实施,确保公开、透明、规范。本批电子招标投标试点的期限为本通知发布之日起至 2016 年 12 月 30 日。

电子招标投标上升到国家层面,国家电子招投标试点工作开始推进,架构形成全国互联互通的电子招标投标系统网络。适应"互联网+大数据"时代要求,通过开展试点,对电子招标投标发展中的一些重大问题进行探索,有利于提高电子招标投标的广度和深度,推动招标投标行业转型升级。

这也标志着"互联网+"开始在招投标领域应用。国务院出台指导意见以来,"互联网+"迅速在各领域落地。在招投标领域实行"互联网+监管"模式,其直接成效是降低交易成本、提高招投标效率,大层面上将有助于实现市场化竞争,促进招标投标市场健康可持续发展。

【教学目标及学习要点】

能力目标	知识目标	学习要点
能利用电子标书技术参与工程招投标工作的能力	1.了解工程计算机评标系统 2.掌握工程电子标书编制方法及要求	1.建筑工程计算机评标系统 2.建设工程电子标书编制

【知识讲解】

1.建设工程计算机评标系统

建设工程计算机评标系统是利用先进的计算机技术和网络技术,以商务标自动评审为核心,以电子标书编制系统和招标文件备案系统为基础,以数字证书为安全保障工具,实现商务标的自动评审、技术标和资信标(辅助)评审的计算机评标系统。

2. 采用"建设工程计算机评标系统"的意义

计算机自动评标系统数据规范,可靠性高,提高评标效率,减少人为因素的干扰,评审结果符合"合理低价"和"择优"的要求。随着计算机评标工作的进一步深化,在建设工程施工招标投标中全面推行计算机评标系统,建设工程招标投标工作必将迎来一个崭新的局面。

3. 采用"建设工程计算机评标系统"的目的

采用计算机自动评审,减少评标专家主观因素对评标公正性的干扰,限制专家的自由裁量权。

通过对代码识别、标书编制工具特征检查、雷同性分析等手段,捕获围标、串标行为。

通过对清单报价数据一致性检查、不平衡报价分析、雷同性分析等清标措施,发现异常投标报价。

通过设置投标报价上、下限,遏制抬标和恶意低价中标现象。

通过选择科学的数学模型,对各标书报价进行分析,选择合适的中标人,达到择优的目的。

通过全过程采用计算机和网络技术代替传统纸质标书,减少招投标成本,达到节约资源、环保的目的。

采用计算机自动或辅助评标,降低评标专家的工作强度,使评标过程快速高效,节省时间。

4. "建设工程计算机评标系统"的功能

"建设工程计算机评标系统"有以下 4 项功能:

(1)自动或辅助评标

①商务标自动评审。针对建设工程项目评标中商务标主要由数字构成的特点,在制订数据交换规范后,形成统一格式的清单,便于计算机分类、计算、统计和分析,由计算机作出定量或定性结论。具体做法是分析和计算商务标总价、所有清单子项及其构成报价,采用数理统计"以 N 分之一概率求合理报价置信区间"(其中 N 为有效投标人数量)的数学原理,计算出合理的基准值,然后计算各标书总报价以及所有清单子项及其构成报价与相应基准值的偏差,再将偏差折算成评标价或分值,最后通过对评标价或分值进行排序,直接确定商务标评审结果,从而实现评审结果的科学性、合理性、确定性和不可预见性。商务标评审适用于经评审最低价法、平均值法、综合评估法等多种评标方法。

②技术标、资信标辅助评审。针对技术标、资信标涉及的专业技术可变因素较多,属于文字性内容,许多指标无法由计算机处理的特点,计算机评标系统为专家提供了一个标书文件浏览、横向比较的平台,并提供一个满足招标文件要求的技术标、资信标评审项目的打分系统,辅助专家完成评审,自动汇总专家评审结果。

(2)电子标书编制

①"招标文件编制系统",包括技术、商务(工程量清单)两大部分,商务标招标文件编制系统作为招标人编制工程量清单的主要工具,为投标人提供标准的、规范的清单数据,也是评标系统重要的评审依据;技术标编制系统是招标人依据建设工程招标文件示范文本进行招标文件编制的主要工具。

②"投标文件编制系统",包括技术、商务(工程量清单报价)两大部分,商务标投标文件编制系统作为投标人编制投标报价的主要工具,通过导入招标人提供的规范的电子招标清单,在完成报价过程之后,系统自动检验数据的合法性、一致性,并生成标准的符合评标系统要求的投标文件;技术标投标文件编制系统作为投标人编制技术标的主要工具,通过导入技术标招标文件的内容,根据评审项目的要求自动生成符合技术标投标要求的标准章节,投标人在相应的章节中编写相应的技术标具体内容。其中,技术标编制系统还提供资格审查文件、资信标文件的编制和标书生成功能。

③"标底文件编制系统",标底文件编制系统是招标人编制标底文件的工具。招标人在导入招标文件商务标(工程量清单)及计价软件中报价数据接口文件后进行标底文件编制。在编制过程中,系统自动检验数据的合法性、一致性,并生成标准的符合评标系统要求的标底文件。标底文件中工程量清单必须与招标文件中的工程量清单保持一致。

(3)招标文件备案

作为电子招标文件的合法性、数据一致性检验并进行文件备案的工具。备案系统可以查看招标文件的技术标和商务标、送审标底文件内容,并自动进行数据的对比、检查。备案通过后,将招标文件和送审标底文件上传到交易中心网站发布,各投标人可以下载该招标文件和送审标底文件,确保了招标文件的一致性和唯一性,为招标、投标、评标活动奠定了公平、科学、严谨、无可争议的基础。

(4)标书快速导入和自动开标

该系统通过与交易系统的整合,在开标会上获取已截标的工程,并自动导入已经备案的招标文件,同时自动获取与评标方法相关的重要信息。在现场读取投标文件之后,完成自动唱标,并根据投标限价和预选承包商等要求,对不合格的标书作出废标判断。开标系统实现了复杂的评标流程的参数配置,并在快速导入标书方面取得了极好的效果,一般工程的标书导入时间会控制在"秒"级范围之内。

5.计算机自动评审规则简要说明

建设工程交易流程一般为:建设方制作招标文件→承包方根据招标文件要求制作投标文件→建设方与投标方在交易市场进行交易(开标、评标)→确定出最终的中标人,计算机电子评标系统运行流程如图2.3所示。

广东省广州建设工程交易中心是我国计算机评标实施的先进单位,深圳市计算机自动评审法也是我国率先采用的,广东省积累了丰富的经验,真正实现了交易业务流程与办公自动化运作的无纸化、一体化。

广州建设工程交易中心实施计算机电子评标房屋与市政工程施工招标人办事指引如图2.4所示。

6.投标人注意事项

(1)电子标书编制系统获取方式

在工程所在地管辖的"建设工程交易中心"网站的会员区下载;并且注意确认所投标的项目招标文件(*.ZBS, *.ZBJ)和电子送审标底文件(*.BDS)是否更新。如果有更新,务必下载

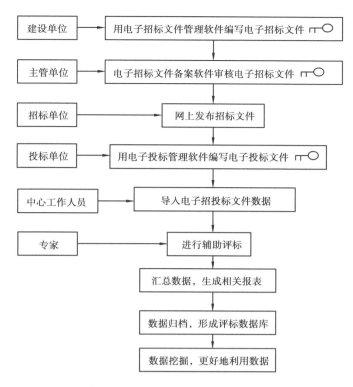

图 2.3　计算机电子评标系统总体运行流程图

最新的招标文件和电子送审标底文件用于制作电子投标文件,否则后果自负;而且特别注意文件的格式。

（2）投标人注意事项

①投标人提交的商务标电子投标文件格式为 *.TBS,技术标（含资信标）电子投标文件格式为 *.TBJ,资审文件的电子文件格式为 *.TBZ,以上文件格式必须是"建设工程交易服务网"网站下载并与招标文件要求一致的建设工程投标文件编制系统生成。电子投标文件编制不规范导致投标文件内容无法导入"评标系统"的,该标书将被视为无效标书。

②电子投标文件必须有数字证书签名方为合法的投标文件,未对电子文件进行数字证书签名的,以及对投标文件进行加密但在开标会规定的时间内没有进行解密的,开标会现场将作为不予受理的投标文件处理。

③投标人须同时从网上和窗口现场递交投标文件。窗口现场递交投标文件时,电子标书须按规定封装。在将数据刻录到光盘之后,必须检查文件是否可以读取。不要在光盘盘面上粘贴标签,应使用记号笔在盘面上以正楷字清楚地标注单位名称;网上递交投标文件时,电子标书必须在截标前通过建设工程交易服务网成功上传,上传后必须打印回执单作为递交投标文件的凭证。为防止网络阻塞,建议至少在截标之前 1 h 上传投标文件。

④招标文件导入计价软件时,请勿修改招标文件的标段结构形式及单位工程名称等。

⑤在商务标投标文件编制系统中导入投标数据交换文件（ *.SWT）后,请注意检查措施项目"安全文明施工措施费"是否有报价,而且该项报价需要满足招标文件的要求。

⑥评标时以电子标书为准,因此在制作电子标书的时候,需要反复核对单位工程、单项工

程、工程项目的相关报价。对同时从网上递交投标文件和窗口现场递交投标文件的,先以投标人从网上递交的投标文件为准,如果此投标文件无法导入,再以投标人从窗口现场递交的投标文件为准。如果从窗口现场递交的投标文件已加密但未成功解密,则视为此投标文件无法读取导入。

⑦在将电子投标文件刻录成光盘时,需要注意以下事项:

为了避免光盘文件格式不兼容,而造成光盘无法读取,不要使用操作系统自带的"直接写入光盘"功能来直接刻录光盘。刻录光盘必须在简体中文版 Windows 2000/Windows XP/Windows Vista/Windows 7 平台上通过光盘刻录软件(推荐使用 Nero)来刻录光盘,刻录的时候请选择"刻录后检验光盘数据"。

光盘刻录完成后,应该检验光盘刻录的质量,检验光盘的时候不要在本机的刻录光驱上进行,建议将刻录好的光盘用另外一台运行简体中文版 Windows 2000/Windows XP/Windows Vista/Windows 7 的计算机上的"只读光驱"进行读取测试,测试的方法是将刻录光盘上的投标文件数据拷贝到计算机硬盘上,检查拷贝是否成功,同时使用相关软件中的标书查看功能对刻录后的投标文件进行查看。

(3)关于电子标书的数字签名

在电子标书编制系统中,生成电子标书时,都必须对电子标书进行数字证书签名。签名的时候,需要将所签名的证书签署到相应的位置中。共包括以下 3 类签名:

①机构证书。

②法定代表人证书。

③人员证书[技术标部分指建造师(项目经理),商务标部分指注册造价工程师]。

【延伸阅读】

《关于扎实开展国家电子招标投标试点工作的通知》(扫二维码可阅)。

电子招标试点

技能训练任务 2.6　其他类型的招投标

【教学目标及学习要点】

能力目标	知识目标	学习要点
能具备参与监理招投标、材料设备采购招投标的工作的能力	1.了解工程监理招投标、材料设备采购招投标的范围特点及常用方法 2.掌握工程监理招投标、材料设备采购招投标的程序	1.建筑工程监理招投标 2.建设工程材料设备采购招投标

【任务情景 2.5】

某住宅小区是城建房地产开发有限公司开发建设的群体住宅小区,全部为剪力墙结构高层建筑,总投资 2.6 亿元。该工程建设项目已完成勘察、设计工作,施工单位采用招投标的方式已经选择完成,现需要选择一家监理单位对本项目的施工阶段实施工程建设监理。施工单位也在

办事须知	办事流程	备注
首次进场的招标人凭单位介绍信到交易中心一楼大厅3号IC卡办理窗口办理IC卡。招标代理办理IC卡详见"招标代理机构IC卡办理指南"。招标人或招标代理凭IC卡号登录广州建设工程交易中心网(www.gzzb.gd.cn,下称交易中心网),进入会员专区,填写、确认《招标申请表》,并将书面表格提交交易中心,同时提交经招标管理机构确认。 　　通知及审查备案的资料: 　　1.招标申请公函;2.立项批文、年度计划或备案确认书;3.用地批文或《建设用地规划许可证》;4.《报建审核意见书》或《建设工程规划许可证》;5.资金证明文件;6.经招标人盖章确认的招标公告文本、资格预审文件文本、招标文件文本;邀请招标的,提交邀请招标核准书;7.自主招标时,提供建设行政主管部门核准书;委托代理机构进行招标项目申请时,提交广州市建设委员会核准的招标代理机构年度登记备案证书。	招标项目申请	一楼大厅项目报建1号窗
招标人与交易中心人员商定发布招标公告、投标报名、资审及摇珠(择优)的时间、地点。	招标活动日程安排一 (确定正式投标人前)	信息开发管理部
1.公开招标的项目在广州建设工程交易中心网和依法指定的媒介上发布招标公告; 2.招标人提供电子文件并确保与招标管理机构审查备案的一致。公告时间:从发布之日起至报名截止不得少于5个工作日。	发布招标公告	信息开发管理部
招标人在指定的时间、地点接受投标人的投标报名;1.督促投标人缴纳投标报名费;2.按公告要求审核和收取报名资料;3.报名结束后,招标人须在投标报名表上签字确认,并送交信息开发管理部备案。 报名时间:不得少于2个工作日。	接受投标报名	一楼大厅投标报名窗口
资格预审委员会由招标人依据"穗建法〔2005〕161号"文的相关规定组建。	资格预审	开标室 (招标人自行主持)
1.摇珠由招标人主持,按"摇珠操作须知"确定正式投标人; 2.择优项目招标人在完成业主综合评价后,操作交易中心择优系统,按公告要求确定正式投标人。	公开摇珠(择优)	开标室 信息开发管理部
招标人提交资格预审报告并在交易中心网上对资格预审结果进行公示。公示时间为3个工作日。	确定正式投标人	信息开发管理部
招标人与交易中心商定招标会、答疑会、收标、开标、评标的时间、场地备标时间;公开招标不少于20日,特殊项目除外。	招标活动日程安排二 (确定正式投标人后)	总承包与分包交易部
由招标人主持:1.发放招标文件及有关资料;2.组织投标人踏勘招标工程现场。	招标会	开标室 总承包与分包交易部
招标人预先收集整理各投标人提出的问题,以书面形式答复各投标人,并在招标管理部门备案; 答复收集:发出答疑纪要的时间距开标时间不得少于5日。	招标答疑	开标室 总承包与分包交易部
1.评标委员会由招标人依法组建,成员为5人以上单数;2.至少在开标前3个工作日,招标人登录交易中心网,按要求填写《评标专家申请函》,确认无误后提交交易中心,并持加盖法人公章的《评标专家申请函》,经交易中心项目确认后,送交评标专家服务部一份;3.在开标前2个工作日,招标人持《评标专家申请函》到评标专家服务部抽取评标专家,并签名确认抽取结果;4.技术特别复杂、专业要求特别高的项目,经行政主管部门批准后,招标人可推荐所需评标专家人数3倍以上的人选到评标专家服务部办理随机抽取手续。	组建评标委员会	总承包与分包交易部 评标专家交易部
1.投标限价函须经注册造价师确认,招标人盖章,并于开标24小时以前向所有投标人公布; 2.投标限价函在发给投标人的同时报有关招投标管理部门备案。	公布投标限价	总承包与分包交易部
1.投标人按招标文件规定的时间、地点收取投标人的投标文件,并做好记录;2.封标:投标文件须封存在交易中心指定的封标室内并贴上有招标人和投标人代表签字的封条。	收标与封标	开标室、封标室 总承包与分包交易部
开标由招标人主持,邀请所有投标人参加:1.当众检查投标文件的密封性;2.开启投标文件并按招标文件规定唱标;3.对唱标内容作记录,并签字确认。	开标	开标室 总承包与分包交易部
标前会:由招标人主持,交易中心跟标人员宣读评标纪律后,招标人介绍工程概况,解释评标办法及评标委员会需招标人解答的问题。	评标	评标室评标委员会 总承包与分包交易部
1.招标人根据评标委员会提出的书面评标报告和推荐的中标候选人确定中标人,也可以授权评标委员会直接确定中标人;2.招标人应当自确定中标人之日起十五日内向有关行政监督部门提交招标投标情况的书面报告。	确定中标人	总承包与分包交易部
招标人向交易中心提交中标确认函,并网上公示中标情况; 公示时间:3个工作日。	中标公示	总承包与分包交易部
公示结束后,如无投诉,招标人按规定向交易中心交纳中标价万分之五的场地使用费。	缴费	一楼建行开发式服务台
招标人到交易中心领取经交易中心确认的《中标通知书》。	发放中标通知书	总承包与分包交易部

注:①采用资格后审的项目,从"接受投标报名"环节直接进入"确定正式投标人"环节;其资格审查由评标委员会完成;②资格审查合格的公开招标的投标人不足5个或经评标委员会评审,有效投标人不足3个时,招标人应依法重新组织招标;③招标项目编制底的,应当依据国家规定的工程量计算规则及招标文件规定的计价方法和要求编制标底,并在开标前保密,一个工程只能编制一个标底;④咨询电话:020-××××××××;地址:广州市天润路×××。

图2.4　广州建设工程中心实施计算机电子评标房建与市政工程施工招标人办事指引

为采购建筑材料和设备忙碌。

工作任务：

1.如何选择监理单位？委托监理的内容是什么？

2.施工单位该如何采购建筑材料和设备？

【知识讲解】

1.监理招投标

1) 监理招标的特点

监理招标的标的是"监理服务"，与工程项目建设中其他各类招标的最大区别表现为监理单位不承担物质生产任务，只是受招标人委托对生产建设过程提供监督、管理、协调、咨询等服务。鉴于标的具有的特殊性，招标人选择中标人的基本原则是"基于能力的选择"。

（1）招标宗旨是对监理单位能力的选择

监理服务是监理单位的高智能投入，服务工作完成的好坏不仅依赖于执行监理业务是否遵循了规范化的管理程序和方法，更多地取决于监理工作人员的业务专长、经验、判断能力、创新力以及风险意识。因此，招标选择监理单位时，鼓励的是能力竞争，而不是价格竞争。如果对监理单位的资质和能力不给予足够的重视，只依据报价高低确定中标人，就忽视了高质量服务，报价最低的投标人不一定是最能胜任工作者。

（2）报价在选择中居于次要地位

监理招标对能力的选择放在第一位，因为当价格过低时监理单位很难把招标人的利益放在第一位，为了维护自己的经济利益采取减少监理人员数量或多派业务水平低（工资低）的人员，其结果必然导致对工程项目的损害。另外，监理单位提供高质量的服务，往往能使招标人节约工程投资和获得提前投产的实际效益，因此过多考虑报价因素得不偿失。但从另一个角度看，服务质量与价格之间有相应的平衡关系，所以招标人应在能力相当的投标人之间进行价格比较。

（3）邀请投标人较少

选择监理单位一般采用邀请招标，且邀请数量以 3~5 家为宜。因为监理招标是对技能和经验等方面综合能力的选择，每份投标文件都有自己独特见解或创造性的实施建议，各有长处和短处。如果邀请过多投标人参与竞争，不仅要增大评标工作量，而且会产生事倍功半的效果。

2) 委托监理工作的范围

监理招标发包的工作内容和范围，可以是整个工作项目的全过程，也可以分过程、分标段实施监理。划分合同的工作范围时，通常考虑的因素如下：

（1）工程规模

中、小型工程项目，有条件时可以全部委托一家监理单位；大型或复杂工程，则应按照设计、施工等不同阶段及监理工作的专业性质分别委托几家单位。

（2）工程项目的专业特点

不同的施工内容对监理人员的要求不同，应充分考虑专业特点的要求。如土建与安装工程的监理工作可分开招标。

（3）被监理合同的难易程度

工程项目建设期间,招标人与第三人签订的合同较多,对易于履行合同的监理工作可并入一个委托监理合同中。如将采购通用建筑材料购销合同合并到施工监理范围之内,而设备制造合同的监理工作可另外委托专门的监理单位。

3）招标文件

监理招标实际上是征询投标人实施监理工作的方案建议。监理招标文件包括以下内容：

①招标须知：

a.工程项目综合说明。

b.委托的监理范围和监理业务。

c.投标文件的格式、编制、提交。

d.无效投标文件的规定。

e.投标起止时间、开标、评标、定标时间和地点。

f.招标文件、投标文件的澄清与修改。

g.评标的原则等。

②合同条件。

③业主提供的现场办公条件（包括交通、通信、住宿、办公等）。

④对监理单位的要求（包括人员、设备、工程技术难点等方面的要求）。

⑤有关技术规定。

⑥必要的设计文件、图纸和有关资料。

⑦其他事项。

4）投标文件

监理单位投标文件的核心内容是监理大纲。监理单位向业主提供的是技术服务,监理单位编制的能反映提供技术服务水平高低的监理大纲,是业主评定投标书优劣的重要内容。其次是监理报价,虽然监理报价并不作为业主评定投标书的首要因素,但是监理的收费多少关系监理单位能否顺利地完成监理任务、获得应有报酬的关键,所以对监理单位来说,监理报价也显得十分重要。

监理投标文件包括以下内容：

①投标书。

②监理大纲。

③监理企业证明资料。

④近3年承担监理的主要工程。

⑤监理机构人员资料。

⑥反映监理单位自身信誉和能力的资料。

⑦监理费用报价及其依据。

⑧招标文件要求提供的其他内容。

⑨如果委托有关单位对本工程进行试验检测,须明示其单位名称和资质等级。

5）评标

监理标投标书主要评审包括以下 8 个方面的合理性：

①投标人资质。

②监理大纲。

③拟派项目的主要监理人员（重点审查总监理工程师、专业监理工程师）。

④人员派驻计划和监理人员素质。

⑤监理单位提供用于工程的检测设备和仪器，或委托有关单位检测的协议。

⑥近几年监理单位业绩。

⑦监理费报价和费用组成。

⑧招标文件要求的其他情况。

监理评标的量化通常采用综合评分法对各投标人的综合能力进行比较。依据招标项目的特点设置评分内容和分值的权重。招标文件中说明的评标原则和预先确定的记分标准开标后不得更改，作为评标委员会的打分依据。

2. 材料及设备采购招投标

建设工程材料、设备采购是指采购主体对所需要的工程设备、材料，向供货商进行询价或通过招标的方式确定包括商品质量、期限、价格为主的标的，约请若干供货商通过投标报价进行竞争，采购主体从中选择优胜者与其达成交易协议，随后按合同实现标的的采购方式。

材料、设备招标的主体不仅是建设单位，还包括承包商或分包商。他们都可能成为采购方。

已知建设工程的材料、设备约占工程合同总价的 60% 以上，大致可包括工程用料、工程机械、其他辅助办公和试验设备等。

建设工程材料、设备的采购方式有以下 3 种方式：

（1）招标选择供货商

这种方式适用于大宗的材料和较重要的或较昂贵的大型机具设备，或者工程项目中的生产设备和辅助设备。承包商或业主根据项目的要求，详细列出采购物资的品名、规格、数量、技术性能要求；承包商或业主自己选定的交货方式、交货时间、支付货币和支付条件，以及品质保证、检验、罚则、索赔和争议解决等合同条件和条款作为招标文件，邀请有资格的制造厂家或供应商参加投标（也可采用公开招标），通过竞争择优签订购货合同，这种方式实际上是将询价和签订合同连在一起进行，在招标程序上与施工招标基本相同。

（2）询价选择供货商

这种方式是采用询价—报价—签订合同程序，即采购方对 3 家以上的供货商就采购的标的物进行询价，对其报价经过比较后选择其中一家与其签订购货合同。这种方式实际上是一种议价的方式，无须采用复杂的招标程序，又可以保证价格有一定的竞争性，一般适用于采购建筑材料或价值较小的标准规格产品。

（3）直接订购

直接订购方式由于不能进行产品的质量和价格比较，因此是一种非竞争性采购方式。一般适用于以下 4 种情况：

①为了使设备或零配件标准化,向原经过招标或询价选择的供货商增加购货,以便适应现有设备。

②所需设备具有专卖性质,并只能从一家制造商获得。

③负责工艺设计的承包单位要求从指定供货商处采购关键性部件,并以此作为保证工程质量的条件。

④尽管询价通常是获得最合理价格的较好办法,但在特殊情况下,由于需要某些特定机电设备早日交货,也可直接签订合同,以免由于时间延误而增加开支。

在市场竞争中,为了保证产品质量、缩短工期、降低工程造价,提高投资效益,《招投标法》明确规定,对于关系社会公共利益、公众安全的基础设施项目、公用事业项目、使用国有资金投资项目、国家融资项目、使用国际组织或者外国政府资金的项目,进行重要设备、材料等货物的采购时,单项合同估算价在 200 万元人民币以上的;单项合同估算价低于以上标准,但项目总投资额在 3 000 万元人民币以上的,必须进行招标。

属于下列情况之一的,可不进行招标:

①采购的材料、设备只能从唯一制造商处获得的。

②采购的材料、设备需方可自产的。

③采购的活动涉及国家安全和秘密的。

④法律、法规另有规定的。

材料、设备招投标的程序与施工招投标的程序雷同。值得注意的是,施工招投标,业主评定投标人的标准一般是以价格为主,施工方案是否先进合理,同时还要兼顾企业的信誉等。而材料、设备招投标,采购方关注的除了价格之外,还要考虑设备性能、供货商的售后服务等综合情况。

中标单位接到中标通知书之日起,一般设备在 15 日内,大型设备在 30 日内,与需方签订设备供货合同。如果中标单位拒绝签订合同,招标单位将没收其投标保证金。如果招标单位或建设单位拒绝签订合同,由招标单位按中标总价的 2% 的款额赔偿中标单位的经济损失。

知识学习任务 2.7　国际工程承包

国际工程承包是一项综合性的国际经济合作方式。它是指从事国际工程承包的公司或联合体通过招标与投标的方式,与业主签订承包合同,取得某项工程的实施权利,并按合同规定完成整个工程项目的合作方式。通过国际承包工程,可以实现技术、劳务、设备及商品等多方面的出口,不仅能多创外汇,而且具有一定的政治影响。中国对外承包工程业务在"守约、保质、薄利、重义"八字方针的指导下进行,发展很快。

1.国际工程项目类型

①基础设施(交通、能源、通信、农业工程等)和土木工程(包括事业单位、学校、医院、科研机构、演剧院、住宅房产等)。

②以资源为基地的工程。

③制造业工程。

2.国际工程承包种类

1）按承担责任划分

（1）分项工程承包合同

发包人将总的工程项目分为若干部分，发包人分别与若干承包人签订合同，由他们分别承包一部分项目，每个承包人只对自己承包的项目负责，整个工程项目的协调工作由发包人负责。

（2）"交钥匙"工程承包

交钥匙工程指跨国公司为东道国建造工厂或其他工程项目，一旦设计与建造工程完成，包括设备安装、试车及初步操作顺利运转后，即将该工厂或项目所有权和管理权的"钥匙"依合同完整地"交"给对方，由对方开始经营。因而，交钥匙工程也可以看成是一种特殊形式的管理合同。要完成交钥匙工程，不等于组织大而全的集团公司，而是按市场经济规律，本着互惠互利、相互促进及相互支持的原则，组成比较稳固而又各自独立的联系单位。要承担交钥匙工程，服务单位没有一定经济实力是不行的。

（3）"半交钥匙"工程承包

承包人负责项目从勘察一直到竣工后试车正常运转符合合同规定标准，即可将项目移交给发包人。它与"交钥匙"工程承包合同的主要区别是不负责一段时间的正式生产。

（4）"产品到手"工程承包

承包人不仅负责项目从勘察一直到正式生产，还必须在正常生产后的一定时间（一般分为二、三年）内进行技术指导和培训、设备维修等，确保产品符合合同规定标准。

2）按计价方式划分

（1）固定价格合同（或称总包价格合同）

固定价格合同是指在约定的风险范围内价款不再调整的合同。双方需在专用条款内约定合同价款包含的风险范围、风险费用的计算方法以及承包风险范围以外的合同价款调整方法。

（2）成本加费用合同

成本加费用合同是指承包人垫付项目所需费用，并将实际支出费用向发包人报销，项目完成后，由发包人向承包人支付约定的报酬。

3.国际工程承包内容

国际工程承包，通常包含以下内容：

①建筑项目的咨询、工程设计等技术服务。

②材料、设备的采购、动力提供。

③施工、安装、试车。

④人员培训。使业主今后能管理工程，也有施工中就进行培训。

⑤建成项目的管理、指导、供销。

4.国际工程合同条件

国际工程常用的合同条件有：

①国际工程咨询工程师联合会 FIDIC 合同条件。

②英国 ICE 合同条件。

③美国 AIA 合同条件。

5.国际工程合同内容

招标成交的国际工程承包合同不是采取单一的合同方式,而是采取另一种合同方式,这种合同是由一些有关文件组成的,通常称为合同文件(contract documents)。合同文件包括招标通知书、投标须知、合同条件、投标书、中标通知书和协议书等。按照国际上通用的"合同条件",一般包括以下内容:

(1)监理工程师和监理工程师代表权责条款

合同中应该规定,发包人须将其任命的监理工程师及时通知承包人,监理工程师是发包人的代理人,在监理工程师中选定监理工程师代表负责监督工程施工和处理履约中出现的问题。

(2)工程承包的转让和分包条款

合同一般规定,承包人未经发包人或其代理人同意,不得将全部合同、合同的任何部分、合同的任何利益和权益转让给第三者。经发包人或其代理人同意,承包人方可把部分工程分包给他人,但原承包人仍对全部工程负责。

(3)承包人一般义务条款

根据合同规定,承包人应该负责工程项目的全部设计和施工,并无偿提供为施工所必备的劳务、材料、机器设备及管理知识。

(4)特殊自然条件和人为障碍条款

工程承包合同,一般来说履行合同时间较长。在履行合同中,可能会由于特殊自然条件和人为原因给工程的施工带来困难,必须采取一定的措施才能排除,如增加施工机械设备、劳动力、材料等,这样就要增加承包费用或推迟工程进度。以上问题须经监理工程师或监理工程师代表确认,发包人才能偿付额外增加的费用或同意工程延期。

(5)竣工和推迟竣工条款

合同中规定竣工时间和标准,工程完成后承包人经监理工程师或其代表验收无误后发给竣工证明,标志着工程项目已全部竣工。如果出现一些特殊情况,如工程变更、自然条件变化、人为障碍使工程延误,承包人经监理工程师同意,可以延长工程的竣工期限。

(6)专利权和专有技术条款

承包人或分包人须向发包人提供专利和专有技术,并承担被第三方控告合同范围内专利权为非法以及专利权被第三方侵犯时的责任;承包人提供的专有技术,双方应订立保密条款。

(7)维修条款

合同中的维修条款是说明维修期限和维修费用的负担问题。维修期限一般是从竣工证书签发之日起计算,一般土木工程维修期为 12 个月。在维修期内,承包人应按监理工程师的要求,对工程缺陷进行维修、返工或弥补等。如果工程缺陷是由承包人的疏忽造成的,由承包人负担由此而发生的费用。如果由于其他原因造成,由发包人负担费用。

(8)工程变更条款

合同签订后,发包人或监理工程师有权改变合同中规定的工程项目,承包人应按变更后的工程项目要求进行施工。因工程变更增加或减少的费用,应在合同总价中予以调整,工期也要相应改变。

（9）支付条款

支付条款一般规定在合同条件的"特殊条件"之中,主要包括:

①预付款:工程开工前,发包人应按合同规定支付给承包人一部分预付款,预付款金额一般是合同总价的 5%～15%,以便承包人购置机械设备和采购材料等。

②临时结算:发包人每月向承包人支付一次,发包人每月支付的金额应扣除承包人的保留金,保留金通常是每月支付金额的 5%～10% 左右,但保留金的累计金额达到合同总价款的 5% 时,就不再扣留,承包人交付的保留金应在工程竣工和维修期满后全部退还给承包人。

③支付期限:一般规定在监理工程师签发结算单之日起 15～30 日以内,发包人要向承包人付清费用。

④迟付加息:如果发包人不按规定付款,应按工程项目所在国中央银行放款利率加息。后结算证书之日起 30 日内,发包人付清全部价款。

（10）违约惩罚条款

合同项下的双方当事人在履行合同过程中,可能会出现违约行为,针对各方违约的情况,分别订立违约惩罚条款。

①对承包人违约的惩罚:承包人凡是未经发包人书面同意而转让和分包承包工程,承包人凡是无正当理由不按时开工,承包人未按合同规定标准准备材料,承包人不听从监理工程师的正当警告,承包人忽视工程质量等,均属承包人的违约行为。对此,发包人有权终止合同,没收承包人的履约保证金或者采取其他必要的惩罚措施。

②对发包人违约的惩罚。凡是以下情况即构成发包人违约:未向承包人按时支付费用;干扰、阻碍或拒绝向承包人签发付款证明;无正当理由中途决定停工,故意制造事端,挑剔和责难承包人,等等。

对于发包人的违约行为,承包人有权终止合同,发包人须赔偿承包人因准备开工或施工中所有费用的支出和机器设备折旧费用、运输费用等。

除上述合同条款外,还要订立仲裁条款、特殊风险条款等。

6.国际工程承包特点

国际工程承包主要有以下特点:

①项目内容复杂广泛。

②工程周期长、风险大。

③对项目的水平要求比较高。

④国际工程承包是一种典型的国际服务贸易。

⑤差异性大。

⑥综合性强。

⑦贸易壁垒盛行。

7.国际工程承担保险

1）国际工程承包活动的风险

（1）政治风险

政治风险是东道国的政治环境或东道国与其他国家之间政治关系发生改变而给外国投资企业的经济利益带来的不确定性。给外国投资企业带来经济损失的可能性事件包括没收、征用、国有化、政治干预、东道国的政权更替、战争、东道国国内的社会动荡和暴力冲突、东道国与母国或第三国的关系恶化等。

因种族、宗教、利益集团和国家之间的冲突，或因政策、制度的变革与权利的交替造成损失的风险。

（2）经济风险

经济风险是非预期汇率变动对以本国货币表示的跨国公司未来现金流量现值的影响程度。用来衡量汇率变动对整个企业盈利能力和公司价值产生潜在影响的程度。

经济风险是市场经济发展过程中的必然现象。在简单商品生产条件下，商品交换范围较小，产品更新的周期较长，故生产经营者易于把握预期的收益，经济风险不太明显。随着市场经济的发展，生产规模不断扩大，产品更新加快，社会需求变化剧烈，经济风险已成为每个生产者、经营者必须正视的问题。

（3）其他风险

质量风险、作业风险、声誉风险、担保风险、代理风险、外来风险、行业风险等。

2）国际工程承包的险别

国际工程承包的险别主要包括：

①工程一切险。

②第三方责任险。

③人身意外险。

④汽车险。

⑤货物运输险。

励志故事

【案例】

国际之路并非一帆风顺，需要了解当事国的法律与规则！

新闻《央企低价中标承建波兰公路 3 年变成烂尾工程》所报道的项目，是波兰为举办欧洲杯的必经之路，结果被迫绕道，让国家声誉受损。

2009 年 9 月，中国海外（中铁承建）联手三个合作伙伴，以 4.5 亿美元的竞价赢得该公路 30 英里路段的建设权，价格是波兰政府预估成本的一半左右。2011 年 6 月，由于资金、进度等问题，波兰政府炒掉了中国海外，并终止合同。

该项目失败的教训在于盲目低价中标。中标价只是波兰政府预估成本的一半左右，加上企业管理层忽略了对该工程某些关键要求，即"青蛙通道"（在公路下面预留三英尺高的通道，这是为了让青蛙及其他小动物安全穿过公路），在国内闻所未闻，但在欧洲则是标准配置。甲方告诉乙方有这个要求，乙方做预算没有考虑进去就是乙方自己的问题。当地监理工程师称这个项目"成本一开始就算错了",在报价中"青蛙通道"漏项只是其中一个典型的细节,加上管理失控,结果不得不停工谈判。该企业提出要追加 3.2 亿美元才能恢复施工,使得总成本比当初竞标价高出 70%。波兰政府炒掉了中国海外,聘用欧洲建筑商来完成公路施工,但价格比原先要高。波兰政府要求中国海外支付当初承诺的 3 700 万美元履约保证金。该央企最终决定放弃该工程,并赔偿 1.885 亿欧元。

【知识训练】

单项选择题

1.依法必须招标的建设工程项目,监理合同估算价在(　　)以上的建设监理服务,委托监理任务时必须招标。

　A.30 万元　　　　　　B.50 万元　　　　　C.100 万元　　　　　D.200 万元

2.建设工程监理招投标的宗旨是对监理(　　)的选择。

　A.技术服务能力　　B.投标报价　　　　C.企业规模　　　　D.企业注册资金

3.监理投标文件核心内容是(　　)。

　A.投标报价　　　　B.企业资质　　　　C.监理大纲　　　　D.监理人员

4.建设工程采购采用邀请招标时,须向(　　)潜在投标人发出投标邀请书。

　A.2 家　　　　　　B.3 家　　　　　　C.4 家　　　　　　D.5 家

5.物资材料采购依法公开招标时,开标地点一般应为(　　)。

　A.供货单位　　　　　　　　　　　B.采购单位

　C.建设工程交易中心　　　　　　　D.招标代理公司

6.中标人确定后,未中标的投标保证金应(　　)。

　A.无息退还　　　　　　　　　　　B.按银行活期存款利息还本付息

　C.不予退还　　　　　　　　　　　D.退还 90%

7.开标会议由(　　)主持。

　A.建设工程交易中心　　　　　　　B.评标委员会

　C.政府监督部门　　　　　　　　　D.招标人

8.评标委员会中,技术经济方面的专家不得少于总人数的(　　)。

　A.2/3　　　　　　B.3/4　　　　　　C.1/3　　　　　　D.1/2

【思考练习】

1.监理招标在资格审查时,对投标申请人的主要考察内容是什么?

2.材料设备采购公开招标方式的具体内容有哪些?

3.扫码观看"大国工匠(匠心巧思)"视频,并写出观后感。

大国工匠
（匠心巧思）

模块 3　建设工程合同管理

知识学习任务 3.1　合同概述

【**教学目标及学习要点**】

能力目标	知识目标	学习要点
能正确运用合同的有关知识分析相关案例	1.了解合同的概念、种类、形式 2.熟悉合同效力、合同争议的解决 3.掌握合同的订立、合同的履行、变更、转让和终止及违约责任	1.合同的概念、种类、形式及合同的订立 2.合同效力的法律规定 3.合同的履行、变更、转让和终止 4.违约责任、合同争议的解决

【**任务情景 3.1**】

某综合办公楼工程,建设单位甲通过公开招标确定承包商乙为中标单位,双方签订了工程总承包合同。由于乙承包商不具有勘察、设计能力,经甲建设单位同意,乙与建设设计院丙签订了工程勘察、设计合同,勘察设计合同约定由丙对甲的办公楼及附属公共设施提供设计服务,并按勘察、设计合同的约定交付有关的设计文件和资料。随后,乙又与丁建筑工程公司签订了工程施工合同。施工合同约定由丁根据丙提供的设计图纸进行施工。工程竣工时根据国家有关验收规定及设计图纸进行质量验收。合同签订后,丙按时将设计文件和有关资料交付给丁,丁根据设计图纸进行施工。工程竣工后,甲会同有关质量监督部门对工程进行验收,发现工程存在严重质量问题,是由于设计不符合规范所致。原来丙未对现场进行考察导致设计不合理,给甲带来了重大损失。丙以与甲方没有合同关系为由拒绝承担责任,乙又以自己不是设计人为由推卸责任,甲遂以丙为被告向法院提起诉讼。

工作任务:

1.在本案例中,甲与乙、乙与丙、乙与丁分别签订的合同是否有效?

2.甲以丙为被告向法院提起诉讼是否妥当?为什么?

3.工程存在严重的责任应如何划分?

《中华人民共和国合同法》(以下简称《合同法》)由中华人民共和国第九届全国人民代表大会第二次会议于 1999 年 3 月 15 日通过,自 1999 年 10 月 1 日起施行。

2020 年 5 月 28 日,十三届全国人大三次会议表决通过《中华人民共和国民法典》(以下简称《民法典》),自 2021 年 1 月 1 日起施行。《中华人民共和国婚姻法》《中华人民共和国继承法》《中华人民共和国民法通则》《中华人民共和国收养法》《中华人民共和国担保法》《中华人民共和国合同法》《中华人民共和国物权法》《中华人民共和国侵权责任法》《中华人民共和国民法总则》同时废止。

《民法典》共 7 编、1 260 条,各编依次为总则、物权、合同、人格权、婚姻家庭、继承、侵权责任,以及附则。

《民法典》第二条规定:"民法调整平等主体的自然人、法人和非法人组织之间的人身关系和财产关系。"第四百六十四条规定:"合同是民事主体之间设立、变更、终止民事法律关系的协议。"

【知识讲解】

1.合同的基础知识

1)合同具有以下的法律特征

①合同是一种法律行为。

②合同的当事人法律地位一律平等,双方自愿协商,任何一方不得将自己的观点、主张强加给另一方。

③合同是以设立、变更或终止民事权利义务关系为目的的民事法律行为。

④依法成立的合同,受法律保护。且仅对当事人具有法律约束力。

2)《民法典》的基本原则

《民法典》规定合同当事人法律地位平等原则、订立合同自愿原则、公平原则、诚实信用原则、合法原则、节能环保、依法依俗处理纠纷的原则。

(1)平等原则

《民法典》第四条规定:民事主体在民事活动中的法律地位一律平等。

(2)自愿原则

《民法典》第五条规定:民事主体从事民事活动,应当遵循自愿原则,按照自己的意思设立、变更、终止民事法律关系。

自愿原则是合同订立的重要基本原则。合同当事人通过协商,自愿决定和调整相互权利义务关系。自愿原则体现了民事活动的基本特征,是民事关系区别于行政法律关系、刑事法律关系的特有原则。

(3)公平原则

《民法典》第六条规定:民事主体从事民事活动,应当遵循公平原则,合理确定各方的权利和义务。

公平原则要求合同双方当事人之间的权利义务要公平合理,要大体上平衡,强调一方给付与对方给付之间的等值性,合同上的负担和风险的合理分配。

(4)诚实信用原则

《民法典》第七条规定:民事主体从事民事活动,应当遵循诚信原则,秉持诚实,恪守承诺。

诚实信用原则要求当事人在订立、履行合同,以及合同终止后的全过程中,都要诚实、讲信用、相互协作。

(5)合法的原则

《民法典》第八条规定:民事主体从事民事活动,不得违反法律,不得违背公序良俗。

（6）节能环保的原则

《民法典》第九条规定：民事主体从事民事活动，应当有利于节约资源、保护生态环境。

（7）依法依俗处理纠纷的原则

《民法典》第十条规定：处理民事纠纷，应当依照法律；法律没有规定的，可以适用习惯，但是不得违背公序良俗。

3）合同的分类

根据合同的法律特征，按照不同的标准，可以将合同作如下分类：

（1）有名合同与无名合同、准合同

典型合同，又称有名合同，是指法律设有规范，并赋予一定名称的合同。《合同法》分则按照合同标的的特点分为买卖合同、供用电、水、气、热力合同、赠与合同、借款合同、租赁合同、融资租赁合同、承揽合同，建设工程合同、运输合同、技术合同、保管合同、仓储合同、委托合同、行纪合同、居间合同共 15 种。《民法典》中规定了 19 种典型合同，包括：买卖合同、供用电水热气合同、赠与合同、借款合同、保证合同、租赁合同、融资租赁合同、保理合同、承揽合同、建设工程合同、运输合同、技术合同、保管合同、仓储合同、委托合同、物业服务合同、行纪合同、中介合同、合伙合同。

无名合同又称非典型合同，是指法律上尚未确定一定的名称与规则的合同。合同当事人可以自由决定合同的内容，只要不违背法律的禁止性规定和社会公共利益，仍然是有效的。

无名合同首先应当适用《民法典》的一般规则，然后可比照最相类似的有名合同的规则，确定合同效力、当事人权利义务等。

准合同是带有先决条件的合同。该先决条件是指决定合同要件成立的条件，如许可证落实问题、外汇筹集、待律师审查或者待最终正式文本的打印、正式签字（相对草签而言）等。准合同可以在先决条件丧失时自动失败，而无需承担任何损失责任；而合同则必须执行，否则叫"违约"。

（2）双务合同与单务合同

根据合同当事人是否互相负有给付义务，可将合同分为双务合同和单务合同。双务合同是指当事人双方互负对待给付义务的合同，即双方当事人互享债权、互负债务，一方的合同权利正好是对方的合同义务，彼此形成对价关系。例如，建设工程施工合同中，承包人有获得工程价款的权利，而发包人则有按约定支付工程价款的义务。大部分合同都是双务合同。

单务合同是指合同当事人中仅有一方负担义务，而另一方只享有合同权利的合同。例如，在赠与合同中，受赠人享有接受赠予物的权利，但不负担任何义务。无偿委托合同、无偿保管合同均属于单务合同。

（3）诺成合同与实践合同

根据合同的成立是否需要交付标的物，可以将合同分为诺成合同和实践合同。

诺成合同又称不要物合同，是指当事人双方意思表示一致就可以成立的合同。大多数的合同都属于诺成合同，如建设工程合同、买卖合同、租赁合同等。

实践合同又称要物合同，是指除当事人双方意思表示一致以外，尚须交付标的物才能成立的合同，如保管合同。

（4）要式合同与不要式合同

根据法律对合同的形式是否有特定要求，可将合同分为要式合同与不要式合同。

要式合同是指根据法律规定必须采取特定形式的合同。如《民法典》规定,建设工程合同应当采用书面形式。

不要式合同是指当事人订立的合同依法并不需要采取特定的形式,当事人可以采取口头方式,也可以采取书面形式或其他形式。

要式合同与不要式合同的区别,实际上是一个关于合同成立与生效的条件问题。如果法律规定某种合同必须经过批准或登记才能生效,则合同未经批准或登记便不生效;如果法律规定某种合同必须采用书面形式才成立,则当事人未采用书面形式时合同便不成立。

（5）有偿合同与无偿合同

有偿合同是指一方通过履行合同规定的义务而给对方某种利益,对方要得到该利益必须为此偿付相应代价的合同。有偿合同是商品交换最典型的法律形式,绝大多数反映交易关系的合同都是有偿合同。

无偿合同是指一方给付对方某种利益,对方取得该利益时并不支付相应代价的合同,如赠予合同、借用合同等。

（6）主合同与从合同

根据合同相互间的主从关系,可将合同分为主合同与从合同。

凡不依赖其他合同的存在而能独立存在的合同,称为主合同。

凡以其他合同存在为前提的合同,称为从合同。

如为担保借款合同而订立的抵押合同,则借款合同为主合同,抵押合同为从合同。

2.建设工程合同的概念和特征

1）建设工程合同的概念

《民法典》第七百八十八条规定:"建设工程合同是承包人进行工程建设,发包人支付价款的合同。建设工程合同包括工程勘察、设计、施工合同。"工程建设一般经过勘察、设计、施工等过程。因此,建设工程合同的发包人是业主或者业主委托的管理机构,而承担勘察、设计、建筑安装任务的勘察人、设计人、施工人是工程承包人。

工程建设一般经过勘察、设计、施工等过程,因此,建设工程合同的发包人是业主或者业主委托的管理机构,而承担勘察、设计、建筑安装任务的勘察人、设计人、施工人是工程承包人。建设工程合同包括建设工程勘察合同、建设工程设计合同、建设工程施工合同。需要说明的是,采购合同属于买卖合同、监理合同属于委托合同,这两者均不属于建设工程合同。

建设工程合同实质上是一种特殊的承揽合同。《民法典》第三篇合同第十八章"建设工程合同"第八百零八条中规定:"本章没有规定的,适用承揽合同的有关规定。"

2）建设工程合同的特征

建设工程合同是一种特殊的承揽合同。建设工程合同与一般的承揽合同均为诺成合同、双务合同和有偿合同,但建设工程合同又具有区别于一般承揽合同的特殊性。

（1）合同标的的特殊性

建设工程合同的标的涉及建设工程的服务,而建设工程又具有产品固定,不能流动;产品多样,需单个完成;产品耗用材料多,所需资金大;产品使用时间长,对社会影响极大的特点。

（2）合同主体的特殊性

工程建设技术含量较高、社会影响力很大，所以法律对建设工程合同主体的资格有严格的限制，只有经过国家主管部门的审查，具有相应资质等级并经登记注册，领有营业执照的单位，才具有签订合同的民事权利和民事行为能力。除此之外，任何单位和个人都不得承包工程，也不具有签约资格。

（3）合同形式的要式性

工程建设过程周期长，涉及因素多，专业技术强，当事人之间的权利、义务关系十分复杂，不是简单的口头约定就能解决问题，所以我国法律规定，建设工程合同应当采用书面形式。

（4）建设工程合同具有较强的国家管理性

由于建设工程的标的物为不动产，工程建设对国家和社会生活的许多方面影响较大，在建设工程合同的订立和履行上，都具有较强的国家管理性。

3.建设工程施工合同管理

建设工程施工项目的四大管理措施是技术措施、组织措施、合同措施和经济措施。

建设工程施工合同管理作为工程项目管理的重要组成部分，已经成为与质量管理、进度管理、成本管理并列的管理职能，工程施工合同具有持续时间长、标的物复杂、价格高的特点。

建设施工合同管理贯穿于合同订立、履行、变更、违约索赔、争议处理、终止或结束的全部活动的管理。为项目总目标和企业总目标服务，保证项目总目标和企业总目标的实现。所以建设工程施工合同管理不仅是工程项目管理的一部分，而且又是企业管理的一部分。

从合同管理程序来讲，工程总包合同管理工作包括合同订立、合同备案、合同交底、合同履行、合同变更、争议与诉讼、合同分析与总结。

【知识训练】

一、单项选择题

1.合同强调合同自愿，充分尊重当事人的意愿，下列事项中不享有自愿选择自由的是（　　）。

 A.约定违约责任的承担   B.选择合同相对人

 C.任意约定定金数额   D.决定合同的主要内容

2.关于合同中的公平原则，下列表述中错误的是（　　）。

 A.公平包括当事人双方的权利义务要对等

B.公平包括合同风险的分配要合理

 C.公平包括当事人双方法律地位一律平等

D.公平包括合同中违约责任的确定要合理

3.甲施工企业于2017年承建某单位办公楼，2018年4月竣工验收合格并交付使用。2019年5月，甲致函该单位，说明屋面防水保修期满后使用维护的注意事项。此事体现了合同的（　　）原则。

 A.公平   B.自愿   C.诚实信用   D.维护公共利益

二、多项选择题

1.工程总包合同管理工作包括合同订立、合同履行、合同变更、争议与诉讼，还包括（　　）。

 A.合同谈判   B.合同备案   C.合同交底   D.合同分析与总结

E.合同结束

2.《民法典》中规定了 19 种典型合同,《合同法》中规定了 15 种典型合同,他们不同之处是增加了以下(　　)典型合同,删除了居间合同。

A.保证合同　　　　　B.保理合同　　　　C.物业服务合同

D.中介合同和合伙合同　　　　　　　　E.行纪合同

【延伸阅读】

1.《中华人民共和国民法典》(扫二维码可阅)。

2.全国一级建造师执业资格考试用书《建设工程法规及相关知识》。

3.二级建造师执业资格考试用书《建设工程法规及相关知识》。

民法典

知识学习任务 3.2　合同订立

【教学目标及学习要点】

能力目标	知识目标	学习要点
能判断合同是否有效;能采取要约、承诺方式订立合同	1.了解合同的概念、种类、形式 2.掌握合同订立的过程 3.熟悉合同的效力	1.合同的概念、种类、形式 2.合同效力的法律规定 3.合同订立过程

【任务情景 3.2】

1.某工程项目建设单位与某设计单位达成口头协议,由设计单位在 3 个月之内提供全套施工图纸,之后又与某施工单位签订了施工合同。半个月后,设计单位以设计费过低为由要求提高设计费,并提出如果建设单位表示同意,双方立即签订书面合同,否则,设计单位将不能按期提供图纸。建设单位表示反对,并声称如果设计单位到期不履行协议,将向法院起诉。

工作任务:

此案中,双方当事人签订的合同有无法律效力? 为什么?

2.施工合同约定,由建设单位提供建筑材料。于是,建设单位于 2018 年 3 月 1 日以信件的方式向上海 B 建材公司发出要约:"愿意购买贵公司水泥 1 万 t,按 350 元/t 的价格,你方负责运输,货到付款,30 天内答复有效。"3 月 10 日信件到达 B 建材公司,B 建材公司收发员李某签收,但由于正逢下班时间,于第二天将信交给公司办公室。恰逢 B 建材公司董事长外出,2018 年 4 月 6 日才回来,看到建设单位的要约,立即以电话的方式告知建设单位:"如果价格为 380 元/t,可以卖给贵公司 1 万 t 水泥。"建设单位不予理睬。4 月 20 日上海 C 建材公司经理吴某在 B 建材公司董事长办公室看到了建设单位的要约,当天回去就向建设单位发了传真:"我们愿意以 350 元/t 的价格出售 1 万 t 水泥。"建设单位第二天回电 C 建材公司:"我们只需要 5 000 t。"C 建材公司当天回电:"明日发货。"

工作任务:

1.2018 年 4 月 6 日 B 建材公司电话告知建设单位的内容是要约还是承诺? 为什么?

2.建设单位对 2010 年 4 月 6 日 B 建材公司电话不予理睬是否构成违约? 为什么?

3.2018 年 4 月 20 日 C 建材公司的传真是要约还是承诺？为什么？

4.2018 年 4 月 21 日建设单位对 C 建材公司的回电是要约还是承诺？为什么？

5.2018 年 4 月 21 日 C 建材公司对建设单位的回电是要约还是承诺？为什么？

【知识讲解】

1.合同订立

1）合同的形式

《民法典》第四百六十九条规定，当事人订立合同，可以采用书面形式、口头形式或者其他形式。

书面形式是合同书、信件、电报、电传、传真等可以有形地表现所载内容的形式。以电子数据交换、电子邮件等方式能够有形地表现所载内容，并可以随时调取查用的数据电文，视为书面形式。

口头形式是指当事人面对面地谈话或者以通信设备如电话交谈达成的协议。以口头订立合同的特点是直接、简便、快速，数额较小或者现款交易通常采用口头形式，如在自由市场买菜、在商店买衣服等。口头合同是老百姓日常生活中广泛采用的合同形式。口头形式当然也可以适用于企业之间，但口头形式没有凭证，发生争议后，难以取证，不易分清责任。

除了书面形式和口头形式，合同还可以其他形式成立。可以根据当事人的行为或者特定情形推定合同的成立，或者也可称为默示合同。此类合同是指当事人未用语言明确表示成立，而是根据当事人的行为推定合同成立。例如，租赁房屋的合同，在租赁房屋的合同期满后，出租人未提出让承租人退房，承租人也未表示退房而是继续交房租，出租人仍然接受租金。根据双方当事人的行为，可以推定租赁合同继续有效。再如，当乘客乘上公共汽车并达到目的地时，尽管乘车人与承运人之间没有明示协议，但可以依当事人的行为推定运输合同成立。

问题：公证、鉴证、登记、审批是合同书面形式还是生效要件？

我国现行法有时规定为成立要件，有时认为是生效要件。但学者们认为从法理上看，后者更可取，理由是合同是当事人各方的合意，公证、鉴证、登记、审批是为当事人各方合意以外的因素，不属于成立要件，而应是效力评价要件。

2）合同的一般条款

除由法律、法规直接规定外，合同双方当事人的权利义务是通过合同条款来确定的。因此，《民法典》第四百七十条规定，合同的内容由当事人约定，但一般包括以下条款：

（1）当事人的名称或者姓名和住所

如果当事人是自然人，其住所就是其户籍所在地的居住地；自然人的经常居住地与住所不一致的，其经常居住地视为住所。如果当事人是法人，其住所是其主要办事机构所在地。如果法人有两个以上的办事机构，即应区分何者为主要办事机构，主要办事机构之外的办事机构为次要办事机构，而以该主要办事机构所在地为法人的住所。

（2）标的

标的是合同权利义务所指向的对象，标的是一切合同必须具备的主要条款。合同中应清楚地写明标的的名称，以使其特定化。特别是作为标的的同一种物品会因产地的差异和质量的不同而存在差别时,更是需要详细说明标的的具体情况。例如,白棉布有原色布与漂白布之分,因此如果购买白棉布,就必须说明是购买原色布,还是漂白布。

（3）数量

合同双方当事人应选择共同接受的计量单位和计量方法,并允许规定合理的磅差和尾差。

（4）质量

标的的质量主要包括以下 5 个方面:

①标的物的物理和化学成分。

②标的物的规格,通常是用度、量、衡来确定的质量特性。

③标的物性能,如强度、硬度、弹性、抗腐蚀性、耐水性、耐热性、传导性和牢固性等。

④标的物的款式,如标的物的色泽、图案、式样等。

⑤标的物的感觉要素,如标的物的味道、新鲜度等。

（5）价款或者报酬

价款是购买标的物所应支付的代价,报酬是获得服务应当支付的代价,这两项作为合同的主要条款应予以明确规定。在大宗买卖或对外贸易中,合同价款还应对运费、保险费、装卸费、保管费和报关费作出规定。

（6）履行期限、地点和方式

当事人可以就履行期限是即时履行、定时履行、分期履行作出规定。当事人应对履行地点是在出卖人所在地,还是买受人所在地;以及履行方式是一次交付,还是分批交付,是空运、水运还是陆运应作出明确规定。

（7）违约责任

当事人可以在合同中约定违约致损的赔偿方法以及赔偿范围等。

（8）解决争议的方法

当事人可以约定在双方协商不成的情况下,采用仲裁或者诉讼解决买卖纠纷。当事人还可以约定解决纠纷的仲裁机构或诉讼法院。

3）合同的订立

当事人可以参照各类合同的示范文本订立合同。《民法典》第四百七十一条规定:当事人订立合同,可以采取要约、承诺方式或者其他方式。

（1）要约

要约,在商业活动中又称发盘、发价、出盘、出价、报价。《民法典》第四百七十二条规定了要约的概念,要约是希望和他人订立合同的意思的表示。该意思表示应当符合下列条件:

a.内容具体确定;

b.表明经受要约人承诺,要约人即受该意思表示约束。

由此可知,要约是一方当事人以缔结合同为目的,向对方当事人所做的意思表示。例如,在招投标活动中,投标文件属于要约。发出要约的人称为要约人,接受要约的人称为受要约人。

要约的生效是指要约开始发生法律效力。自要约生效起,其一旦被有效承诺,合同即宣告成立。生效的情形具体可表现如下:

• 以对话方式作出的意思表示,相对人知道其内容时生效。

• 以非对话方式作出的意思表示,到达相对人时生效。

• 以非对话方式作出的采用数据电文形式的意思表示,相对人指定特定系统接收数据电文的,该数据电文进入该特定系统时生效;未指定特定系统的,相对人知道或者应当知道该数据电文进入其系统时生效。当事人对采用数据电文形式的意思表示的生效时间另有约定的,按照其约定。

①要约邀请

要约邀请不同于要约。《民法典》第四百七十三条规定:要约邀请是希望他人向自己发出要约的意思的表示。例如拍卖公告、招标公告、招股说明书、债券募集办法、基金招募说明书、商业广告和宣传、寄送的价目表等为要约邀请。但商业广告的内容符合要约规定的,视为要约。在招投标活动里,投标邀请函、招标公告则视为要约邀请。

②要约的撤回

要约的撤回是指在要约发生法律效力之前,要约人使其不发生法律效力而取消要约的行为。即行为人可以撤回意思表示。撤回意思表示的通知应当在意思表示到达相对人前或者与意思表示同时到达相对人。也就是撤回要约的通知应当在要约到达受要约人之前或者与要约同时到达受要约人。

③要约的撤销

要约撤销是指要约在发生法律效力之后,要约人欲使其丧失法律效力而取消该项要约的意思表示。《民法典》第四百七十六条规定:要约可以撤销,但是有下列情形之一的除外:

a.要约人以确定承诺期限或者其他形式明示要约不可撤销;

b.受要约人有理由认为要约是不可撤销的,并已经为履行合同做了合理准备工作。

撤销要约的意思表示以对话方式作出的,该意思表示的内容应当在受要约人作出承诺之前为受要约人所知道;撤销要约的意思表示以非对话方式作出的,应当在受要约人作出承诺之前到达受要约人。

④要约的失效

有下列情形之一的,要约失效:

a.要约被拒绝;

b.要约被依法撤销;

c.承诺期限届满,受要约人未作出承诺;

d.受要约人对要约的内容作出实质性变更。

(2)承诺

承诺,是指受要约人同意要约的意思表示,即受要约人同意接受要约的条件以成立合同的意思的表示。承诺生效时合同成立,但是法律另有规定或者当事人另有约定的除外。

承诺必须符合一定条件才能发生法律效力。承诺必须具备以下条件:

a.承诺必须由受要约人作出。非受要约人向要约人作出的接受要约的意思表示是一种要约而非承诺。

b.承诺必须在承诺期限内发出。超过期限,除要约人及时通知受要约人该承诺有效外,为新要约。在建设工程合同订立过程中,招标人发出中标通知书的行为是承诺。

c.承诺的内容应当与要约的内容一致。受要约人对要约的内容作出实质性变更的,视为新要约。有关合同标的、数量、质量、价款和报酬、履行期限和履行地点和方式、违约责任和解决争 议方法等的变更,是对要约内容的实质性变更。承诺对要约的内容作出非实质性变更的,除要约人及时反对或者要约表明不得对要约内容作任何变更以外,该承诺有效,合同以承诺的为准。

d.承诺的方式必须符合要约要求。

①承诺超期

承诺超期是指受要约人在超过承诺期限而发出的承诺,迟到的承诺,要约人可以承认其效力,但必须及时通知受要约人,否则受要约人会认为承诺并未生效或者视为自己发出了新要约而企盼要约人的承诺。

②承诺延误

承诺延误是指受要约在承诺期限内发出承诺,按照通常情形能够及时到达要约人,但因其他原因承诺到达要约人时超过承诺期限的,除要约人及时通知受要约人因承诺超过期限不接受该承诺的以外,该承诺有效。

③承诺的撤回

承诺的撤回是指承诺发出以后,承诺人阻止承诺发生法律效力的意思的表示。承诺可以撤回,撤回承诺的通知应当在承诺通知到达要约人之前或者与承诺通知同时到达要约人。

④承诺生效

承诺应当在要约确定的期限内到达要约人,承诺到达要约人时生效。承诺不需要通知的,根据交易习惯或者要约的要求作出承诺的行为生效。承诺生效则合同成立。

2.合同效力

1) 合同生效的要件

《民法典》第五百零二条规定:"依法成立的合同,自成立时生效。依照法律、行政法规的规定,合同应当办理批准等手续的,依照其规定。未办理批准等手续影响合同生效的,不影响合同中履行报批等义务条款以及相关条款的效力。应当办理申请批准等手续的当事人未履行义务的,对方可以请求其承担违反该义务的责任。"合同的成立只意味着当事人之间已经就合同的内容达成一致,但是合同能否产生法律效力还要看它是否符合法律规定。合同生效是指已经成立的合同因符合法律规定而受到法律保护,并能够产生当事人所预想的法律后果。

（1）合同生效应具备的要件

①合同当事人应具有相应的民事权利能力和民事行为能力。当事人合同当事人必须具有相应的民事权利能力和民事行为能力以及缔约能力,才能成为合格的合同主体。若主体不合格,合同不能产生法律效力。

民事权利能力
和民事行为能力

②合同当事人意思表示真实。当事人意思表示真实,是指行为人的意思表示应当真实反映其内心的意思。合同成立后,当事人的意思表示是否真实往往难以从其外部判断,法律对此一般不主动干预。缺乏意思表示真实这一要件即意思表示不真实,并不绝对导致合同一律无效。

③合同不违反法律或者社会公共利益。合同不违反法律和社会公共利益,主要包括两层含义:一是合同的内容合法,即合同条款中约定的权利、义务及其指向的对象即标的等,应符合法律的规定和社会公共利益的要求。二是合同的目的合法,即当事人缔约的原因合法,并且是直

接的内心原因合法,不存在以合法的方式达到非法目的等规避法律的事实。

④具备法律、行政法规规定的合同生效必须具备的形式要件。所谓形式要件,是指法律、行政法规对合同形式上的要求,形式要件通常不是合同生效的要件,但如果法律、行政法规规定将其作为合同生效的条件时,便成为合同生效的要件之一,不具备这些形式要件,合同不能生效。当然法律另有规定的除外。

(2)建设工程合同有效的要件

根据《民法典》的有关规定,建设工程合同有效的要件如下:

①承包人具有相应的资质等级。

在建设工程合同中,由于合同标的物的特殊性,合同当事人一般都应当具有法人资格,并且承包人还应当具备相应的资质等级。

②意思表示真实。

意思表示真实是合同有效的重要构成要件。

③不违反法律和社会公共利益。

这里的"法律"是指狭义的法律,即全国人民代表大会及其常务委员会依法通过的规范性文件。

④合同标的须确定和可能。

合同标的是当事人权利和义务共同指向的对象。标的的确定与可能是合同有效的重要要件。

2)无效合同

(1)无效合同的概念

无效合同是指合同虽然成立,但因不具备法定的生效要件,法律不予承认和保护的合同。理论上说,无效合同属于成立但不生效的合同。但通常,成立但不生效的合同多指合同在形式上不具备当事人约定的生效条件(附条件、附期限的合同)、或尚未履行法定的登记、批准、公证、交付财产等手续;而无效合同多指程序上合法、但内容违反法律、行政法规的强制性规定的合同。

(2)无效合同法律规定

无效合同是指已成立,因缺少法定有效要件,在法律上确定地当然自始不发生法律效力的合同。无效的合同,自成立时就没有法律效力。有下列情形之一的,合同无效:

①《民法典》第一百四十四条规定:"无民事行为能力人实施的民事法律行为无效。"

②《民法典》第一百四十六条规定:"行为人与相对人以虚假的意思表示实施的民事法律行为无效。"

③《民法典》第一百五十三条规定:"违反法律、行政法规的强制性规定的民事法律行为无效。但是,该强制性规定不导致该民事法律行为无效的除外。违背公序良俗的民事法律行为无效。"

④《民法典》第一百五十四条规定:"行为人与相对人恶意串通,损害他人合法权益的民事法律行为无效。"

(3)合同中免责条款无效的法律规定

免责条款是指当事人双方在合同中事先约定的、旨在限制或免除其未来责任的条款。

《民法典》第五百零六条规定合同中的下列免责条款无效：

①造成对方人身伤害的。

②因故意或者重大过失造成对方财产损失的。

（4）无效施工合同的处理

《民法典》第一百五十七条规定："民事法律行为无效、被撤销或者确定不发生效力后，行为人因该行为取得的财产，应当予以返还；不能返还或者没有必要返还的，应当折价补偿。有过错的一方应当赔偿对方由此所受到的损失；各方都有过错的，应当各自承担相应的责任。"

①返还财产：由于无效合同自始没有法律约束力，因此，返回财产是处理无效合同的主要方式。合同被确认无效后，当事人依据该合同所取得的财产，应当返还给对方；不能返还的，应当作补偿。建设工程合同一般都无法返还财产，无论是勘察设计成果还是工程施工，承包人的付出都是无法返还的，因此，一般应当采用作价补偿的方法处理。

②赔偿损失：合同被确认无效，过错的一方应赔偿对方因此受到的损失。双方均有过错的，应根据过错的大小各自承担相应的责任。

③追缴财产，收归国有：双方恶意串通，损害国家或者第三人利益的，国家采取强制性措施收缴国库或者返还第三人。无效合同不影响善意第三人取得合法权益。

由于建设施工合同本身的特点，对无效建筑工程的处理，应根据建筑法及相关司法解释，并结合工程的进行情况及造成无效的原因来具体处理。

①合同订立后尚未履行。

当事人双方均不得继续履行，可按照缔约过失原则处理。一方在订立合同过程中，故意隐瞒重要事实或者提供虚假情况，给对方造成损失的，应当承担赔偿责任，双方均有过错的，按照过错大小承担相应的责任。

②合同已开始履行，但尚未完工。

如已完成部分工程质量合格，发包方应该按照完成的比例参照合同约定的价款折价支付工程款。如已完成部分工程质量低劣，无法补救，已完成部分应拆除，承包方无权要求支付工程款。已完成部分质量不合格但经修复后可满足质量要求的，由承包人承担修复费用，发包人向承包人支付已完成工程部分的工程款。

③合同履行完毕。

根据《关于审理建设工程施工合同纠纷案件适用法律问题的解释》（以下简称《解释》）第二条规定，建设工程施工合同无效，但工程经竣工验收合格，承包人请求参照合同约定支付工程价款的，应予支持。根据《解释》第三条规定，建设工程施工合同无效，工程竣工验收不合格的，按照下列情形处理：修复后的建设工程经竣工验收合格，发包人请求承包人承担修复费用的，应予支持；修复后的建设工程经竣工验收不合格的，承包人请求支付工程价款的，不予支持；因建设工程不合格造成的损失，发包人有过错的，也应承担相应的民事责任。

此外，还需注意的是，对于承包人非法转包、违法分包建设工程和借用企业资质签订建设工程施工合同的，《解释》第四条规定，人民法院可以根据《民法通则》第一百三十四条规定，收缴当事人已经取得的非法所得。可变更、可撤销的合同是基于法定原因，当事人有权诉请法院或仲裁机构予以变更、撤销合同。

3）效力待定合同

所谓效力待定合同，是指合同虽然已经成立，但因其不完全符合有关生效要件的规定，因此其效力能否发生，尚未确定，一般须经有权人表示承认才能生效。这类合同的效力较为复杂，不能直接判断是否生效，而是需要经过后续事件和行为确定是否具有法律效力。效力待定合同有以下几种类型：

（1）限制行为能力人缔结的合同

限制民事行为能力人所签订的合同从主体资格上讲，是有瑕疵的，因为当事人缺乏完全的缔约能力、代签合同的资格和处分能力。限制民事行为能力人签订的合同要具有效力，一个最重要的条件就是，要经过其法定代理人的追认。所谓追认是指法定代理人明确无误的表示，同意限制民事行为能力人与他人签订的合同。这种同意是一种单方意思表示，无需合同的相对人同意即可发生效力。这里需要强调的是，法定代理人的追认应当以明示的方式作出，并且应当为合同的相对人所了解才能产生效力。

《民法典》第一百四十五条规定："限制民事行为能力人实施的纯获利益的民事法律行为或者与其年龄、智力、精神健康状况相适应的民事法律行为有效；实施的其他民事法律行为经法定代理人同意或者追认后有效。相对人可以催告法定代理人自收到通知之日起三十日内予以追认。法定代理人未作表示的，视为拒绝追认。民事法律行为被追认前，善意相对人有撤销的权利。撤销应当以通知的方式作出。"所谓"催告"，是指的相对人要求法定代理人在一定时间内明确答复是否承认限制民事行为能力人签订的合同，法定代理人逾期不作表示的，则视为法定代理人拒绝追认。

（2）无代理权人以被代理人名义缔结的合同

所谓无权代理的合同就是无代理权的人代理他人从事民事行为，而与相对人签订的合同。《民法典》第一百七十一条规定："行为人没有代理权、超越代理权或者代理权终止后以被代理人名义订立的合同，未经被代理人追认，对被代理人不发生效力。相对人可以催告被代理人自收到通知之日起三十日内予以追认。被代理人未作表示的，视为拒绝追认。行为人实施的行为被追认前，善意相对人有撤销的权利。撤销应当以通知的方式作出。"

注意：相对人除了有催告权外，还有撤销合同的权利。这里的撤销权，是指合同的相对人在法定代理人追认限制民事行为能力人所签订的合同之前，撤销自己对限制民事行为人所作的意思表示。在此类合同中，如果仅有法定代理人的追认权而没有相对人的撤销权，那么，法定代理人作出追认前，相对人就不能根据自己的利益进行选择，只能被动地依赖法定代理人追认或者否认，这对相对人是很不公平的。设定相对人的撤销权正是为了使相对人与法定代理人能有同等的机会来处理这类效力待定合同的效力。但是相对人撤销这类合同必须满足以下条件：

a.撤销的意思表示必须是法定代理人追认之前作出的，对于法定代理人已经追认的合同相对人不得撤销。

b.只有善意的相对人才可以作出撤销合同的行为。

c.相对人作出撤销的意思表示时，应当用通知的方式作出，任何默示的方式都不构成对此类合同的撤销。

因无权代理而签订的合同有以下3种情形：

　　a.根本没有代理权而签订的合同,是指签订合同的人根本没有经过被代理人的授权,就以被代理人的名义签订的合同;

　　b.超越代理权而签订的合同,是指代理人与被代理人之间有代理关系的存在,但是代理人超越了被代理人的授权,与他人签订的合同;

　　c.代理关系中止后签订的合同,这是指行为人与被代理人之间原有代理关系,但是由于代理期限届满、代理事务完成或者被代理人取消委托关系等原因,被代理人与代理人之间的代理关系已不复存在,但原代理人仍以被代理人名义与他人签订的合同。

　　(3)无处分权人处分财产订立的合同

　　无权处分是指无处分权人以自己名义擅自处分他人财产。《民法典》第三百一十一条规定:"无处分权人将不动产或者动产转让给受让人的,所有权人有权追回;除法律另有规定外,符合下列情形的,受让人取得该不动产或者动产的所有权:(一)受让人受让该不动产或者动产时是善意;(二)以合理的价格转让;(三)转让的不动产或者动产依照法律规定应当登记的已经登记,不需要登记的已经交付给受让人。受让人依据前款规定取得不动产或者动产的所有权的,原所有权人有权向无处分权人请求损害赔偿。"

【案例】　　　　　　　从一起案件谈效力待定合同与无效合同的区别

　　原告:某镇西麻王村村民委员会。

　　被告:王某,男,某镇东麻王村农民。

　　被告:某镇人民政府。

　　原告在"镇南水库"东南侧有土地一宗,约 90 亩(1 亩 ≈ 666.67 m²)。2××2 年,某镇政府将该镇部分村的局部土地进行统一改造开发,形成了统一标准的池塘。原告的该宗土地即在其中。2××3 年 5 月 20 日,某镇政府以自己的名义将原告的该宗土地发包给了被告王某。某镇政府与王某双方签订了《土地承包协议书》,协议约定:承包期限 5 年,自 2××3 年 5 月 20 日至 2××7 年 12 月 30 日;承包费为每亩每年 260 元,其中,在协议书附件中约定土地承包费由原告和某镇政府按 160 元和 100 元的比例分成。合同签订后,被告王某向某镇政府交纳了 1 年的承包费,原告没有收到被告王某的承包费。两被告签订土地承包协议未经原告同意,更未经村民大会或者村民代表大会同意。

　　原告以两被告的行为侵犯了其对土地的所有权为由,向法院起诉,请求法院认定两被告签订的《土地承包协议书》无效,并由被告王某将土地返还。

　　问题:本案例中的《土地承包协议书》是效力待定合同还是无效合同? 以下两种意见你认为哪种正确?

　　对于认定两被告签订的《土地承包协议书》的性质产生了分歧意见。

　　第一种意见认为,该宗土地属于西麻王村农民集体所有,被告某镇政府对其虽然没有发包权,但根据《民法典》第一百七十一条的规定,其与被告王某签订的土地承包合同的效力处于待定状态,需要根据产权所有者的意思而确定。因在法庭辩论结束前,该宗土地的所有者仍然没有对镇政府的处分行为予以追认,镇政府也没有取得对该土地的处分权,从而可以认定该协议无效。

　　第二种意见也就是笔者的意见认为,本案两被告签订土地承包协议时,存在恶意串通的情节,并损害了西麻王村农民集体的利益,根据《民法典》第一百五十四条的规定,该土地承包协议的效力并非待定,而是当然无效。

【评析】

虽然两种意见的认定结果是一样的,但却混淆了两种性质不同的合同,同时也表明对《民法典》的理解存在很大的偏差。

我国《民法典》规定的效力待定合同有 3 种:限制民事行为能力人订立的合同、无权代理人以本人名义订立的合同、无处分权人处分他人财产订立的合同。本案涉及的就是无处分权人处分他人财产而订立合同的情况。我国《民法典》第三百一十一条规定:"无处分权人将不动产或者动产转让给受让人的,所有权人有权追回;除法律另有规定外,符合下列情形的,受让人取得该不动产或者动产的所有权:(一)受让人受让该不动产或者动产时是善意;(二)以合理的价格转让;(三)转让的不动产或者动产依照法律规定应当登记的已经登记,不需要登记的已经交付给受让人。"这一条规定的无权处分合同生效的条件,但并不是所有的无权处分之合同都为效力待定合同。有些合同因为无处分权或无完整的处分权而为的行为从一开始就当然无效,如犯罪嫌疑人将盗得的他人财物卖与销赃者的行为,也是无处分权人处分他人财产的行为,就是当然的无效。

效力待定的无权处分与当然无效的无权处分,在外观上有很多共同之处:一是处分人对所处分的财产没有处分权,包括对所处分的财产没有所有权以及其他的处分权(如对土地的承包经营权);二是无处分权人处分了他人的财产,是指法律意义上的处分,如转让、出租、抵押等;三是无处分权人以自己的名义处分他人财产(如果是以权利人的名义处分财产就是一种代理行为,其效力应由《民法典》予以调整);四是损害财产所有人的利益,包括量上的减少和应增加而未能增加的部分。

区别两种合同的关键在于考察行为人之间是否有"恶意串通"的情节。

"恶意串通"就是合同的双方当事人非法勾结,为牟取私利而共同订立的损害国家、集体或者第三人的利益。据此,"恶意串通"的构成要件有以下两个:

①当事人双方有损害第三人的主观故意。就是双方当事人明知道或者应当知道他们的行为会对第三人的利益造成损害,而积极地从事这种行为。一般情况下,无处分权人在处分他人财产时的主观是故意的,如果仅有无处分权方存在侵害第三人利益的主观恶意,而受让方无此恶意,而是不知或不应当知道无处分权人没有处分财产的权利而出于善意与出让方进行交易的行为,则不能构成恶意串通。

②双方当事人对于损害权利人的利益存在着通谋。包含两个方面的内容,一是双方当事人有共同的目的,即当事人为了追求自身利益而放任他人利益的牺牲或者积极追求对他人利益的损害,表现形式或者是双方事先达成一致协议,或者是一方先有了意思表示,另一方用行动作出积极的回应;二是双方当事人相互配合或共同实施侵害权利人利益的行为而实现共同的目的。

本案中,某镇政府将属于西麻王村农民集体的土地发包给王某的行为就已经满足了"恶意串通"的构成要件。

其一,某镇政府与王某都有损害西麻王村农民集体利益的主观恶意。某镇政府对该宗土地没有处分权其自身是明知无疑的。而土地属于不动产,其权属以及权属的流转都应当以登记的方式向社会公示,受让方有义务审查之,不存在善意取得的问题。双方签订合同之时,镇政府对所涉土地没有所有权是不争的事实,也是双方都心知肚明的。镇政府要合法发包所争土地,要么取得承包经营权,要么受所有权人的委托,而对这一些,镇政府都没有。而王某也对之不作审查而受让该宗土地的承包权,其主观恶意也是显而易见的,就是想通过他们双方的行为剥夺所有权人(西麻王村农民集体经济组织)自主经营该宗土地而从中收益的机会,从而在该宗土地上分一杯羹。

其二,某镇政府与王某通谋损害西麻王村农民集体的利益。双方的共同目的就是为了在属于西麻王村农民集体的土地上获取非法利益。镇政府从该宗土地上无偿无因获得了每亩每年10元的承包费(事实上,王某缴纳的"承包费"已经全部落入镇政府的腰包,而真正的土地所有权人却分文未得)。而王某也因此而从中牟取暴利(每亩每年26元的承包费无论如何是算不上价格合理的),同时也规避了法律,降低了承包的成本和风险。正是在这样牟取不正当利益动机的驱使下,双方不但达成了《土地承包协议书》,而且都自觉按照该协议"履行"了义务:镇政府将土地"交"与王某并堂而皇之地收取承包费,王某接收土地并已经缴纳了1年的承包费。这样一来,通过双方的"发包"与"承包"就剥夺了西麻王村农民集体对该宗土地收益的权利,损害了西麻王村农民集体的合法利益。

因此,法院认定某镇政府与王某通过恶意串通签订的《土地承包协议书》,损害了某镇西麻王村农民集体的利益,根据《民法典》第一百五十四条的规定,判决某镇政府与王某签订的《土地承包协议书》无效。

3.可变更、可撤销合同

1)可变更或可撤销合同的概念

可变更或可撤销的合同,是指欠缺生效条件,但双方当事人可依照自己的意思使合同的内容变更或者使合同的效力归于消灭的合同。如果合同当事人对合同的可变更或可撤销发生争议,只有人民法院或者仲裁机构有权变更或者撤销合同。可变更或可撤销的合同不同于无效合同,当事人提出请求是合同被变更、撤销的前提,人民法院或者仲裁机构不得主动变更或者撤销合同。当事人如果只要求变更,人民法院或者仲裁机构不得撤销。

2)合同的撤销

合同的撤销是指意思表示不真实,通过撤销权人行使撤销权,使已经有效的合同归于无效。它具有如下特征:
①可撤销的合同是意思表示不真实的合同。
②合同的撤销要由撤销权人行使撤销权来实现。
③撤销权不行使,合同继续有效;行使撤销权,合同自始归于无效。

3)可变更或可撤销合同的情形

有下列情形之一的,该合同为可变更或可撤销合同:
①《民法典》第一百四十七条规定:基于重大误解实施的民事法律行为,行为人有权请求人民法院或者仲裁机构予以撤销。
②《民法典》第一百四十八条规定:一方以欺诈手段,使对方在违背真实意思的情况下实施的民事法律行为,受欺诈方有权请求人民法院或者仲裁机构予以撤销。
③《民法典》第一百四十九条规定:第三人实施欺诈行为,使一方在违背真实意思的情况下

实施的民事法律行为,对方知道或者应当知道该欺诈行为的,受欺诈方有权请求人民法院或者仲裁机构予以撤销。

④《民法典》第一百五十条规定:一方或者第三人以胁迫手段,使对方在违背真实意思的情况下实施的民事法律行为,受胁迫方有权请求人民法院或者仲裁机构予以撤销。

⑤《民法典》第一百五十一条规定:一方利用对方处于危困状态、缺乏判断能力等情形,致使民事法律行为成立时显失公平的,受损害方有权请求人民法院或者仲裁机构予以撤销。

4)撤销权的行使及其法律后果

撤销权是指撤销权人因合同欠缺一定生效要件,而享有的以其单方意思表示撤销已成立的合同的权利。

由于可撤销的合同只是涉及当事人意思表示不真实的问题,因此对撤销权的实效进行了限制。《民法典》第一百五十二条规定有下列情形之一的,撤销权消灭:

①当事人自知道或者应当知道撤销事由之日起一年内、重大误解的当事人自知道或者应当知道撤销事由之日起九十日内没有行使撤销权。

②当事人受胁迫,自胁迫行为终止之日起一年内没有行使撤销权。

③当事人知道撤销事由后明确表示或者以自己的行为表明放弃撤销权。当事人自民事法律行为发生之日起五年内没有行使撤销权的,撤销权消灭。

《民法典》第一百五十五条规定:无效的或者被撤销的民事法律行为自始没有法律约束力。

【案例】

甲公司向乙公司订购乳胶漆一批,乙公司在订立合同时,谎称国产乳胶漆为进口乳胶漆。甲公司事后得知实情,恰逢国产乳胶漆畅销,甲公司有意履行合同,乙公司则希望这批货以更高的价格卖给别人,此时,甲公司向乙公司催告交货或预付货款或递交确认合同有效的通知,则合同成为确定的有效合同;乙公司不能以合同订立存在欺诈为由主张撤销,从而使合同失去约束力。由此可知,我国对于一方当事人欺诈对方当事人而订立的合同是作为可撤销合同来处理的,这样就给予受到欺诈方选择权,尊重其意思自治。如果受到欺诈的一方当事人认为不必撤销合同的,则可以补正合同的效力。注意:我国可撤销合同的撤销权仅赋予受到欺诈的一方,而欺诈方是没有选择权的,所以不能主动主张合同可撤销。

《民法典》第一百五十五条规定:无效的或者被撤销的民事法律行为自始没有法律约束力。合同部分无效,不影响其他部分效力的,其他部分仍然有效。合同无效、被撤销或者终止的,不影响合同中独立存在的有关解决争议方法的条款的效力。

《民法典》第一百五十七条规定:合同无效或者被撤销后,民事法律行为无效、被撤销或者确定不发生效力后,行为人因该行为取得的财产,应当予以返还;不能返还或者没有必要返还的,应当折价补偿。有过错的一方应当赔偿对方由此所受到的损失;各方都有过错的,应当各自承担相应的责任。

【技能实训 3.1】

甲企业(本题称"甲")向乙企业(本题称"乙")发出传真订货,该传真列明了货物的种类、数量、质量、供货时间、交货方式等,并要求乙在10日内报价。乙接受甲发出传真列明的条件并按期报价,也要求甲在10日内回复;甲按期复电同意其价格,并要求签订书面合同。乙在未签订书面合同的情况下按甲提出的条件发货,甲收货后未提出异议,也未付货款。后因市场发生变化,该货物价格下降。甲遂向乙提出,由于双方未签订书面合同,买卖关系不能成立,故乙应尽快取回货物。乙不同意甲的意见,要求其偿付货款。随后,乙发现甲放弃其对关联企业的到期债权,并向其关联企业无偿转让财产,可能使自己的货款无法得到清偿,遂向人民法院提起诉讼。

【思考练习】

根据上述情况,分析回答下列问题:

1.试述甲传真订货、乙报价、甲回复报价行为的法律性质。

2.买卖合同是否成立?并说明理由。

3.对甲放弃到期债权、无偿转让财产的行为,乙可向人民法院提出何种权利请求以保护其利益不受侵害?对乙行使该权利的期限,法律有何规定?

【知识训练】

单项选择题

1.根据我国《民法典》的规定,下列内容属于要约的是(　　)。

　A.拍卖公告　　　　　　　　　　B.招标说明书

　C.投标书　　　　　　　　　　　D.中标通知书

2.合同生效的要件之一是合同不违反法律或社会公共利益,其含义是(　　)。

　A.主体合格和内容合法　　　　　B.内容合法和形式合法

　C.内容合法和目的合法　　　　　D.目的合法和形式合法

3.因欺诈、胁迫而订立的施工合同可能是无效的,也可能是可撤销合同。认定其为无效合同的必要条件是(　　)。

　A.违背当事人的意志　　　　　　B.乘人之危

　C.显失公平　　　　　　　　　　D.损害国家利益

4.撤销权自债权人知道或应当知道撤销事由之日起(　　)内行使。自债务人的行为发生之日起(　　)内没行使撤销权的,该撤销权消灭。

　A.1 年,5 年　　　　B.2 年,5 年　　　　C.1 年,10 年　　　　D.2 年,20 年

5.当事人一方违约时,该合同是否继续履行,取决于(　　)。

　A.违约方是否已经承担违约金　　B.违约方是否已经赔偿损失

　C.对方是否要求继续履行　　　　D.违约方是否愿意继续履行

6.甲受到欺诈的情况下与乙订立了合同,后经甲向人民法院申请,撤销了该合同,则该合同自(　　)起不发生法律效力。

　A.人民法院决定撤销之日　　　　B.合同订立时

　C.人民法院受理请求之日　　　　D.权利人知道可撤销事由之日

7.关于要约生效的情形,下列说法错误的是(　　)。

　A.口头形式的要约自受要约人了解要约内容时发生效力

　B.书面形式的要约自到达受要约人时发生效力

　C.采用数据电子文件形式的要约,当数据电文进入收件人特定系统的时间,该要约生效

　D.收件人没有指定特定系统时,该要约无效

8.下列情况中,要约不可以撤回的是( )。

A.撤回要约的通知先于要约到达受要约人

B.撤回要约的通知后于要约到达受要约人

C.要约人明示要约不可撤销

D.撤回要约的通知与要约同时到达受要约人

9.根据我国《民法典》的规定,下列各项有关要约撤销的表述错误的是( )。

A.要约生效后,不可撤销

B.要约人确定了承诺期限的,要约不可撤销

C.要约人明确表示要约不可撤销的,要约不可撤销

D.受要约人从要约的内容中可以确定要约不可撤销,并已经为履行合同做了准备工作的,要约不可撤销

10.承包商为追赶工期,向水泥厂紧急发函要求按市场价格订购200 t硅酸盐水泥,并要求3日内运抵施工现场,则承包商的订购行为( )。

A.属于要约邀请,随时可以撤销

B.属于要约,在水泥运抵施工现场前可以撤回

C.属于要约,在水泥运抵施工现场前可以撤销

D.属于要约,而且不可撤销

11.甲厂对乙厂声称:"我厂正在考虑卖掉一台旧设备,价值10万元。"乙厂立即向甲厂表示:"我厂愿意以10万元价值购买此设备。"下列判断正确的是( )。

A.甲对乙的表示构成要约　　　　　　　B.乙对甲的表示构成承诺

C.甲对乙的表示构成承诺　　　　　　　D.乙对甲的表示构成要约

12.承诺应当以通知的方式作出,但( )除外。

A.要约人拒绝履行的

B.承诺人撤销承诺的

C.要约人撤销要约的

D.交易习惯或者要约表明可以通过行为作出承诺的

13.下列各项中构成承诺的是( )。

A.甲公司向乙公司发出要约,丙公司得知后向甲公司表示完全同意要约的内容

B.甲公司向乙公司发出要约,乙公司向丁公司表示完全同意要约的内容

C.甲向乙发出要约,要求7天内给予答复,但是乙7天内未作任何答复

D.甲向某化妆品店致电要求购买某品牌化妆品,该店将甲指定的产品送货上门,同时收取货款

14.承诺对要约内容的非实质性变更指的是( )。

A.受要约人对合同条款中违约责任和解决争议方法的变更

B.承诺中增加的建议性条款

C.承诺中要求增加价款

D.受要约人对合同履行方式提出独立的主张

15.根据我国《民法典》的规定,要约人以对话方式作出要约,受要约人应当(　　　)作出承诺。

　　A.立即
　　B.在要约规定的承诺期限内
　　C.在合理期限内
　　D.在 3 日内

16.如果法律和当事人双方对合同的形式、订立程序均没有特殊要求时,(　　　)时合同成立。

　　A.要约生效
　　B.承诺生效
　　C.双方当事人签字或者盖章
　　D.附生效期限的合同期限截止

17.2019 年 2 月 10 日,某装修公司向某建材公司发出一份购买地砖的要约,要约中明确规定承诺期限为 2019 年 2 月 20 日 9:00。为了保证工作的快捷,要约中同时约定了采用特定的电子邮件方式作出承诺。某建材公司接到要约后经研究,同意出售地砖,且于 2019 年 2 月 20 日 8:30 给装修公司发出了同意出售地砖的电子邮件,但是装修公司所在地区的网络出现故障,直到当天下午 13:00 才收到邮件,此承诺(　　　)。

　　A.有效
　　B.无效
　　C.视为有效
　　D.若要约人未及时通知受要约人因承诺超过期限不接受该承诺,则该承诺有效

18.下列关于要约和承诺的说法错误的是(　　　)。

　　A.要约可以撤回,承诺可以撤销
　　B.若要约指定了有效期,则应在该有效期内作出承诺
　　C.承诺应当在要约确定的期限内到达要约人
　　D.要约以非对话方式作出的,承诺应当在合理期限内到达

19.下列各项中不可以成为合同标的的是(　　　)。

　　A.合同当事人可以有效支配的物质财富
　　B.合同当事人提供的服务
　　C.土地所有权
　　D.合同当事人提供的智力成果

20.甲施工企业与乙设备租赁站订立了 1 年的设备书面租赁合同,合同到期后,甲继续使用并向乙缴纳租金,乙接受,则该合同(　　　)。

　　A.有效
　　B.无效
　　C.担保后有效
　　D.部分无效

21.合同的形式是合意的表现方式,有(　　　)。

　　A.书面形式、口头形式和其他形式
　　B.明示形式和默示形式
　　C.批准形式和登记形式
　　D.公证和鉴证形式

22.合同的数据电文形式有(　　　)。

　　A.电报、电传
　　B.传真
　　C.电子数据交换
　　D.电子邮件

【延伸阅读】

　　1.《中华人民共和国民法典》。

　　2.二级建造师执业资格考试用书《建设工程法规及相关知识》。

知识学习任务 3.3　合同的履行

【教学目标及学习要点】

能力目标	知识目标	学习要点
合同履行过程中能按照法律规定正确处理存在的问题,保证合同正常履行。维护自己的合法权利和承担自己的义务	1.了解合同履行的概念、履行的基本原则 2.掌握合同中约定不明确情况的处置 3.熟悉合同履行中的抗辩权、代位权和撤销权	1.合同履行的概念、履行的基本原则 2.合同中约定不明确情况的处置 3.抗辩权、代位权和撤销权

【任务情景 3.3】

　　建设单位向建筑钢材供应商甲以 5 000 元/t 的价格购买一批进口螺纹钢,后经查实,该批螺纹钢为国产,市场价格只有 3 500 元/t,为此建设单位与该建筑钢材供应商发生纠纷。之后建设单位授权本单位采购员刘某向建筑钢材供应商乙购买 60 t 螺纹钢,刘某与乙签订了 60 t 螺纹钢的合同,之后刘某见螺纹钢质量好价格优,便以建设单位的名义与建筑钢材供应商乙又签订了 20 t 螺纹钢的供货合同,双方约定:建筑钢材供应商乙向建设单位于 8 月 25 日前供货,先交货后付款,合同价款 28 万元,由建筑钢材供应商乙送货到施工现场,合同约定违约金为 2 万元。8 月 20 日,建筑钢材供应商乙说(没有确切的证据证明)建设单位由于经营状况严重恶化,可能无力支付货款,于是没有按照约定交货,8 月 26 日建设单位既不见建筑钢材供应商乙交货,也无履约消息,于是建设单位当天电话催促,建筑钢材供应商乙回应还需要 10 天才能交货,而建设单位称 9 月 1 日要用于施工,要求建筑钢材供应商乙 9 月 1 日前交货,但遭到供应商乙的拒绝,双方未达成一致。建设单位便从建筑钢材供应商丙处花 31 万元购进同规格的螺纹钢。9 月 8 日建筑钢材供应商乙将螺纹钢送到施工现场,建设单位拒收,并要求建筑钢材供应商乙赔偿其损失 3 万元,承担违约金 2 万元。

　　工作任务:

　　1.本案中建设单位与钢材供应商甲的纠纷应当按无效合同处理还是按可撤销合同处理? 为什么?

　　2.刘某与钢材供应商乙签订螺纹钢的供货合同是否有效? 为什么?

　　3.钢材供应商乙行使的是何种抗辩权? 行使得是否恰当? 为什么?

　　4.建设单位可以解除与供应商乙的合同吗? 为什么? 建设单位要求供应商乙赔偿其损失 3 万元和承担违约金 2 万元合理吗? 为什么?

5.建设单位合同纠纷解决的途径有哪些？本案例建设单位与供应商乙纠纷的责任应由哪一方承担？应如何承担？

【知识讲解】

合同的履行是指合同生效后,合同各方当事人按照合同约定的标的、数量、质量、价款、履行期限、地点和方式等,完成各自应承担的全部义务,实现各自权利的行为。签订合同的目的在于履行合同,通过合同的履行而取得某种权益。

1.合同履行的原则

根据《民法典》第五百零九条规定:当事人应当按照约定全面履行自己的义务。当事人应当遵循诚实信用原则,根据合同的性质、目的和交易习惯履行通知、协助、保密等义务。即在合同履行过程中必须遵守以下两个基本原则:

1) 全面履行原则

全面履行原则也称严格遵守合同约定原则,是指当时人必须遵守合同的约定履行合同义务,包括履行义务的主体、标的、数量、质量、价款或者报酬以及履行的方式、地点、期限等,都应当按照合同的约定全面履行。按照约定履行自己的义务,既包括全部履行义务,也包括正确适当履行合同义务。不能以单方面的意思改变合同义务或者解除合同。

2) 诚实信用履行原则

诚实信用履行原则也称之为协作履行原则,是指合同当事人在履行合同过程中基于诚实信用原则,根据合同性质、目的和交易习惯履行通知、协助和保密的义务,当事人首先要保证自己全面履行合同约定的义务,基于诚实信用原则应相互给予对方方便,为对方履行义务创造必要的条件。当事人双方应关心合同履行情况,发现问题应及时协商解决,一当事人在履行过程中发生困难,另一方当事人应在法律允许的范围内给予帮助,共同促进合同目的的实现。

2.合同履行中约定不明情况的处置

合同有明确约定的,应当依约定履行。但是,合同约定不明确并不意味着合同无须全面履行或约定不明确部分可以不履行。

《民法典》第五百一十条规定:合同生效后,当事人就质量、价款或者报酬、履行地点等内容没有约定或者约定不明确的,可以协议补充;不能达成补充协议的,按照合同有关条款或者交易习惯确定。按照合同有关条款或者交易习惯确定,一般只能适用于部分常见条款欠缺或者不明确的情况。如果仍不能确定合同如何履行的,《民法典》第五百一十一条又做出进一步规定。因此,针对因合同内容约定不明确无法全面正确适当履行时,可采取下列 6 项具体措施:

①对质量要求不明确的。先按国家标准、行业标准,没有国家、行业标准的,按照通常标准或者符合合同目的的标准。建设工程合同中的质量标准,大多是强制性的国家标准,当事人的约定不能低于国家标准。

②对价款或者报酬约定不明确的。按照订立合同时履行地的市场价格履行;依法应当执行政府定价或者政府指导价的,依照规定履行。建设工程施工合同中,合同履行地为工程所在地。

因此,约定不明确时,应当执行工程所在地的市场价格。

③对履行地点约定不明确的。给付货币的,在接受货币一方所在地履行;交付不动产的,在不动产所在地履行;其他标的,在履行义务一方所在地履行。

④对履行期限不明确的。债务人可以随时履行,债权人也可以随时要求履行,但应当给对方必要的准备时间。

⑤对履行方式约定不明确的。按照有利于实现合同目的的方式履行。这是一个相对模糊的概念,需要当事人各方遵循诚实信用原则来履行,最终还是要更好地实现合同目的。

⑥对履行费用的负担约定不明确的。由履行义务的一方负担,这也是合同履行中的惯例。

合同中执行政府定价或者政府指导价的,《民法典》第五百一十三条规定:"执行政府定价或者政府指导价的,在合同约定的交付期限内政府价格调整时,按照交付时的价格计价。逾期交付标的物的,遇价格上涨时,按照原价格执行;价格下降时,按照新价格执行。逾期提取标的物或者逾期付款的,遇价格上涨时,按照新价格执行;价格下降时,按照原价格执行。"

3.合同履行中的抗辩权

抗辩权是指双务合同的当事人一方有依法对抗对方要求或否认对方权利主张的权利。《民法典》第五百二十五条、第五百二十六条、第五百二十七条分别规定了同时履行抗辩权、先履行抗辩权、不安抗辩权。

1)同时履行抗辩权

《民法典》第五百二十五条规定:"当事人互负债务,没有先后履行顺序的,应当同时履行。一方在对方履行之前有权拒绝其履行要求。一方在对方履行债务不符合约定时,有权拒绝其相应的履行要求。"

(1)合同同时履行

合同同时履行是指合同订立后,在合同有效期限内,当事人双方不分先后地履行各自的义务的行为。

(2)同时履行抗辩权

同时履行抗辩权是指在没有规定履行顺序的双务合同中,当事人一方在当事人另一方未为对待给付以前,有权拒绝先为给付的权利。

(3)同时履行抗辩权的适用条件

①基于同一双务合同产生互负的债务,只有在同一双务合同中才能产生同时履行抗辩权。

②双方互负的债务均已届清偿期,且没有先后履行顺序;只有在当事人双方的债务同时到期时才可能产生同时履行抗辩权。

③当事人另一方未履行债务或未提出履行债务,或者履行不适当。

④当事人双方的给付义务是可能履行的义务,倘若对方所负债务已经没有履行的可能,则不发生同时履行抗辩问题,当事人可依照法律规定解除合同。

2)先履行抗辩权

《民法典》第五百二十六条规定:"当事人互负债务,有先后履行顺序的,先履行一方未履行的,后履行一方有权拒绝其履行要求。先履行一方履行债务不符合约定的,后履行一方有权拒绝其相应的履行要求。"

先履行抗辩权是指在有履行顺序的双务合同中,后履行合同的一方有权要求应当履行的一方履行其义务,如果应当履行的一方未履行债务或者履行债务不符合约定,后履行的一方当事人有权拒绝履行。如材料供应合同按照约定应由供货方先行交付订购的材料后,采购方再行付款结算,若合同履行过程中供贷方交付的材料质量不符合约定的标准,采购方有权拒付材料款。

行使先履行抗辩权需满足以下条件:

①基于同一双务合同产生互负的对价给付债务。

②合同中约定了履行的顺序,且后履行一方的债务已届清偿期。

③应当先履行的合同当事人没有履行合同债务或者没有正确履行债务。

④应当先履行的对价给付是可能履行的义务。

3)不安抗辩权

《民法典》第五百二十七条规定:"应当先履行债务的当事人,有确切证据证明对方有下列情形之一的,可以中止履行:①经营状况严重恶化;②转移财产、抽逃资金,以逃避债务;③丧失商业信誉;④有丧失或者可能丧失履行债务能力的其他情形。当事人没有确切证据中止履行的,应当承担违约责任。"

《民法典》第五百二十八条规定:"当事人依据五百二十七条规定中止履行的,应当及时通知对方。对方提供适当担保的,应当恢复履行。中止履行后,对方在合理期限内未恢复履行能力且未提供适当担保的,视为以自己的行为表明不履行主要债务,中止履行的一方可以解除合同并可以请求对方承担违约责任。"

由上述法律条文可知,不安抗辩权是指在双务合同中,当事人互负债务,合同约定有先后履行顺序的,先履行债务的当事人一方应当先履行其债务。但是,在应当履行债务的一方当事人有确切证据证明对方有丧失或者可能丧失履行债务能力的情况,则可以中止履行其债务。此时,先履行的一方当事人有权行使的抗辩权是不安抗辩权。

行使不安抗辩权需满足以下条件:

①基于同一双务合同而互负债务。

②负有先履行义务的一方当事人才能享有不安抗辩权。

③后给付另一方当事人的履行能力明显降低,有不能履行的实际风险。

如表 3.1 所示为抗辩权的类型。

表 3.1　抗辩权的类型

名　称	行使主体	针对的行为	行为表现
同时履行抗辩权	双方都有可能	不履行 履行不符合约定	保留给付
先履行抗辩权	后履行一方	不履行 延迟履行 瑕疵履行	保留给付 顺延时间 保留给付
不安抗辩权	先履行一方	欠缺信用 欠缺履行能力	保留给付

4. 合同不当履行时的处理

1) 因债权人致使债务人履行困难的处理

《民法典》第五百二十九条规定:"债权人分立、合并或者变更住所没有通知债务人,致使履行债务发生困难的,债务人可以中止履行或者将标的物提存。"即合同生效后,当事人不得因姓名、名称的变更或法定代表人、负责人、承办人的变动而不履行合同义务。债权人分立、合并或者变更住所如果没有通知债务人,会使债务人不知向谁履行债务或者不知在何地履行债务,致使履行债务发生困难。出现这些情况,债务人可以中止履行或者将标的物提存。

中止履行是指债务人暂时停止合同的履行或者延期履行合同。提存是指由于债权人的原因致使债务人无法向其交付标的物,债务人可以将标的物交给有关机关保存以此消灭合同的制度。

提存的条件:①提存人具有行为能力,意思表示真实;②提存的债务真实、合法;③存在提存的原因。提存的原因包括:债权人无正当理由拒绝受领;债权人下落不明;债权人失死亡未确定继承人或者丧失民事行为能力未确定监护人;法律规定的其他情形;④存在适宜提存的标的物;⑤提存的物与债的标的物相符。

提存人应当首先向提存机关提出申请,提存机关收到申请后,要按照法定条件对申请进行审查,符合条件的,提存机关应当接受提存标的物并采取必要的措施加以保管。标的物提存后,除了债权人下落不明外,债务人应当及时通知债权人或者债权人的继承人、监护人。无论债权人是否受领提存物,提存都将消灭债务,解除债务人的责任,债权人只能向提存机关领取提存物,不能再向债务人请求清偿。

在提存期间发生的提存物的毁损、灭失的风险由债权人承担。同时,提存的费用也由债权人承担。

2) 提前或者部分履行的处理

提前履行是指债务人在合同规定的履行期限到来之前就开始履行自己的义务。部分履行是指债务人没有按照合同约定履行全部义务而只履行了自己的一部分义务。提前或者部分履行会给债权人行使权利带来困难或者增加实现债权的费用。

《民法典》第五百三十条规定:"债权人可以拒绝债务人提前履行债务,但提前履行不损害债权人利益的除外。债务人提前履行债务给债权人增加的费用,由债务人负担。"

《民法典》第五百三十一条规定:"债权人可以拒绝债务人部分履行债务,但部分履行不损害债权人利益的除外。债务人部分履行债务给债权人增加的费用,由债务人负担。"

3) 合同不当履行中的保全措施

保全措施是指为防止因债务人的财产不当减少而给债权人带来危害时,确保其债权的实现而采取的法律措施。这些措施包括代位权和撤销权两种,它们共同构成了债权的保全体系。

（1）代位权

《民法典》第五百三十五条规定:"因债务人怠于行使其到期债权或者与该债权有关的从

权利,影响债权人的到期债权实现的,债权人可以向人民法院请求以自己的名义代位行使债务人的债权,但该债权专属于债务人自身的除外。代位权的行使范围以债权人的债权为限。债权人行使代位权的必要费用,由债务人负担。"代位权是指当债务人怠于行使其对第三方享有的到期债权,而损害债权人的债权时,债权人以自己的名义代位行使债务人对第三人的债权的权利。

（2）撤销权

《民法典》第五百三十八条规定:"因债务人放弃其到期债权或者无偿转让财产,对债权人造成损害的,债权人可以请求人民法院撤销债务人的行为。"债务人以明显不合理的低价转让财产,对债权人造成损害,并且受让人知道该情形的,债权人也可以请求人民法院撤销债务人的行为。撤销权的行使范围以债权人的债权为限。债权人行使撤销权的必要费用,由债务人负担。撤销权则是债权人请求人民法院撤销债务人危害其债权行为的权利。

《民法典》第五百四十一条规定:"撤销权自债权人知道或者应当知道撤销事由之日起一年内行使。自债务人的行为发生之日起五年内没有行使撤销权的,该撤销权消灭。"

例如,A 公司欠税 40 万元,一直无力偿付,现 B 公司欠 A 公司货款 20 万元,已到期,但 A 公司明确表示放弃对 B 公司的债权。对 A 公司的这一行为,税务机关可以依法行使代位权,要求 B 偿还 20 万元,或者在知道或应当知道 A 放弃债权 1 年内请求人民法院撤销 A 放弃债权的行为。

（3）行使代位权和撤销权应注意的事项

①不免责规定

《税收征管法》第五十条第二款规定,税务机关依法行使代位权、撤销权的,不免除欠缴税款的纳税人尚未履行的纳税义务和应承担的法律责任。这里有两种情形:一是在税务机关行使代位权和撤销权时,纳税人如果有商品、货物或其他财产可用以缴税,税务机关可以采取相应的措施追缴税款、滞纳金;二是税务机关行使代位权和撤销权后,只追缴了部分税款、滞纳金,不足部分,纳税人仍然负有缴纳的义务。

②税务机关清缴纳税人的欠税措施

税务机关清缴纳税人的欠税可有多种措施,如采取税收保全措施、强制执行措施等,行使代位权和撤销权只是其中的两项,税务机关应当按照规定程序和权限采取相应的清缴措施。一般情况下,应先按照有关规定行使能够独立行使的权力,只有在没有财产和资金可供强制执行时,才对纳税人的其他债权行使代位权或撤销权。因此可以说,代位权或撤销权是对保全措施和强制执行措施的补充。

【技能实训 3.2】

××××年 12 月 3 日,湖北甲公司与浙江乙公司签订了新闻纸造纸机合同一份。合同约定:甲公司向乙公司提供造纸机 1 台,型号为 LQZ324G1575MM,单价为 218 万元。技术参数:车速 90~180 m/min;日产量 15 t/天。甲公司负责免费安装。乙公司按月分期付款:12 月底付 40 万元;1 月底付 50 万元;发货后付 50 万元;安装后付 36.2 万元;安装调试验收后 6 个月内付清余下的质量保证金 21.8 万元。合同定金 20 万元,签约后立即支付,且定金到后合同生效。产品保证期限为 1 年。设备由甲公司代运,运费由乙公司承担。同时,双方又订立了 4 份附件,甲公司提供价值 585 382 元的通用设备,乙公司承担该产品安装费 1 万元。合同订立后,乙公司即支付了定金 20 万元。次年 4 月底,整套设备安装调试完毕,乙公司在验收报告上签字:运行正常,同意接受。9 月 1 日,双方为了设备质量及付款问题再次协商,并达成补充协议一份,双方约定:将造纸机的多余设备退还给甲公司;甲公司应在 9 月 15 日前派员共同主持调试纸机,并在 9 月底前使新闻纸日产量 15 t;乙公司在对方解决纸机遗留问题后,在下一年 4 月底前付清全部余款。补充协议签订后,甲公司派人进行检修,双方对此做了两份纪要,双方一致确认:未最终解决"提高车速,使日产量达到 15 t"。第二年 4 月,甲公司副总等来浙江签署了一份备忘录,乙公司当日支付了 5 万元。6 月乙公司为减少损失,自行将该纸机全部拆除。乙公司共支付货款 1 722 492.05 元。

之后 9 月,甲公司起诉乙公司,要求支付未付货款 1 042 889.95 元,代运费、安装费 76 596.71 元,违约金 745 875 元,其他经济损失 100 000 元。乙公司提起反诉,以该设备质量不符合要求为由,要求判令退还全套设备(含通用设备);返还货款 1 722 492.05 元,安装费 10 000 元;赔偿经济损失 2 629 659.15 元。

争议焦点:

经过审理,和议庭对本案是否存在产品不符合约定、责任归属以及应否退货等问题都达成了共识。但对被告是否具有先履行抗辩权?即对被告未按时付款是否已经构成违约存在分歧。有的认为,被告未按时付款,已构成违约,不享有先履行抗辩权。有的则认为,协议约定先解决设备日产量问题再付款,故不存在违约。

判决:

法院最后判决乙公司享有先履行抗辩权,不构成违约,但退货条件不具备,应向甲公司支付货款余额。甲公司未依约交付合格产品,应向乙公司支付违约金。同时,驳回双方的其他诉讼请求。

分析:

本案涉及《民法典》第五百二十六条规定的先履行抗辩权问题。

1. 履行抗辩权

先履行抗辩权是指在一个当事人互负债务的合同中,合同约定有先后履行顺序,在按约定应先履行的一方当事人未履行之前,后履行一方有权拒绝其履行要求。先履行一方履行债务不符合约定的,后履行一方有权拒绝其相应的履行要求。

可见,先履行抗辩权,首先是一种抗辩权,其作用在于通过行使这种权利而使对方的请求权消灭或使其效力延期发生。具体言之,先履行抗辩权是指后履约人所享有的以先履约人未履约或履约不当为由,对抗或否认先履约人请求其履约的权利。故著名民法学家江平先生在讲授合同法时,为了强调该抗辩权是后履约人享有的权利而将该权利称之为后履行抗辩权。法律之所以赋予当事人以先履行抗辩权,是因为法律所倡导的诚实信用与公平原则。

要正确理解先履行抗辩权,必须区分其与同时履行抗辩权、不安抗辩权及合同解除权的相互关系。

首先,3 种抗辩权的区别。依照双务合同抗辩权发生的时间划分,抗辩权分为 3 种:负先履行义务的当事人有不安抗辩权,负同时履行义务的当事人享有同时履行抗辩权,负后履行义务的当事人享有先履行抗辩权。由此组成完备的履行抗辩制度。三者最根本的区别在于合同义务是否同时或分先后,或者其所针对的义务人是先还是后。除此以外,不安抗辩权所面对的是对方不能为对待给付的一种危险,而先履行抗辩权针对的不仅仅是现实的危险,而是危险的现实。

其次,先履行抗辩权与合同解除权的区别。顾名思义,先履行抗辩权并不产生消灭合同的法律效果,只是一时阻障合同履行效力的发生。一旦抗辩权的原因消失,当事人就应当履行合同。而合同解除权的行使则导致合同消灭。因此,各国合同法均规定了严格的解除权行使条件。另外,先履行抗辩权产生的原因是先履行义务人没有履行合同义务,或不符合约定。而合同解除权产生的原因,除了双方协商一致外,往往是重大违约或其他导致合同无法履行的事由。且双方均可行使。若一方违约,但合同履行尚有必要和可能,则对方当事人可以行使先履行抗辩权,中止自己的给付。倘若继续恶化,致使合同履行成为不必要或不可能则可以行使合同解除权。

2.本案被告是否享有先履行抗辩权

鉴于以上分析,适用先履行抗辩权必须具备以下条件:

(1)双务合同互负债务。

本案甲公司提供设备、托运、安装、调试、修理及其他约定事项,乙公司则依约支付定金、货款,并提供相应协助。显然,属于互负债务的双务合同。

(2)双方互负债务有先后顺序,且后履行一方的债务已届清偿期。

因为若无先后则为同时履行抗辩权。而后履行一方债务到期,是后履行债务人行使抗辩权的前提条件。因为,后履约人债务没有到期,先履行一方则无权要求后履行债务人履约,因而谈不上后履约方的抗辩。本案中,双方在交易年9月1日的补充协议中约定,甲公司应将机器修理好后,乙公司方支付余款。但问题在于,该补充协议仅仅是众多合同之一,结合当初签订的购销合同,乙公司也未依约支付全部到期货款。换言之,交易年9月1日到期的货款,乙公司尚未付清。能否视为甲公司对这些款项也享有先履行抗辩权?进一步推断,甲公司可否主张乙公司未依约付款,所以拒绝继续修理,依此作为不安抗辩权的抗辩事由?这就需要对几个合同的先后关系作一分析。

当初签订的合同所确认的事项,于交易年9月1日补充协议内容针对的是同一件事情,即供货、付款。但具体内容不同,因此,对相关部分应视为双方依法协商变更。也就是说,本来乙公司到期应付的货款由于双方的后来协商,而同意在甲公司修理好机器后再支付。至此,甲公司成为先履行义务人,乙公司便具备了行使抗辩权的可能。

(3)先履行一方未履行或履行不符合约定。

该条件往往是行使抗辩权的直接原因。因为,假如先履行一方已经适当、及时、全面、正确地履行了合同义务,自然不存在后履行方抗辩的可能。本案乙公司之所以不付款,是因为甲公司未能提供合同约定条件的设备,并且事后也未将机器修好。因此,本案属于一方履行不当的情形。

3.本案适用先履行抗辩权,应特别注意以下几个问题

①与同时履行抗辩权一样,所谓的义务,是指合同的主给付义务,而不是次要的、辅助的义务。判断的标准是该义务是否影响该合同订立的目的。本案虽然已经交货且初步验收合格,但在试运行过程中,发现设备存在质量问题。而且双方一致确认。因此,先履行方的履行义务存

在重大、显著瑕疵,构成先履行抗辩权行使是理由。

②行使抗辩权的范围要与先履行人不履行或不当履行相适应。即针对不履行,后履行方可以就自己的全部义务抗辩;针对不当履行,后履行方一般只能根据不当履行的具体情形行使抗辩权。若该不当履行事由事关合同目的,则也能对自己的全部义务行使抗辩权。前述已表明,甲公司提供设备不合格已构成重大瑕疵,直接影响合同订立的目的。乙公司就剩余款项行使抗辩权是依法成立的。

③抗辩权行使后,并不消灭自己的债务,而仅仅是暂时免除给付义务。且该暂缓行为不构成违约。因为,先履行抗辩权是法定权利。但先履行义务人则应承担违约责任。乙公司未在合同签订后次年9月1日前付款,由于双方就此协商另行约定而不构成违约。在起诉时虽然未付清余款,但基于其享有的先履行抗辩权,也不构成违约。但是,乙公司在对方承担修理义务的同时,仍承担支付余款的义务。

综上,法院依据先履行抗辩权判令甲公司违约并承担违约金,同时,判令乙公司支付余款是正确的。

【知识训练】

单项选择题

1.建设工程施工合同履行时,若部分工程价款约定不明,则应按照(　　)履行。

A.订立合同时承包人所在地的市场价格

B.订立合同时工程所在地的市场价格

C.履行合同时工程所在地的市场价格

D.履行合同时工程造价管理部门发布的价格

2.甲市某企业向乙市某公司购买一批物品,合同对付款地点和交货期限没有约定,发生争议时,依据合同法规定,(　　)。

A.甲市某企业付款给乙市某公司应在甲市履行

B.甲市某企业可以随时请求乙市某公司交货,而且可以不给该厂必要的准备时间

C.甲市某企业付款给乙市某公司应在乙市履行

D.乙市某公司可以随时交货给甲市某企业,而且可以不给该厂必要的准备时间

3.下列关于合同履行的说法正确的是(　　)。

A.履行地点不明确的,给付货币的,在履行义务的一方所在地履行

B.价款或者报酬不明确的,应当按照订立合同时履行地的市场价格履行

C.履行期限不明确的,债务人可以随时履行

D.履行费用的负担不明确的,由履行义务一方负担

【延伸阅读】

1.《中华人民共和国民法典》。

2.全国一级建造师执业资格考试用书《建设工程法规及相关知识》。

3.二级建造师执业资格考试用书《建设工程法规及相关知识》。

知识学习任务 3.4　合同的变更、转让和终止

【教学目标及学习要点】

能力目标	知识目标	学习要点
1.知道合同变更、终止、转让的要求 2.学会正确变更、转让、终止合同,并且能够解决现实生活中的问题	1.熟悉合同变更、终止、转让的概念 2.掌握合同变更、终止、转让的情形	1.合同变更的概念、类型、条件与程序以及效力 2.债权、债务的转让 3.合同终止的概念、条件、效力以及合同终止的几种重要情形

【任务情景 3.4】

甲、乙两公司采用合同书形式订立了一份买卖合同,双方约定由甲公司向乙公司提供 100 台精密仪器,甲公司于 8 月 31 日前交货,并负责将货物运至乙公司,乙公司在收到货物后 10 日内付清货款。合同订立后双方均未签字盖章。7 月 28 日,甲公司与丙运输公司订立货物运输合同,双方约定由丙公司将 100 台精密仪器运至乙公司。8 月 1 日,丙公司先运了 70 台精密仪器至乙公司,乙公司全部收到,并于 8 月 8 日将 70 台精密仪器的货款付清。8 月 20 日,甲公司掌握了乙公司转移财产、逃避债务的确切证据,随即通知丙公司暂停运输其余 30 台精密仪器,并通知乙公司中止交货,要求乙公司提供担保;乙公司及时提供了担保。8 月 26 日,甲公司通知丙公司将其余 30 台精密仪器运往乙公司,丙公司在运输途中发生交通事故,30 台精密仪器全部毁损,致使甲公司 8 月 31 日前不能按时全部交货。9 月 5 日,乙公司要求甲公司承担违约责任。

工作任务:

根据以上事实及《中华人民共和国民法典》的规定,回答下列问题:

1.甲、乙公司订立的买卖合同是否成立? 并说明理由。

2.甲公司 8 月 20 日中止履行合同的行为是否合法? 并说明理由。

3.乙公司 9 月 5 日要求甲公司承担违约责任的行为是否合法? 并说明理由。

4.丙公司对货物毁损应承担什么责任? 并说明理由。

【知识讲解】

1.合同的变更

1)合同变更的概念

合同的变更是指合同依法成立后,在尚未履行或尚未完全履行时,当事人双方依法对合同的内容进行修订或调整所达成的协议。

《民法典》第五百四十三条规定:"当事人协商一致,可以变更合同。"

合同的变更有广义与狭义的区分,广义的合同变更包括了合同关系三要素即主体、客体、内

容至少一项要素发生变更。狭义的变更不包括合同主体变更。

2）合同变更的类型

合同变更分为约定变更和法定变更。

（1）约定变更

当事人经过协商达成一致意见，可以变更合同。

（2）法定变更

法律也规定了在特定条件下，当事人可以不必经过协商而变更合同。《民法典》第八百二十九条规定："在承运人将货物交付收货人之前，托运人可以要求承运人中止运输、返还货物、变更到达地或者将货物交给其他收货人，但应当赔偿承运人因此受到的损失。"

3）合同变更的条件与程序

①合同关系已经存在。合同变更是针对已经存在的合同，无合同关系就无从变更。合同无效、合同被撤销，视为无合同关系，也不存在合同变更的可能。

②合同内容需要变更。合同内容变更可能涉及合同标的变更、数量、质量、价款或者酬金、期限、地点、计价方式等。合同生效后，当事人不得因其主体名称的变更或者法定代表人、负责人、承办人的变动而主张和请求合同变更。

③经合同当事人协商一致，或者法院判决、仲裁庭裁决，或者援引法律直接规定。

④符合法律、行政法规要求的方式。

《民法典》第五百四十四条规定："当事人对合同变更内容约定不明确的，推定为未变更。"

4）合同变更的效力

合同的变更仅及于发生变更的部分，已经发生变更的部分以变更后的为准；已经履行的部分不因合同变更而失去法律依据；未变更部分继续原有的效力。例如，合同因欺诈而被法院或者仲裁庭变更，在被欺诈人遭受损失的情况下，合同变更后继续履行，但不影响被欺诈人要求欺诈人赔偿的权利。

5）施工合同变更

施工合同变更可能有以下 6 种情形：

①合同项下任何工作数量上的改变。

②合同项下的任何工作质量或其他特性需要改变。

③合同约定的工程技术规格（诸如标高、位置或尺寸）需要改变。

④合同项下任何工作的删减。

⑤工期改变。

⑥工作顺序的改变或者施工方法的改变。

尤其注意，因施工合同变更而给承包人造成损失而要求索赔。因变更导致合同价款的增减及造成的承包人损失，由发包人承担，延误的工期相应顺延。

2. 合同的转让

合同转让是指合同当事人一方依法将合同权利、义务全部或部分转让给第三人的法律行为。合同的转让包括债权转让和债务转让两种情况，当事人也可以将权利和义务一并转让。合同转让具有以下特征：

①合同转让只是合同主体(合同当事人)发生变化,不涉及合同权利义务内容变化。

②合同转让的核心在于处理好原合同当事人之间,以及原合同当事人中的转让人与原合同当事人之外的受让人之间,因合同转让而产生的权利义务关系。

1)债权转让

债权转让,指在不改变合同权利义务内容基础上,享有合同权利的当事人将其权利转让给第三人享有。

(1)债权转让的条件

①被转让的合同权利须有效存在。无效合同或者已经被终止的合同不产生有效的债权,不产生债权转让。

②被转让的合同权利应具有可转让性。《民法典》第五百四十五条规定,下列3种债权不得转让:

a.根据合同性质不得转让;

b.按照当事人约定不得转让;

c.依照法律规定不得转让。

《民法典》第五百四十六条规定:"债权人转让债权,未通知债务人的,该转让对债务人不发生效力。债权转让的通知不得撤销,但是经受让人同意的除外。"

《民法典》第五百四十七条规定:"债权人转让权利的,受让人取得与债权有关的从权利,但该从权利专属于债权人自身的除外。"

(2)债权转让的效力

①受让人成为合同新债权人。

②其他权利随之转移:

a.从权利随之转移;

b.抗辩权随之转移。

《民法典》第五百四十八条规定:"债务人接到债权转让通知后,债务人对让与人的抗辩,可以向受让人主张。"由于债权已经转让,原合同的债权人已经由第三人代替,所以,债务人的抗辩权就不能再向原合同的债权人行使了,而要向接受债权的第三人行使。

c.抵消权的转移。

《民法典》五百四十九条规定:有下列情形之一的,债务人可以向受让人主张抵销:①债务人接到债权转让通知时,债务人对让与人享有债权,且债务人的债权先于转让的债权到期或者同时到期;②债务人的债权与转让的债权是基于同一合同产生。如果原合同当事人存在可以依法抵销的债务,则在债权转让后,债务人的抵销权可以向受让人主张。

(3)债权转让的特点

①债权的转让在合同内有约定,但不改变当事人之间的权利义务关系。

②在合同履行期限内,第三人可以向债务人请求履行,债务人不得拒绝。

③对第三人履行债务原则上不能增加履行的难度和履行费用,否则增加费用部分应由合同当事人的债权人给予补偿。

④债务人末向第三人履行债务或履行债务不符合约定,应向合同当事人的债权人承担违约

责任,即仍由合同当事人依据合同追究对方的违约责任。

2) 债务转移

债务转移,指在不改变合同权利义务内容的基础上,承担合同义务的当事人将其义务转由第三人承担。

《民法典》第五百五十一条规定:"债务人将合同的义务全部或者部分转移给第三人的,应当经债权人同意。"否则,这种转移不发生法律效力。

《民法典》第五百五十三条规定:"债务人转移义务的,新债务人可以主张原债务人对债权人的抗辩。"

《民法典》第五百五十四条规定:"债务人转移义务的,新债务人应当承担与主债务有关的从债务,但该从债务专属于原债务人自身的除外。"

《民法典》第五百五十五规定:"法律、行政法规规定转让权利或者转移义务应当办理批准、登记等手续的,依照其规定。"

(1)债务转移的条件

①被转移的债务有效存在。

②被转移的债务应具有可转移性。

如下合同不具有可转移性:

a.某些合同债务与债务人的人身有密切联系,如以特别人身信任为基础的合同(如委托监理合同);

b.当事人特别约定合同债务不得转移;

c.法律强制性规范规定不得转让债务,如建设工程施工合同中主体结构不得分包。

③须经债权人同意。

(2)债务转移的效力

①承担人成为合同新债务人。

②抗辩权随之转移。债务人转移义务的,新债务人可以主张原债务人对债权人的抗辩。

③从债务随之转移。

(3)债务转移的特点

①债务转移属于合同内的约定,但当事人之间的权利义务关系并不因此而改变。

②在合同履行期限内,债权人可以要求第三人厦行债务,但不能强迫第三人履行债务。

③第三人不履行债务或履行债务不符合约定,仍由合同当事人的债务方承担违约责任,即债权人不能直接追究第三人的违约责任。

3) 合同权利义务概括转移

合同权利义务概括转移是指合同当事人一方将其合同权利义务一并转让给第三方,由该第三方继受这些权利义务。

《民法典》第五百五十五条规定:"当事人一方经对方同意,可以将自己在合同中的权利和义务一并转让给第三人。"由此可见,经对方同意是同时转让的一个必要条件。因为概括转让包含了债务转移,而债务转移要征得债权人的同意。

《民法典》第五百五十六条规定:"合同的权利和义务一并转让的,适用债权转让、债务转移的有关规定。"

债权债务的概括转移的条件：

①转让人与承受人达成合同转让协议。这是债权债务的概括转移的关键。如果承受人不接受该债权债务，则无法发生债权债务的转移。

②原合同必须有效。

③原合同为双务合同。

④符合法定的程序。

3.合同的终止

合同终止，是指合同关系不再存在，合同当事人之间的债权债务关系终止，当事人不再受合同关系的约束。合同的终止也就是合同效力的完全终结。合同终止是随着一定法律事实发生而发生的，与合同中止不同之处在于，合同中止只是在法定的特殊情况下，当事人暂时停止履行合同，当这种特殊情况消失以后，当事人仍然承担继续履行的义务；而合同终止是合同关系的消灭，不可能恢复。

《民法典》第五百五十七条规定："有下列情形之一的，合同的权利义务终止：①债务已经履行；②债务相互抵销；③债务人依法将标的物提存；④债权人免除债务；⑤债权债务同归于一人；⑥法律规定或者当事人约定终止的其他情形。"

1）合同终止的效力

合同终止，合同中债权的担保及其他从属的权利，随合同终止而同时消灭，如为担保债权而设定的保证、抵押权或者质权，事先在合同中约定的利息或者违约金因此而消灭。但合同的权利义务终止，不影响合同中结算与清理条款的效力。合同无效、被撤销或者终止的，不影响合同中独立存在的有关解决争议方法的条款的效力。

《民法典》第五百五十八条规定："债权债务终止后，当事人应当遵循诚实信用原则，根据交易习惯履行通知、协助、保密等义务。"

2）合同终止的几种重要情形

（1）债务已按照约定履行

债务已按照约定履行即是债的清偿，是按照合同约定实现债权目的的行为。清偿是合同的权利义务终止的最主要和最常见的原因，其含义与履行相同。

（2）合同解除

合同解除是指对已经发生法律效力、但尚未履行或者尚未完全履行的合同，合同的一方当事人按照法律规定或者双方当事人约定的解除条件使合同不再对双方当事人具有法律约束力的行为或者合同各方当事人经协商消灭合同的行为。合同解除是合同终止的一种不正常的方式。

合同解除有两种方式：一种称为约定解除，是双方当事人协议解除，即合同双方当事人通过达成协议，约定原有的合同不再对双方当事人产生约束力，使合同归于终止；另一种称为法定解除，即在合同有效成立以后，由于产生法定事由，当事人依据法律规定行使解除权而解除合同。

约定解除是当事人通过行使约定的解除权或者双方协商决定而进行的合同解除。《民法典》第五百六十二条规定："当事人协商一致,可以解除合同。当事人可以约定一方解除合同的条件。解除合同的条件成就时,解除权人可以解除合同。"

约定解除可以分为两种形式:一是在合同订立时,当事人在合同中约定合同解除的条件,在合同生效后履行完毕之前,一旦这些条件成就,当事人则享有合同解除权,从而可以以自己的意思表示通知对方而终止合同关系;二是在合同订立以后,且在合同未履行或者尚未完全履行之前,合同双方当事人在原合同之外,又订立了一份以解除原合同为内容的协议,使原合同被解除。这不是单方行使解除权而是双方都同意解除合同。

法定解除是合同解除制度中最核心最重要的问题,它是解除条件直接由法律规定的合同解除。当法律规定的解除条件具备时,当事人可以解除合同。它与合同约定解除权的解除都是具备一定解除条件时,由一方行使解除权,区别则在于解除条件的来源不同。

《民法典》第五百六十三条规定:"有下列情形之一的,当事人可以解除合同:①因不可抗力致使不能实现合同目的;②在履行期限届满之前,当事人一方明确表示或者以自己的行为表明不履行主要债务;③当事人一方迟延履行主要债务,经催告后在合理期限内仍未履行;④当事人一方迟延履行债务或者有其他违约行为致使不能实现合同目的;⑤法律规定的其他情形。"

《民法典》第五百六十五条规定:"当事人一方依照规定主张解除合同的,应当通知对方。合同自通知到达对方时解除;通知载明债务人在一定期限内不履行债务则合同自动解除,债务人在该期限内未履行债务的,合同自通知载明的期限届满时解除。对方对解除合同有异议的,任何一方当事人均可以请求人民法院或者仲裁机构确认解除行为的效力。"

《民法典》第五百六十六条规定:"合同解除后,尚未履行的,终止履行;已经履行的,根据履行情况和合同性质,当事人可以要求恢复原状、采取其他补救措施,并有权要求赔偿损失。"

《民法典》第五百六十七条规定:"合同的权利义务终止,不影响合同中结算和清理条款的效力。"

(3)抵消

抵消是指互负到期债务的当事人,根据法律的规定或双方的约定,消灭相互间所负相当额的债务的行为。

抵消可分为两种形式:法定抵消和约定抵消。

《民法典》第五百六十八条规定:"当事人互负债务,该债务的标的物种类、品质相同的,任何一方可以将自己的债务与对方的到期债务抵销;但是,根据债务性质、按照当事人约定或者依照法律规定不得抵销的除外。当事人主张抵销的,应当通知对方。通知自到达对方时生效。抵销不得附条件或者附期限。"法定债务抵销的条件是比较严格的,要求必须是互负到期债务,且债务标的物的种类、品质相同。另外,除了法律规定或者合同性质决定不能抵销的以外,当事人都可以互相抵销。

法定抵消的条件:

①双方当事人互负债务。

②互负的债务的种类相同。

③互负债务必须为到期债务。

④不属于不能抵消的债务。

约定抵销是指通过双方当事人之间达成协议,将相互负有的债务进行抵消而使合同终止。《民法典》第五百六十九条规定:"当事人互负债务,标的物种类、品质不相同的,经协商一致,也可以抵销。"约定债务抵销的债务要求不高,标的物的种类、品质可以不相同,但要求当事人必须协商一致。

约定抵消的条件:

①双方相互负有债务。

②双方当事人就债务抵消达成协议。

③不得有禁止抵消的规定。

(4)提存

提存是指由于债权人的原因而使得债务人无法向其交付合同的标的物时,债务人将该标的物提交提存机关而消灭债务的制度。

《民法典》第五百七十条规定:"有下列情形之一,难以履行债务的,债务人可以将标的物提存:①债权人无正当理由拒绝受领;②债权人下落不明;③债权人死亡未确定继承人、遗产管理人或者丧失民事行为能力未确定监护人;④法律规定的其他情形。"

提存的条件:

①提存人具有行为能力,意思表示真实。

②提存的债务真实、合法。

③存在提存的原因。提存的原因包括:债权人无正当理由拒绝受领;债权人下落不明;债权人死亡未确定继承人或者丧失民事行为能力未确定监护人;法律规定的其他情形。

④存在适宜提存的标的物。

⑤提存的物与债的标的物相符。

提存人应当首先向提存机关提出申请,提存机关收到申请后,要按照法定条件对申请进行审查,符合条件的,提存机关应当接受提存标的物并采取必要的措施加以保管。标的物提存后,除了债权人下落不明外,债务人应当及时通知债权人或者债权人的继承人、监护人。无论债权人是否受领提存物,提存都将消灭债务,解除债务人的责任,债权人只能向提存机关领取提存物,不能再向债务人请求清偿。

在提存期间发生的提存物的毁损、灭失的风险由债权人承担。同时,提存的费用也由债权人承担。

【知识训练】

多项选择题

1.根据《民法典》第五百四十四条规定,当事人对合同变更的内容约定不明确的,则(　　　)。

　　A.由当事人诉请人民法院裁决

　　B.由当事人申请仲裁委员会裁决

　　C.推定为未变更

　　D.视为已变更

2.某建设工程施工合同履行期间,建设单位要求变更为国家新推荐的施工工艺,在其后的施工中予以采用,则下列说法正确的是(　　　)。

A.建设单位不能以前期工程未采用新工艺为由,主张工程不合格

B.施工单位可就采用新工艺增加的费用向建设单位索赔

C.由此延误的工期由施工单位承担违约责任

D.只要双方协商一致且不违反强制性标准,可以变更施工工艺

E.从法律关系构成要素分析,采用新工艺属于合同主体的变更

3.下列债权不得转让的有(　　)。

A.甲对乙享有的赌债——无效合同

B.丙对丁所欠的毒资——无效合同

C.某剧院对歌唱家刘某享有的为其演出的合同债权——根据合同性质不得转让

D.不作为债权——根据合同性质不得转让

E.张三欠李四的房租

4.《民法典》规定,解除合同表述正确的有(　　)。

A.当事人必须全部履行各自义务后才能解除合同

B.当事人协商一致可以解除合同

C.因不可抗力致使不能实现合同目的

D.一方当事人对解除合同有异议,可以按约定的解决争议的方式处理

E.合同解除后,当事人均不再要求对方承担任何责任

5.甲、乙两公司签订一份建筑材料采购合同,合同履行期间因两公司合并致使该合同终止。该合同终止的方式是(　　)。

A.免除　　　　　　B.抵消　　　　　　C.混同　　　　　　D.提存

【延伸阅读】

1.《中华人民共和国民法典》。

2.全国一级建造师执业资格考试用书《建设工程法规及相关知识》。

3.二级建造师执业资格考试用书《建设工程法规及相关知识》。

知识学习任务 3.5　违约责任、合同争议的解决

【教学目标及学习要点】

能力目标	知识目标	学习要点
能合理地处理建筑工程合同履行过程中的违约和争议	1.建筑工程合同违约和争议的类型 2.建筑工程合同违约和争议的解决办法及责任划分	1.违约责任与违约行为 2.违约责任的构成要件、违约责任的形式 3.承担违约责任的方式 4.施工合同常见争议以及合同争议解决的方式

【任务情景 3.5**】**

某建筑工程公司与某建筑材料公司订立买卖钢材合同,双方于 3 月 2 日达成一致,签订了合同,双方在合同中约定:由建筑材料公司供应建筑工程公司钢材 1 000 t,单价每吨 3 350 元,总价款 335 万元。建筑工程公司自带货款到建筑材料公司指定单位提货,货发完后即结算货款,如果建筑材料公司无货或不发货,则承担 20 万元违约金。

合同订立后,建筑工程公司按建筑材料公司指定,把 33 万元款项汇到第三人某物资供应站的分理账户。3 月 20 日、4 月 5 日,建筑工程公司先后两次从物资供应站提取钢材 500 t。折合价款 167.5 万元。此后,建筑工程公司向建筑材料公司要求继续供货,建筑材料公司没有继续供货,物资供应站也不予退款。建筑材料公司称,建筑工程公司虽然与其签订了合同,但业务往来的对象是物资供应站,无货可供的责任不在其身上。

工作任务:

1.建筑工程公司与建筑材料公司所订买卖合同未约定履行期限,该合同是否成立生效? 为什么?

2.建筑工程公司应向谁主张违约责任? 为什么?

3.物资供应站处于何种法律地位?

4.建筑工程公司能否请求对方承担 20 万元违约金责任? 为什么?

5.建筑工程公司举证证明,因对方违约造成本方损失 7 万元,则对方应否同时承担违约金责任并赔偿损失? 为什么?

6.建筑工程公司能否请求对方继续履行合同?

【知识讲解】

1.违约责任

违约责任是指当事人任何一方不履行合同义务或者履行合同义务不符合约定而应当承担的法律责任。《民法典》第五百七十七条规定:"当事人一方不履行合同义务或者履行合同义务不符合约定的,应当承担继续履行、采取补救措施或者赔偿损失等违约责任。"违约行为的表现形式包括不履行和不适当履行。不履行是指当事人不能履行或者拒绝履行合同义务。不能履行合同的当事人一般也应承担违约责任。不适当履行则包括不履行以外的其他所有违约情况。

《民法典》第五百七十八条规定:"当事人一方明确表示或者以自己的行为表明不履行合同义务的,对方可以在履行期限届满之前要求其承担违约责任。"也就是说,对于违约产生的后果,并不是一定要等到合同义务全部履行后才追究违约方的责任。

《民法典》第五百九十二条规定:"当事人都违反合同的,应当各自承担相应的责任。"

1)违约责任的认定

当事人承担违约责任的条件,是指当事人承担违约责任应当具备的要件。需要说明的是,违反合同而承担的违约责任,是以合同有效为前提的。无效合同从订立之时起就没有法律效力,所以谈不上违约责任的问题,但对部分无效合同中有效条款的不履行,仍应承担违约责任。

我国《建设工程施工合同(示范文本)》通用条款中对施工合同的违约责任作了以下规定:

（1）当发生下列情况时，作为业主（业主）违约

①业主不按时支付预付工程款。

②业主不按合同约定支付工程款，导致施工无法进行。

③业主无正当理由不支付工程竣工结算价款。

④业主不履行合同义务或不按合同约定履行义务的其他情况。

（2）当发生下列情况时，作为承包商违约

①承包商不按照协议书约定的竣工日期或工程师同意顺延的工期竣工。

②因承包商的原因致使工程质量达不到协议书约定的质量标准。

③承包商不履行合同义务或不按合同约定履行义务的其他情况。

2）承担违约责任的方式

（1）继续履行

继续履行是指违反合同的当事人不论是否承担了赔偿金或者承担了其他形式的违约责任，都必须根据对方的要求，在自己能够履行的条件下，对合同未履行的部分继续履行。《民法典》第五百七十九条规定："当事人一方不履行非金钱债务或者履行非金钱债务不符合约定的，对方可以要求履行，但有下列情形之一的除外：①法律上或者事实上不能履行；②债务的标的不适于强制履行或者履行费用过高；③债权人在合理期限内未要求履行。"

承担赔偿金或者违约金责任不能免除当事人的履约责任。当事人一方不履行债务或者履行债务不符合约定的，对方也可以要求继续履行。例如，业主无正当理由不支付工程竣工结算价款，承包商可以诉讼法律，请求法院或冲裁机构强制业主继续履行付款义务，给付工程款。

（2）补救措施

采取补救措施，是指在当事人违反合同的事实发生后，为防止损失发生或者扩大，而由违反合同一方依照法律规定或者约定采取的修理、更换、重新制作、退货、减少价格或者报酬等措施，以给债权人弥补或者挽回损失的责任形式。建设工程合同中，采取补救措施是施工单位承担违约责任常用的方法。例如，在合同履行过程中，业主或监理工程师发现，承包商的部分工程施工质量不符合合同约定的质量标准，可以要求承包商对该工程进行返修或者返工。承包商的返修或返工行为就是一种补救措施。

《民法典》第五百八十二条规定："履行不符合约定的，应当按照当事人的约定承担违约责任。对违约责任没有约定或者约定不明确，依照规定仍不能确定的，受损害方根据标的的性质以及损失的大小，可以合理选择要求对方承担修理、更换、重作、退货、减少价款或者报酬等违约责任。"

（3）赔偿损失

《民法典》第五百八十三条规定："当事人一方不履行合同义务或者履行合同义务不符合约定的，在履行义务或者采取补救措施后，对方还有其他损失的，应当赔偿损失。"例如，工程质量不合格，承包商采取补救措施，进行返工后，虽然质量达到了要求，但是导致总工期拖延了较长的时间，这可能给业主造成很大的损失。业主的这部分损失是由承包商的违约引起的，应当由承包商来赔偿。如果由于业主违约造成工期拖延的，业主除了给予承包商经济上的赔偿外，还应当给予工期上的赔偿，顺延延误的工期。

《民法典》第五百九十一条规定："当事人一方违约后，对方应当采取适当措施防止损失的

扩大;没有采取适当措施致使损失扩大的,不得就扩大的损失要求赔偿。当事人因防止损失扩大而支出的合理费用,由违约方承担。"

损失的赔偿额应当相当于因违约而造成的损失,包括合同正常履行后应当可以获得的利益。具体的赔偿金额及计算方法可由承包商和业主在合同的专用条款中约定。

(4)支付违约金

违约金是当事人约定或法律规定,一方当事人违约时应当根据违约情况向对方支付的一定数额的货币。违约金的数额可以由承包商和业主在合同的专用条款中规定。

《民法典》第五百八十五条规定:"当事人可以约定一方违约时应当根据违约情况向对方支付一定数额的违约金,也可以约定因违约产生的损失赔偿额的计算方法。约定的违约金低于造成的损失的,人民法院或者仲裁机构可以根据当事人的请求予以增加;约定的违约金过分高于造成的损失的,人民法院或者仲裁机构可以根据当事人的请求予以适当减少。当事人就迟延履行约定违约金的,违约方支付违约金后,还应当履行债务。"但是,违约金与赔偿损失不能同时采用。

(5)执行定金罚则

第五百八十六条规定:"当事人可以约定一方向对方给付定金作为债权的担保。定金合同自实际交付定金时成立。定金的数额由当事人约定;但是,不得超过主合同标的额的百分之二十,超过部分不产生定金的效力。实际交付的定金数额多于或者少于约定数额的,视为变更约定的定金数额。"

第五百八十七条规定:"债务人履行债务的,定金应当抵作价款或者收回。给付定金的一方不履行债务或者履行债务不符合约定,致使不能实现合同目的的,无权请求返还定金;收受定金的一方不履行债务或者履行债务不符合约定,致使不能实现合同目的的,应当双倍返还定金。"

《民法典》第五百八十八条规定:"当事人既约定违约金,又约定定金的,一方违约时,对方可以选择适用违约金或者定金条款。"

定金不足以弥补一方违约造成的损失的,对方可以请求赔偿超过定金数额的损失。

(6)免责事由

当事人一方因不可抗力不能履行合同的,应就不可抗力影响的全部或部分免除责任,但法律另有规定的除外。应当注意,当事人推迟延误履行合同后发生不可抗力的,不能免除责任。

例如,在施工过程中,发生了双方都无法预料的连续的暴风雨天气,导致了工期拖延并对已完工成品造成了损坏,由此造成的损失,承包商可以免除责任。但是如果按照正常的施工计划,本来能在雨期来临之前竣工的工程,因承包商的违约,迟延履行而延迟到了雨期,由此造成的损失,承包商就应当承担违约责任。

2.合同争议的解决

1)施工合同常见争议

工程施工合同中,常见的争议有以下 6 个方面:

(1)工程进度款支付、竣工结算及审价争议

尽管合同中已列出了工程量,约定了合同价款,但实际施工中会有很多变化包括设计变更、现场工程师签发的变更指令、现场条件变化如地质、地形等,以及计量方法等引起的工程数量的

增减。这种工程量的变化几乎每天或每月都会发生，而且承包商通常在其每月申请工程进度付款报表中列出，希望得到(额外)付款，但常因与现场监理工程师有不同意见而遭拒绝或者拖延不决。这些实际已完的工程而未获得付款的金额，由于日积月累，在后期可能增大到一个很大的数字，发包人更加不愿支付了，因而造成更大的分歧和争议。

在整个施工过程中发包人在按进度支付工程款时往往会根据监理工程师的意见扣除那些他们未予确认的工程量或存在质量问题的已完工程的应付款项，这种未付款项累积起来往往可能形成一笔很大的金额使承包商感到无法承受而引起争议，而且这类争议在工程施工的中后期可能会越来越严重。承包商会认为由于未得到足够的应付工程款而不得不将工程进度放慢下来，而发包人则会认为在工程进度拖延的情况下更不能多支付给承包商任何款项，这就会形成恶性循环而使争端愈演愈烈。

更主要的是，大量的发包人在资金尚未落实的情况下就开始工程的建设，致使发包人千方百计要求承包商垫资施工、不支付预付款、尽量拖延支付进度款、拖延工程结算及工程审价进程，致使承包商的权益得不到保障，最终引起争议。

(2)工程价款支付主体争议

施工企业被拖欠巨额工程款已成为整个建设领域中屡见不鲜的"正常事"。往往出现工程的发包人并非工程真正的建设单位，并非工程的权利人。在该种情况下发包人通常不具备工程价款的支付能力，施工单位该向谁主张权利，以维护其合法权益会成为争议的焦点。在此情况下，施工企业应理顺关系，寻找突破口，向真正的发包方主张权利，以保证合法权利不受侵害。

(3)工程工期拖延争议

一项工程的工期延误，往往是由错综复杂的原因造成的。在许多合同条件中都约定了竣工逾期违约金。由于工期延误的原因可能是多方面的，要分清各方的责任往往十分困难。经常可以看到，发包人要求承包商承担工程竣工逾期的违约责任，而承包商则提出因诸多发包人的原因及不可抗力等工期应相应顺延，有时承包商还就工期的延长要求发包人承担停工窝工的费用。

(4)安全损害赔偿争议

安全损害赔偿争议包括相邻关系纠纷引发的损害赔偿、设备安全、施工人员安全、施工导致第三人安全、工程本身发生安全事故等方面的争议。其中，建筑工程相邻关系纠纷发生的频率已越来越高，其牵涉主体和财产价值也越来越多，业已成为城市居民十分关心的问题。

《建筑法》第三十九条为建筑施工企业设定了这样的义务："施工现场对毗邻的建筑物、构筑物和特殊作业环境可能造成损害的，建筑施工企业应当采取安全防护措施。"

(5)合同终止及终止争议

终止合同造成的争议有承包商因这种终止造成的损失严重而得不到足够的补偿，发包人对承包商提出的就终止合同的补偿费用计算持有异议，承包商因设计错误或发包人拖欠应支付的工程款而造成困难提出终止合同，发包人不承认承包商提出的终止合同的理由，也不同意承包商的责难及其补偿要求等。

除不可抗力外，任何终止合同的争议往往是难以调和的矛盾造成的。终止合同一般都会给某一方或者双方造成严重的损害。如何合理处置终止合同后的双方的权利和义务，往往是这类争议的焦点。终止合同可能有以下 4 种情况：

①属于承包商责任引起的终止合同。

②属于发包人责任引起的终止合同。

③不属于任何一方责任引起的终止合同。

④任何一方由于自身需要而终止合同。

（6）工程质量及保修争议

质量方面的争议包括工程中所用材料不符合合同约定的技术标准要求，提供的设备性能和规格不符，或者不能生产出合同规定的合格产品，或者是通过性能试验不能达到规定的产量要求施工和安装有严重缺陷等。这类质量争议在施工过程中主要表现为工程师或发包人要求拆除和移走不合格材料或者返工重做或者修理后予以降价处置。对于设备质量问题，则常见于在调试和性能试验后，发包人不同意验收移交，要求更换设备或部件，甚至退货并赔偿经济损失。而承包商则认为缺陷是可以改正的或者业已改正；对生产设备质量则认为是性能测试方法错误，或者制造产品所投入的原料不合格或者是操作方面的问题等，质量争议往往变成责任问题争议。

此外，在保修期的缺陷修复问题往往是发包人和承包商争议的焦点，特别是发包人要求承包商修复工程缺陷而承包商拖延修复或发包人未经通知承包商就自行委托第三方对工程缺陷进行修复。在此情况下，发包人要在预留的保修金扣除相应的修复费用，承包商则主张产生缺陷的原因不在承包商或发包人未履行通知义务且其修复费用未经其确认而不予同意。

2）施工合同争议解决方式

合同当事人在履行施工合同时，解决所发生争议、纠纷的方式有和解、调解、仲裁和诉讼等。

（1）和解

和解是指争议的合同当事人依据有关法律规定或合同约定，以合法、自愿、平等为原则，在互谅互让的基础上，经过谈判和磋商，自愿对争议事项达成协议，从而解决分歧和矛盾的一种方法。和解方式无须第三者介入，简便易行，能及时解决争议，避免当事人经济损失扩大，有利于双方的协作和合同的继续履行。

（2）调解

调解是指争议的合同当事人，在第三方的主持下通过其劝说引导，以合法、自愿、平等为原则，在分清是非的基础上，自愿达成协议，以解决合同争议的一种方法。调解有民间调解、仲裁机构调解和法庭调解 3 种。调解协议书对当事人具有与合同一样的法律约束力。运用调解方式解决争议，双方不伤和气有利于今后继续履行合同。

（3）仲裁

仲裁也称公断，是双方当事人通过协议自愿将争议提交第三者（仲裁机构）作出裁决，并负有履行裁决义务的一种解决争议的方式。仲裁包括国内仲裁和国际仲裁。仲裁须经双方同意并约定具体的仲裁委员会。仲裁可以不公开审理从而保守当事人的商业秘密，节省费用，一般不会影响双方日后的正常交往。

（4）诉讼

诉讼是指合同当事人相互间发生争议后，只要不存在有效的仲裁协议，任何一方向有管辖权的法院起诉并在其主持下，为维护自己的合法权益的活动。通过诉讼，当事人的权力可得到法律的严格保护。

（5）其他方式

除了上述 4 种主要的合同争议解决方式外，在国际工程承包中，又出现了一些新的有效的解决方式，正在被广泛应用。例如，《土木工程施工合同条件》（红皮书）中有关"工程师的决定"的规定。当业主和承包商之间发生任何争端，均应首先提交工程师处理。工程师对争端的处理决定，通知双方后，在规定的期限内双方均未发出仲裁意向通知，则工程师的决定即被视为最后的决定并对双方产生约束力。《设计—建筑与交钥匙工程合同条件》（橘皮书）中规定业主和承包商之间发生任何争端，应首先以书面形式提交由合同双方共同任命的争端审议委员会裁定。争端审议委员会对争端作出决定并通知双方后，在规定的期限内，如果任何一方未将其不满事宜通知对方，则该决定即被视为最终的决定并对双方产生约束力。无论工程师的决定，还是争端审议委员会的决定，都与合同具有同等的约束力。任何一方不执行决定，另一方即可将其不执行决定的行为提交仲裁。这种方式不同于调解，因其决定不是争端双方达成的协议；也不同于仲裁，因工程师和争端审议委员会只能以专家的身份作出决定，不能以仲裁人的身份作出裁决，其决定的效力不同于仲裁裁决的效力。

当承包商与发包人（或分包商）在合同履行的过程中发生争议和纠纷，应根据平等协商的原则先行和解，尽量取得一致意见。若双方和解不成，则可要求有关主管部门调解。双方属于同一部门或行业，可由行业或部门的主管单位负责调解；不属于上述情况的可由工程所在地的建设主管部门负责调解；若调解无效，根据当事人的申请，在受到侵害之日起 1 年之内，可送交工程所在地工商行政管理部门的经济合同仲裁委员会进行仲裁，超过 1 年期限者，一般不予受理。仲裁是解决经济合同的一项行政措施，是维护合同法律效力的必要手段。仲裁是依据法律、法令及有关政策处理合同纠纷，责令责任方赔偿、罚款，直至追究有关单位或人员的行政责任或法律责任。处理合同纠纷也可不经仲裁，而直接向人民法院起诉。

一旦合同争议进入仲裁或诉讼，项目经理应及时向企业领导汇报和请示。因为仲裁和诉讼必须以企业具有法人资格的名义进行，由企业作出决策。

在一般情况下发生争议后双方都应继续履行合同保持施工连续，保护好已完工程。

只有发生下列情况时，当事方可停止履行施工合同：

①单方违约导致合同确已无法履行，双方协议停止施工。

②调解要求停止施工，且为双方接受。

③仲裁机关要求停止施工。

④法院要求停止施工。

【知识训练】

多项选择题

1.施工单位因违反施工合同而支付违约金后，建设单位仍要求其继续履行合同，则施工单位应（ 　　）。

　　A.拒绝履行　　　　　　　　　　　　　　B.继续履行

　　C.缓期履行　　　　　　　　　　　　　　D.要求对方支付一定费用后履行

2.施工企业和材料供应商订立的合同中约定"任何一方不能履行合同须承担违约金 3 万元，发生争端由某仲裁机构解决"。现供应商延期交货给施工企业造成的损失为 4.5 万元，则施工企业为最大限度维护自身利益,应( )。

　　A.向某仲裁机构请求供应商支付 4.5 万元

　　B.直接要求供应商支付 7.5 万元

　　C.向某仲裁机构请求供应商支付 3 万元

　　D.直接要求供应商支付 3 万元

　3.关于违约金条款的适用,下列说法正确的有( )。

　　A.约定违约金低于造成的损失的,当事人可以请求人民法院或仲裁机构予以增加

　　B.违约方支付延期履行违约金后,另一方仍有权要求其继续履行

　　C.当事人既约定违约金,又约定定金的,一方违约时,对方可以选择适用违约金条款或定金条款

　　D.当事人既约定违约金,又约定定金的,一方违约时,对方可以同时适用违约金条款或定金条款

　　E.约定的违约金高于造成的损失,当事人可以请求人民法院或仲裁机构予以按实际损失金额调减

【思考练习】

　1.什么是违约责任? 承担违约责任有哪些方式?

　2.建设工程施工合同的合同争议有哪些方面?

　3.试述合同争议的解决方式。

【延伸阅读】

　1.《中华人民共和国民法典》。

　2.全国一级建造师执业资格考试用书《建设工程法规及相关知识》。

　3.二级建造师执业资格考试用书《建设工程法规及相关知识》。

技能训练任务 3.6　建设工程施工合同

【教学目标及学习要点】

能力目标	知识目标	学习要点
能按照建设工程施工合同处理施工过程中的问题	1.施工承包合同的内容 2.施工承包合同示范文本 3.施工承包合同文件 4.专业工程分包合同的主要内容 5.劳务分包合同的主要内容	1.施工承包合同的管理内容 2.施工承包合同示范文本 3.施工合同质量控制、进度控制、投资控制、信息和安全管理

【任务情景3.6】

　　广州市中山大道中立交桥工程项目,经有关部门批准采取公开招标的方式确定了某城市路桥公司为中标单位并签订合同。尤其设计方案有所变更,工程量难以确定,故双方采用固定总

价合同。

（1）该工程合同条款中的规定

①由于设计未完成，承包范围内待施工的工程虽然性质明确，但工程量还难以确定，双方商定采用固定总价合同形式签订施工合同，以减少双方的风险。

②施工单位按照建设单位代表批准的施工组织设计组织施工，施工单位不承担因此引起的工程延误和费用增加的责任。

③甲方向施工单位提供场地的工程地质和地下主要管网线路资料，供施工单位参考使用。

④承包单位不能将工程转包，但允许分包，也允许分包单位将分包的工程再次分包给其他施工单位。

（2）工期规定

在施工招标文件中规定该工程工期为 358 天。但在施工合同中，双方约定：开工日期为 2016 年 12 月 15 日，竣工日期为 2017 年 12 月 25 日，日历天数为 375 天。

（3）施工中出现的状况

①工程进行到第 3 个月时，有政协委员投诉称此工程妨碍文物遗址观瞻，当地政府下令暂停施工，因此发包人向承包商提出暂时中止合同施工的通知，承包商按要求暂停施工。

②复工后在工程后期，工地遭遇当地百年罕见的台风袭击，工程被迫暂停施工，部分现场场地遭到破坏，最终使工期拖延两个月。

工作任务：

1.建筑工程施工合同的主要内容应包括哪些？

2.建筑工程施工合同条款中的合同价款和工期如何订立？

3.建筑工程施工合同管理具体工作内容有哪些？

4.在工程实施过程中，政府通知和台风袭击引起的暂停施工问题应如何处理？

【知识讲解】

一个建设工程项目的实施，涉及的建设任务很多，往往需要许多单位共同参与，不同的建设任务往往由不同的单位分别承担，这些参与单位与业主之间应该通过合同明确其承担的任务和责任以及所拥有的权利。

建设工程施工是指根据建设工程设计文件的要求，对建设工程进行新建、扩建、改建的施工活动。建设工程施工承包合同即发包人与承包人为完成商定的建设工程项目的施工任务明确双方权利义务关系的协议。下面主要分析施工承包合同的主要内容。

1.施工承包合同的内容

建设工程施工合同有施工总承包合同和施工分包合同之分。施工总承包合同的发包人是建设工程的建设单位，在合同中一般称为业主或发包人。施工总承包合同的承包人是取得建设项目总承包资格的项目承包单位，在合同中一般称为承包人。

施工分包合同又有专业工程分包合同和劳务作业分包合同之分。分包合同的发包人一般是取得施工总承包合同的承包单位，在分包合同中一般仍沿用施工总承包合同中的名称，即仍称为承包人。而分包合同的承包人一般是专业化的专业工程施工单位或劳务作业单位，在分包合同中一般称为分包人或劳务分包人。

在国际工程合同中,业主可根据施工承包合同的约定,选择某个单位作为指定分包商,指定分包商一般应与承包人签订分包合同,接受承包人的管理和协调。

2.施工承包合同示范文本

为了规范和指导合同当事人双方的行为,国际工程界许多著名组织(如国际咨询工程师联合会、美国建筑师学会、美国总承包商会、英国土木工程师学会、世界银行等)都编制了指导性的合同示范文本,规定了合同双方的一般权利和义务,对引导和规范建设行为起到非常重要的作用。

中华人民共和国建设部和国家工商行政管理总局于 1999 年 12 月 24 日颁发修改的《建设工程施工合同(示范文本)》(GF—1999—0201)。该文本适用于房屋建筑工程、土木工程、线路管道和设备安装工程、装修工程等。依据《中华人民共和国合同法》《中华人民共和国建筑法》《中华人民共和国招标投标法》以及相关法律法规,住房城乡建设部、国家工商行政管理总局对《建设工程施工合同(示范文本)》(GF—2013—0201)进行了修订,制定了《建设工程施工合同(示范文本)》(GF—2017—0201)。

针对各种工程中普遍存在专业工程分包的实际情况,为了规范管理,减少或避免纠纷,建设部和国家工商行政管理总局于 2003 年又发布了《建设工程施工专业分包合同(示范文本)》和《建设工程施工劳务分包合同(示范文本)》。2017 年又进一步进行了修改,颁布了新的《建设工程施工合同(示范文本)》(GF—2017—0201)。随着行业的发展,这些文本都在定期地修订完善。

各种建设工程项目之间的差异性很大。因此,有关行业管理部门颁布了专门的合同文本。如交通部颁布的《公路工程国内招标文件范本》,其中包含合同文本;水利部、国家电力公司和国家工商行政管理总局于 2000 年颁布了修订的《水利水电土建工程施工合同条件》(2000—0208)等。

3.施工承包合同文件

1)各种施工合同示范文本的组成

各种施工合同示范文本一般都由以下 3 部分加附件组成:

(1)协议书

(2)通用条款

通用条款包括:①词语定义及合同文件;②双方一般权利和义务;③施工组织设计和工期;④质量与检验;⑤安全施工;⑥合同价款与支付;⑦材料设备供应;⑧工程变更;⑨竣工验收与结算;⑩违约、索赔和争议;⑪其他。

(3)专用条款

专用条款包括:①词语定义及合同文件;②双方一般权利和义务;③施工组织设计和工期;④质量与验收;⑤安全施工;⑥合同价款与支付;⑦材料设备供应;⑧工程变更;⑨竣工验收与结算;⑩违约、索赔和争议;⑪其他。

(4)附件(工程质量保修书)

2)构成施工合同文件的组成部分

构成施工合同文件的组成部分,除了协议书、通用条款和专用条款以外,一般还应包括以下订立合同同时已形成的文件：

①合同协议书(包括补充协议)。

②中标通知书。

③投标书及其附件。

④专用合同条款。

⑤通用合同条款。

⑥有关的标准、规范及技术文件。

⑦图纸。

⑧工程量清单。

⑨工程报价单或预算书等。

双方有关工程的洽商、变更等书面协议或文件视为协议书的组成部分。

3)合同文件应能够相互解释、相互说明

当合同文件中出现不一致时,上面的顺序就是合同的优先解释顺序。当合同文件出现含糊不清或当事人有不同理解时,按照合同争议的解决方式处理。

4)各种施工合同示范文本的内容

各种施工合同示范文本的内容一般包括以下几项：

①词语定义与解释。

②合同双方的一般权利和义务,包括代表业主利益进行监督管理的监理人员的权利和职责。

③工程施工的进度控制。

④工程施工的质量控制。

⑤工程施工的费用控制。

⑥施工合同的监督与管理。

⑦工程施工的信息管理。

⑧工程施工的组织与协调。

⑨施工安全管理与风险管理等。

在《建设工程施工合同(示范文本)》的词语定义与解释中,对工程师作了专门定义,明确为工程监理单位委派的总监理工程师或发包人指定的履行合同的代表,其具体身份和职权由发包人和承包人在专用条款中约定。工程师可以根据需要委派代表,行使合同中约定的部分权利和职责。

5)施工合同中发包人的责任与义务

发包人的责任与义务有许多,最主要的如下：

①提供具备施工条件的施工现场和施工用地。

②提供其他施工条件,包括将施工所需水、电、电信线路从施工场地外部接至专用条款约定地点,并保证施工期间的需要,开通施工场地与城乡公共道路的通道,以及专用条款约定的施工场地内的主要道路,满足施工运输的需要,保证施工期间的畅通。

③提供有关水文地质勘探资料和地下管线资料,提供现场测量基准点、基准线和水准点及有关资料,以书面形式交给承包人,并进行现场交验,提供图纸等其他与合同工程有关的资料。

④办理施工许可证及其他施工所需证件、批件和临时用地、停水、停电、中断道路交通、爆破作业等的申请批准手续(证明承包人自身资质的证件除外)。

⑤协调处理施工场地周围地下管线和邻近建筑物、构筑物(包括文物保护建筑)及古树名木的保护工作,承担有关费用。

⑥组织承包人和设计单位进行图纸会审和设计交底。

⑦按合同规定支付合同价款。

⑧按合同规定及时向承包人提供所需指令、批准等。

⑨按合同规定主持和组织工程的验收。

6)施工承包合同中承包方的责任与义务

承包人的主要义务如下:

①根据发包人委托,在其设计资质等级和业务允许的范围内,完成施工图设计或与工程配套的设计,经工程师确认后使用,发包人承担由此产生的费用。

②按合同要求的质量完成施工任务。

③按合同要求的工期完成并交付工程。

④按专用条款约定的数量和要求,向发包人提供施工场地办公和生活的房屋及设施,发包人承担由此发生的费用。

⑤遵守政府有关主管部门对施工场地交通、噪声以及环境保护和安全生产等的管理规定,按规定办理有关手续,并以书面形式通知发包人,发包人承担由此发生的费用,因承包人责任造成的罚款除外。

⑥负责保修期内的工程维修。

⑦接受发包人、工程师或其代表的指令。

⑧负责工地安全,看管进场材料、设备和未交工工程。

⑨负责对分包的管理,并对分包方的行为负责。

⑩按专用条款约定做好施工场地地下管线和邻近建筑物、构筑物(包括文物保护建筑)及古树名木的保护工作。

⑪安全施工,保证施工人员的人身安全和身体健康。

⑫保持现场整洁。

⑬按时参加各种检查和验收。

7)进度控制的主要条款内容

(1)合同工期的约定

工期是指发包人和承包人在协议书中约定,按照总日历天数(包括法定节假日)计算的承包天数。

承发包双方必须在协议书中明确约定工期,包括开工日期和竣工日期。工程竣工验收通过,实际竣工日期为承包人送交竣工验收报告的日期;工程按发包人要求修改后通过验收的,实际竣工日期为承包人修改后提请发包人验收的日期。

(2)进度计划

承包人应按合同专用条款约定的日期,将施工组织设计和工程进度计划提交工程师,工程师按专用条款约定的时间予以确认或提出修改意见。

工程师对进度计划予以确认或者提出修改意见,并不免除承包人对施工组织设计和工程进度计划本身的缺陷应承担的责任。

(3)工程师对进度计划的检查和监督

开工后,承包人必须按照工程师确认的进度计划组织施工,接受工程师对进度的检查和监督。检查和监督的依据一般是双方已经确认的月度进度计划。

工程实际进度与经过确认的进度计划不符时,承包人应按照工程师的要求提出改进措施,经过工程师确认后执行。但是,对于因承包人自身的原因导致实际进度与计划进度不符时,所有的后果都应由承包人自行承担,承包人无权就改进措施追加合同价款,工程师也不对改进措施的效果负责。

(4)暂停施工

①工程师要求的暂停施工

工程师认为确有必要暂停施工时,应以书面形式要求承包人暂停施工,并在提出要求后48 h内提出书面处理意见。承包人应当按照工程师的要求停止施工,并妥善保护已完工程。

②因双方原因造成的停工

因为发包人原因造成停工的,由发包人承担所发生的追加合同价款,赔偿承包人由此造成的损失,相应顺延工期;因承包人原因造成停工的,由承包人承担发生的费用,工期不予顺延。因工程师不及时作出答复,导致承包人无法复工,由发包人承担违约责任。

因发包人违约导致承包人主动暂停施工。当发包人出现某些违约情况时,承包人可暂停施工,这时发包人应当承担相应的违约责任。

③意外事件导致的暂停施工

在施工过程中出现的一些意外情况,如果需要承包人暂停施工的,承包人应暂停施工,此时工期是否给予顺延,应视风险责任由谁承担而确定。

(5)竣工验收

①承包人提交竣工验收申请报告

当工程按合同要求全部完成后,具备竣工验收条件,承包人按国家工程竣工验收的有关规定,向监理提供完整的竣工资料和竣工验收申请报告。监理14 天内完成审查,并报送发包人。

②发包人组织验收

发包人收到竣工验收报告后28 天内组织验收,并在验收后14 天内给予认可或提出修改意见,承包人应当按要求进行修改,并承担因自身原因造成修改的费用。中间交工工程的范围和竣工时间,由双方在专用条款内约定。验收合格的14 天内签发工程接收证书,7 天内移交工程。

发包人收到承包人送交的竣工验收报告后28 天内不组织验收,或者在组织验收后14 天内不提出修改意见,则视为竣工验收报告已经被认可。发包人在收到承包人竣工验收报告后28 天内不组织验收,从第29 天起承担工程保管及一切意外责任。

8)质量控制的主要条款内容

在施工过程中,承包人要随时接受工程师对材料、设备、中间部位、隐蔽工程和竣工工程等质量的检查、验收与监督。

(1)工程质量标准

工程质量应当达到协议书约定的质量标准,质量标准的评定以国家或行业的质量检验评定标准为依据。

双方对工程质量有争议,由双方同意的工程质量检测机构鉴定,所需要的费用以及因此造成的损失,由责任方承担。

(2)检查和返工

承包人应认真按照标准、规范和设计图纸要求以及工程师依据合同发出的指令施工,随时接受工程师的检查检验,为检查检验提供便利条件。

工程师的检查检验不应影响施工的正常进行。如影响施工正常进行,检查不合格时,影响正常施工的费用由承包人承担。除此之外,影响正常施工的追加合同价款由发包人承担,相应顺延工期。

(3)隐蔽工程和中间验收

工程具备隐蔽条件或达到专用条款约定的中间验收部位,承包人进行自检,并在隐蔽或中间验收前48 h内以书面形式通知工程师验收。承包人准备验收记录,验收合格,工程师在验收记录上签字后,承包人方可进行隐蔽和继续施工。验收不合格,承包人在工程师限定的时间内修改后重新验收。

(4)重新检验

无论工程师是否进行验收,当其提出对已隐蔽的工程重新检验的要求时,承包人应按要求进行剥离或开孔,并在检验后重新覆盖或修复。检验合格,发包人承担由此发生的全部追加合同价款,赔偿承包人损失,并相应顺延工期。检验不合格,承包人承担发生的全部费用,工期不予顺延。

(5)工程试车

双方约定需要试车的,应当组织试车。试车有单机无负荷试车、联动无负荷试车和投料试车。

①单机无负荷试车

设备安装工程具备单机无负荷试车条件,由承包人组织试车,并在试车前48 h以书面形式通知工程师。

②联动无负荷试车

设备安装工程具备联动无负荷试车条件,发包人组织试车,并在试车前48 h以书面形式通知承包人。

③投料试车

投料试车应在工程竣工验收后由发包人负责。

(6)竣工验收

工程未经竣工验收或竣工验收未通过的,发包人不得使用。发包人强行使用时,由此发生的质量问题及其他问题,由发包人承担责任。

(7)质量保修

承包人应按照法律、行政法规或国家关于工程质量保修的有关规定,以及合同中有关质量保修要求,对交付发包人使用的工程在质量保修期内承担质量保修责任。承包人应在工程竣工验收之前,与发包人签订质量保修书,作为合同附件,主要内容包括工程质量保修范围和内容、质量保修期、质量保修责任和质量保修金的支付方法等。

（8）材料设备供应

①发包人供应的材料设备

发包人应按合同约定提供材料设备,并向承包人提供产品合格证明,对其质量负责。发包人在所供材料设备到货前 24 h 内以书面形式通知承包人,由承包人派人与发包人共同清点。

发包人供应的材料设备,承包人派人参加清点后由承包人妥善保管,发包人支付相应保管费用。因承包人的原因发生丢失损坏的,由承包人负责赔偿。

发包人供应的材料设备使用前,由承包人负责检验或试验,不合格的不得使用,检验或试验费用由发包人承担。

②承包人采购的材料设备

承包人负责采购材料设备的,应按照专用条款约定及设计和有关标准要求采购,并提供产品合格证明,对材料设备质量负责。

承包人供应的材料设备使用前,承包人应按照工程师的要求进行检验或试验,不合格的不得使用,检验或试验费用由承包人承担。

根据工程需要,承包人需要使用代用材料时应经工程师认可后才能使用。

9）费用控制的主要条款内容

（1）施工合同价款

施工合同价款的约定可采用固定总价、可调总价、固定单价、可调单价以及成本加酬金合同等方式。

（2）工程预付款

实行工程预付款的,双方应当在专用条款内约定发包人向承包人预付工程款的时间和数额,开工后按约定的时间和比例逐次扣回。

（3）工程进度款

工程量的确认,包括对承包人已完工程量进行计量、核实与确认,是发包人支付工程款的前提。

工程款（进度款）结算可采用按月结算、按形象进度分段结算或者竣工后一次性结算等方式。

（4）变更价款的确定

承包人在工程变更确定后 14 天内提出变更工程价款的报告,经工程师确认后调整合同价款。

（5）竣工结算

工程竣工验收报告经发包人认可后 28 天内,承包人向发包人递交竣工结算报告及完整的结算资料,双方按照协议书约定的合同价款及专用条款约定的合同价款调整内容进行竣工结算。发包人收到承包人递交的竣工结算报告及结算资料后 28 天内进行核实,给予确认或者提出修改意见。发包人确认竣工结算报告后向承包人支付工程竣工结算价款。

（6）质量保修金

保修期满,承包人履行了保修义务,发包人应在质量保修期满后 14 天内结算,将剩余保修金和按工程质量保修书约定银行利率计算的利息一起返还承包人。

4.专业工程分包合同的主要内容

专业工程分包,是指施工总承包单位将其所承包工程中的专业工程发包给具有相应资质的其他建筑业企业完成的活动。

《建设工程施工专业分包合同(示范文本)》与《建设工程施工合同(示范文本)》在合同条款的内容和结构上是非常接近的,所不同的主要是原来应由施工总承包单位(合同中仍称为承包人)承担的权利、责任和义务依据分包合同部分地转移给了分包人,但对发包人来讲,不能解除施工总承包单位(承包人)的义务和责任。

1)专业工程承包单位的资质

2001 年 7 月 1 日起施行的、由建设部颁布的《建筑业企业资质管理规定》,规定了专业承包序列企业的资质设 2~3 个等级,60 个资质类别。2020 年 11 月,住建部印发《建设工程企业资质管理制度改革方案》,将 36 类专业承包资质整合为 18 类,专业承包资质减为甲、乙两级。

2)专业工程分包合同的主要内容

专业工程分包合同示范文本的结构和主要条款、内容与施工承包合同相似,包括词语定义与解释,双方的一般权利和义务,分包工程的施工进度控制、质量控制、费用控制,分包合同的监督与管理,信息管理,组织与协调,施工安全管理与风险管理,等等。

分包合同内容的特点是既要保持与主合同条件中相关分包工程部分的规定的一致性,又要区分负责实施分包工程的当事人变更后的两个合同之间的差异。分包合同所采用的语言文字和适用的法律、行政法规及工程建设标准一般应与主合同相同。

3)专业工程承包人(总承包单位)的主要责任和义务

(1)工程承包人对分包人的责任

工程承包人(总承包单位)应将总承包合同供分包人查阅。分包人应全面了解总包合同的各项规定(有关承包工程的价格内容除外)。

(2)工程承包人的义务

项目经理应按分包合同的约定,及时向分包人提供所需的指令、批准、图纸并履行其他约定的义务,否则分包人应在约定时间后 24 h 内将具体要求、需要的理由及延误的后果通知承包人,项目经理在收到通知后 48 h 内不予答复,应承担因延误造成的损失。

(3)承包人的工作

①向分包人提供与分包工程相关的各种证件、批件和各种相关资料,向分包人提供具备施工条件的施工场地。组织分包人参加发包人组织的图纸会审,向分包人进行设计图纸交底。

②提供本合同专用条款中约定的设备和设施,并承担因此产生的费用,随时为分包人提供确保分包工程的施工所要求的施工场地和通道等,满足施工运输的需要,保证施工期间的畅通。

③负责整个施工场地的管理工作,协调分包人与同一施工场地的其他分包人之间的交叉配合,确保分包人按照经批准的施工组织设计进行施工。

4)专业工程分包人的主要责任和义务

(1)分包人对有关分包工程的责任

除本合同条款另有约定,分包人应履行并承担总包合同中与分包工程有关的承包人的所有义务与责任,同时应避免因分包人自身行为或疏漏造成承包人违反总包合同中约定的承包人义务的情况发生。

(2)分包人与发包人的关系

分包人须服从承包人转发的发包人或工程师与分包工程有关的指令。未经承包人允许,分包人不得以任何理由与发包人或工程师发生直接工作联系,分包人不得直接致函发包人或工程师,也不得直接接受发包人或工程师的指令。如分包人与发包人或工程师发生直接工作联系,将被视为违约,并承担违约责任。

(3)承包人指令

就分包工程范围内的有关工作,承包人随时可以向分包人发出指令,分包人应执行承包人根据分包合同所发出的所有指令。分包人拒不执行指令,承包人可委托其他施工单位完成该指令事项,产生的费用从应付给分包人的相应款项中扣除。

(4)分包人的工作

按照分包合同的约定,对分包工程进行施工、竣工交付验收和保修。

①在合同约定的时间内,向承包人提供年、季、月度工程进度计划及相应进度统计报表。

②在合同约定的时间内,向承包人提交详细施工组织设计,承包人应在专用条款约定的时间内批准,分包人方可执行。

③遵守政府有关主管部门对施工场地交通、施工噪声以及环境保护和安全文明生产等的管理规定,按规定办理有关手续,并以书面形式通知承包人,承包人承担由此产生的费用,因分包人责任造成的罚款除外。

④分包人应允许承包人、发包人、工程师及其三方中任何一方授权的人员在工作时间内,合理进入分包工程施工场地或材料存放地点,以及施工场地以外与分包合同有关的分包人的任何工作或准备的地点,分包人应提供方便。

⑤已竣工工程未交付承包人之前,分包人应负责已完分包工程的成品保护工作,保护期间发生损坏,分包人自费予以修复;承包人要求分包人采取特殊措施保护的工程部位和相应的追加合同价款,双方在合同专用条款内约定。

5)合同价款及支付

(1)分包工程合同价款

分包工程合同价款可采用以下3种中的一种方式(应与总包合同约定的方式一致):

①固定价格。在约定的风险范围内合同价款不再调整。

②可调价格。合同价款可根据双方的约定而调整,应在专用条款内约定合同价款调整方法。

③成本加酬金。合同价款包括成本和酬金两部分,双方在合同专用条款内约定成本构成和酬金的计算方法。

(2)分包工程合同价款与总包合同的关系

分包合同价款与总包合同相应部分价款无任何连带关系。

(3)合同价款的支付

实行工程预付款的,双方应在合同专用条款内约定承包人向分包人预付工程款的时间和数额,开工后按约定的时间和比例逐次扣回。

承包人应按专用条款约定的时间和方式,向分包人支付工程款(进度款),按约定时间承包人应扣回的预付款,与工程款(进度款)同期结算。

分包合同约定的工程变更调整的合同价款、合同价款的调整、索赔的价款或费用以及其他约定的追加合同价款,应与工程进度款同期调整支付。

承包人超过约定的支付时间不支付工程款(预付款、进度款),分包人可向承包人发出要求付款的通知,承包人不按分包合同约定支付工程款(预付款、进度款)导致施工无法进行,分包人可停止施工,由承包人承担违约责任。

承包人应在收到分包工程竣工结算报告及结算资料后 28 天内支付工程竣工结算价款,在发包人不拖延工程价款的情况下无正当理由不按时支付,从第 29 天起按分包人同期向银行贷款利率支付拖欠工程价款的利息,并承担违约责任。

6) 禁止转包或再分包

①分包人不得将其承包的分包工程转包给他人,也不得将其承包的分包工程的全部或部分再分包给他人,否则将被视为违约,并承担违约责任。

②分包人经承包人同意可以将劳务作业再分包给具有相应劳务分包资质的劳务分包企业。

③分包人应对再分包的劳务作业的质量等相关事宜进行督促和检查,并承担相关连带责任。

5.劳务分包合同的主要内容

劳务作业分包是指施工承包单位或者专业分包单位(均可作为劳务作业的发包人)将其承包工程中的劳务作业发包给劳务分包单位(即劳务作业承包人)完成的活动。

1) 劳务分包单位的资质

根据《建筑业企业资质管理规定》等有关规定,劳务分包序列企业资质设 1~2 个等级,13 个资质类别。如同时发生多类作业可划分为结构劳务作业、装修劳务作业、综合劳务作业等。

2) 劳务分包合同的重要条款

劳务分包合同不同于专业分包合同,《建设工程施工劳务分包合同(示范文本)》的重要条款如下:

①劳务分包人资质情况。

②劳务分包工作对象及提供劳务内容。

③分包工作期限。

④质量标准。

⑤工程承包人义务。

⑥劳务分包人义务。

⑦保险。

⑧劳务报酬及支付。

⑨工时及工程量的确认。

⑩施工配合。

⑪禁止转包或再分包等。

3) 承包人的主要义务

对劳务分包合同条款中规定的承包人的主要义务归纳如下:

组建与工程相适应的项目管理班子,全面履行总(分)包合同,组织实施项目管理的各项工作,对工程的工期和质量向发包人负责。

完成劳务分包人施工前期的下列工作:

①向劳务分包人交付具备本合同项下劳务作业开工条件的施工场地。

②满足劳务作业所需的能源供应、通信及施工道路畅通。

③向劳务分包人提供相应的工程资料。

④向劳务分包人提供生产、生活临时设施。

⑤负责编制施工组织设计,统一制订各项管理目标,组织编制年、季、月施工计划、物资需用量计划表,实施对工程质量、工期、安全生产、文明施工、计量检测、实验化验的控制、监督、检查和验收。

⑥负责工程测量定位、沉降观测、技术交底,组织图纸会审,统一安排技术档案资料的收集整理及交工验收。

⑦按时提供图纸,及时提交材料、设备,所提供的施工机械设备、周转材料、安全设施保证施工需要。

⑧按合同约定,向劳务分包人支付劳动报酬。

⑨负责与发包人、监理、设计及有关部门联系,协调现场工作关系。

4)劳务分包人的主要义务

对劳务分包合同条款中规定的劳务分包人的主要义务归纳如下:

①对劳务分包范围内的工程质量向承包人负责,组织具有相应资格证书的熟练工人投入工作;未经承包人授权或允许,不得擅自与发包人及有关部门建立工作联系;自觉遵守法律法规及有关规章制度。

②严格按照设计图纸、施工验收规范、有关技术要求及施工组织设计精心组织施工,确保工程质量达到约定的标准。

③科学安排作业计划,投入足够的人力、物力,保证工期。

④加强安全教育,认真执行安全技术规范,严格遵守安全制度,落实安全措施,确保施工安全。

⑤加强现场管理,严格执行建设主管部门及环保、消防、环卫等有关部门对施工现场的管理规定,做到文明施工。

⑥承担由于自身责任造成的质量修改、返工、工期拖延、安全事故、现场脏乱造成的损失及各种罚款。

⑦自觉接受承包人及有关部门的管理、监督和检查;接受承包人随时检查其设备、材料保管、使用情况及其操作人员的有效证件、持证上岗情况;与现场其他单位协调配合,照顾全局。

⑧劳务分包人须服从承包人转发的发包人及工程师的指令。

⑨除非合同另有约定,劳务分包人应对其作业内容的实施、完工负责,劳务分包人应承担并履行总(分)包合同约定的、与劳务作业有关的所有义务及工程。

5)保险

①劳务分包人施工开始前,承包人应获得发包人为施工场地内的自有人员及第三人人员生

命财产办理的保险,且不需劳务分包人支付保险费用。

②运至施工场地用于劳务施工的材料和待安装设备,由承包人办理或获得保险,且不需劳务分包人支付保险费用。

③承包人必须为租赁或提供给劳务分包人使用的施工机械设备办理保险,并支付保险费用。

④劳务分包人必须为从事危险作业的职工办理意外伤害保险,并为施工场地内自有人员生命财产和施工机械设备办理保险,支付保险费用。

⑤保险事故发生时,劳务分包人和承包人有责任采取必要的措施,防止或减少损失。

6)劳务报酬

(1)劳务报酬可采用以下方式中的任何一种

①固定劳务报酬(含管理费)。

②约定不同工种劳务的计时单价(含管理费),按确认的工时计算。

③约定不同工作成果的计件单价(含管理费),按确认的工程量计算。

(2)劳务报酬可采用固定价格或变动价格

采用固定价格,则除合同约定或法律政策变化导致劳务价格变化以外,均为一次包死,不再调整。

(3)固定劳务报酬或单价的调整

在合同中可以约定,下列情况下,固定劳务报酬或单价可以调整:

①以本合同约定价格为基准,市场人工价格的变化幅度超过一定百分比时,按变化前后价格的差额予以调整。

②后续法律及政策变化,导致劳务价格变化的,按变化前后价格的差额予以调整。

③双方约定的其他情形。

7)工时及工程量的确认

①采用固定劳务报酬方式的,施工过程中不计算工时和工程量。

②采用按确定的工时计算劳务报酬的,由劳务分包人每日将提供劳务人数报承包人,由承包人确认。

③采用按确认的工程量计算劳务报酬的,由劳务分包人按月(或旬、日)将完成的工程量报承包人,由承包人确认。对劳务分包人未经承包人认可,超出设计图纸范围和因劳务分包人原因造成返工的工程量,承包人不予计量。

8)劳务报酬最终支付

①全部工作完成,经承包人认可后14天内,劳务分包人向承包人递交完整的结算资料,双方按照本合同约定的计价方式,进行劳务报酬的最终支付。

②承包人收到劳务分包人递交的结算资料后14天内进行核实,给予确认或者提出修改意见。承包人确认结算资料后14天内向劳务分包人支付劳务报酬尾款。

③劳务分包人和承包人对劳务报酬结算价款发生争议时,按合同约定处理。

9)禁止转包或再分包

劳务分包人不得将合同项下的劳务作业转包或再分包给他人。

合同典型事件处理程序

（1）进度款支付程序

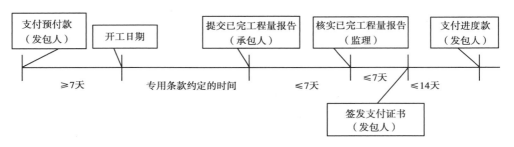

图 3.1　进度款支付程序图

（2）竣工验收与结算程序

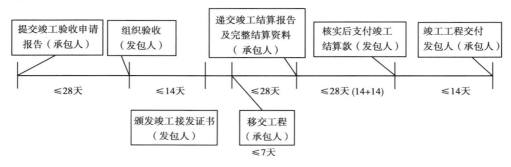

图 3.2　竣工验收与结算程序

（3）最终结清

承包人提交最终结清申请→发包人 14 天之内颁发最终结清证书→发包人 7 天之内完成支付。

【思考练习】

1.建设工程施工合同的管理内容有哪些？

2.试述《建设工程施工合同（示范文本）》的组成内容及施工合同文件的组成。

3.建设工程施工合同对工程质量、进度、投资控制作了哪些方面的规定？

4.劳务分包合同中的劳务报酬的计算方式和支付程序有哪些？

【延伸阅读】

《建设工程施工合同（示范文本）》（GF—2017—0201）。

《建设工程施工
合同(示范文本)》

违法"阴阳"
合同警示案例

技能训练任务 3.7　工程变更

【教学目标及学习要点】

能力目标	知识目标	学习要点
1.能够对施工合同变更责任进行分析 2.能处理常见的工程变更	1.常见的工程变更类型 2.施工合同的变更 3.合同变更应满足的条件 4.工程变更的处理方式及程序	1.施工合同变更责任分析 2.工程变更的处理方式及程序

【任务情景 3.7】

2016 年 1 月 5 日,某地出入境检验检疫局(本案被告,以下简称"被告")以工程量清单计价方式,经过公开招标投标与某建筑工程公司(本案原告,以下简称"原告")签订了《某商检大厦建设工程施工合同》。合同约定:承包范围为商检大厦及裙房,建筑面积为 31 200 m²,工程造价暂估 2 818 万元,开竣工时间为 2016 年 1 月 10 日和 12 月 31 日。

在合同履行过程中,由于被告对建筑工程不太熟悉,前期策划不够充分,因此在施工过程中,工程变更比较多。同时,由于被告现场管理人员力量薄弱、管理能力有限等原因,被告对工程变更通知并非都是书面形式发出,对原告提出的变更工程价款的要求,也并非都明确答复。

2017 年 1 月 30 日,本工程通过了竣工验收,于是,原告在规定的时间内向被告提交了竣工结算报告,原被告对原设计图纸部分计价没有很大的矛盾,但是对原告提出高达 350 万元的工程变更部分的工程价款双方矛盾很大。被告认为,一部分工程变更没有签证,所以不予确认;一部分工程变更虽有签证,但价格没有确定,应按原告工程量清单中相似的价格确定。而原告认为,只要被告要求或同意自己施工的,均应计价;对只确定工程变更而未确认计价标准的工程签证,其计价应按当地定额计价。

由于双方对原告提出 350 万元的工程变更部分,能达成一致的只有 100 万左右,因此,2017 年 7 月 20 日,原告向有管辖权的人民法院提起诉讼,要求被告支付由于工程变更所增加的工程款 350 万元。

工作任务:

本案的争议焦点主要是关于工程变更的量的确认和变更工程价款的计价问题。具体可分为以下几点:

1.如果没有签证来证明工程发生变更,但有其他证据证明发包人要求承包人施工的,该部分工程变更是否可确认以及如何确认?

2.假设上述第一问题的答案是可以确认并以其他证据来确定其工程量的,那么其计价如何确定?

3.如果工程签证只有工程变更的工程量的确认而没有具体计价的确定,法律如何规定这种情形下的计价原则?

【知识讲解】

1.工程变更的概念

变更是有决策权的一方根据需要,向接受方提出的改变合同项下某项工作的要求。其特征如下:

①接受方必须无条件执行。

②事前发出。

③按工作程序办事。

2.常见的工程变更

常见的工程变更可分为两大类,每类中又有若干小类,具体归纳如下:

（1）工程范围变更

额外工程,附加工程,工程某个部分的删减,配套的公用设施,道路连接和场地平整的执行方与范围、内容等的改变。

（2）工程量变更

工程量增加,技术条件(如工程设计、地质情况、基础数据、工程标高、基线、尺寸等)改变,质量要求(含技术标准、规范或施工技术规程)改变,施工顺序的改变,设备和材料供货范围、地点、标准的改变,服务(如开车、培训)范围和内容的改变,加快或减缓进度。

3.工程变更的处理方式及程序

1)处理变更的方式

变更的正式书面文件,只能由有权方发出,接受方可立即应对,或者在澄清、核实后按指令行事。变更令通常附有图纸等技术文件,并在工作开始前发出。

2)工程变更的程序

（1）工程范围变更的程序

工程范围变更的实质是对合同范围的变更,因此在程序上需要合同双方的认定。

（2）工程量变更的程序

工程量变更是有权方依据合同所赋予的权利,对合同范围内的工作进行调整或调节的安排,能够发出变更令(或联络签)的有权人,依合同规定可以是业主的项目主管或者是聘请的独立工程师。

（3）工程变更的工作程序

依据《FIDIC》1999年第一版施工合同条件的规定,工程变更的工作程序如下:

①发出变更指示前要求承包商提出一份建议书,承包商应尽快作出书面回应。

②承包商对工程师(FIDIC条款中所称工程师是指业主任命为执行合同而担任工程师职称的人)提出的变更处理持有异议时,可通知工程师。工程师经与业主和承包商协商之后以书面方式答复承包商。

③承包商收到工程师发出的变更指示后一定时间(一般为28天)内,应向工程师提交一份

变更报价书。

④工程师应在收到承包商变更报价书后的一定时间(一般为 28 天)内,经与业主和承包商协商,并对变更报价书进行审核后,作出变更决定,通知承包商,并呈报业主。未提出异议,则应按此决定执行。

⑤业主和承包商未能就工程师的变更决定取得一致意见时,工程师的决定为暂时决定,承包商也应遵照执行,并将问题提请争端裁决委员会解决。

⑥当发生紧急事件时,在不解除合同规定的承包商的任何义务和责任的情况下,工程师向承包商发出变更指示,可要求立即进行变更工作,承包商应立即执行。

4.变更工作应注意的问题

①合同变更遵循的原则应首先以有利于整个合同工程的完成为前提,要有充分和正当的理由,并应与业主和承包商进行充分协商,其中重要的是取得业主的同意,并取得授权。

②在合同实施过程中任何工程设计变更,均改变了承包商在投标时的投标报价的条件。因此,工程设计的任何变更都可能引起合同费用和工期的改变。须经工程师论证工程设计变更在技术上的可行性和经济上的合理性,并审核后交承包商实施。

③属于初步设计范围内的设计变更,应经原审批部门的批准,然后设计单位在业主或授权工程师主持之下,依据审批部门的修改原则进行设计变更。设计完毕后,工程师代表业主依据审批部门的修改原则进行审核,然后报送业主,并抄送承包商实施。

④在合同变更的程序中始终是通过工程师来协调合同双方对合同变更的意见。

5.施工合同的变更

合同的变更有广义和狭义之分。广义的合同变更,包括合同内容的变更与合同当事人,即主体的变更,狭义的合同变更,仅指合同内容的变更。合同主体的变更在《民法典》中称为合同的转让,因此在《民法典》中的合同变更仅指合同内容的变更。这里所说的施工合同的变更,指的是狭义的合同变更,即合同内容的变更。

1)施工合同变更产生的原因

合同内容频繁变更是施工合同的特点之一。一个较为复杂的工程合同,实施中的变更可能有几百项。合同变更一般主要有以下 6 个方面的原因:

①业主的原因。如业主新的要求、业主的指令错误、业主资金短缺、倒闭、合同转让等。

②勘察设计的原因。如工程条件不准确,设计的错误等。

③承包商的原因。如合同执行错误、质量缺陷、工期延误等。

④监理工程师的原因。如错误的指令等。

⑤合同的原因。如合同文件问题,必须调整合同目标,或修改合同条款等。

⑥其他方面的原因。如工程环境的变化、环境保护的要求、城市规划变动、不可抗力影响等。

2)施工合同变更的内容和方式

施工合同变更的内容主要是工程变更,通常包括以下 7 个方面:

①工程量的增减。

②质量及特性的变化。

③工程标高、基线尺寸等变更。

④施工顺序的改变。

⑤永久工程的删减。

⑥附加工作。

⑦设备、材料和服务的变更等。

在项目实施的过程中,业主(或监理工程师)可通过发布指令或要求承包商提交建议书的方式提出变更。业主提出变更后,承包商应遵守并执行每项变更,并作出书面回应,提交下列资料:

①对建议的设计和要完成的工作的说明,以及实施的进度计划。

②根据原进度计划和竣工时间的要求,承包商对进度计划作出必要修改的建议书。

③承包商对调整合同价格的建议书。

如果承包商认为业主提出的变更不合理或难以遵照执行,也应作出书面回应,及时向业主(或监理工程师)发出通知,说明不能执行的理由。不能执行变更的理由一般有下面几个方面:

①承包商难以取得变更所需要的货物。

②变更将降低工程的安全性或适用性。

③将对履约保证的完成产生不利的影响。

业主(或监理工程师)接到承包商不能执行变更的通知,应取消、确认或改变原指示。

另外,承包商也可随时向业主提交书面建议,提出他认为采纳后将产生类似以下良好作用的建议:

①能加快竣工。

②能降低业主的工程施工、维护或运行费用。

③能提高业主的竣工工程的效率或价值,或给业主带来其他利益的建议。

业主(或监理工程师)收到此类建议书后,应尽快给予批准、不批准或提出意见的回复。在等待答复期间,承包商应继续按原计划施工,不应延误任何工作。

由于业主通常是委托监理工程师代替自己行使各种权利,因此通常施工合同变更的决策权在现场监理工程师手中,应由他审查各方提出的变更要求,并向承包商提出合同变更指令。承包商可根据授权和施工合同的约定,及时向监理工程师提出合同变更申请,监理工程师进行审查,并将审查结果通知承包商。

3)施工合同变更的责任分析

施工合同变更更多的是工程变更,它在工程索赔中所占的份额最大。工程变更的责任分析是确定相应价款变更或赔偿的重要依据。

(1)设计变更

设计变更主要是指项目计划、设计的深度不够,项目投资设计失误,新技术、新材料和新规范的出台、设计错误、施工方案错误或疏忽。设计变更实质是对设计图纸进行补充、修改。设计变更往往会引起工程量的增减、工程分项的新增或删除、工程质量和进度的变化、实施方案的变化。

对由于业主要求、政府城建、环保部门的要求、环境的变化、不可抗力、原设计错误等原因导致的设计变更,应由业主承担责任。涉及费用增加或工期推延的,业主应予以补偿并批准延期。而由于承包商施工过程、施工方案出现错误、疏忽而导致设计变更,必须由承包商自行负责。

（2）施工方案变更

①承包商承担由于自身原因修改施工方案的责任。

②重大的设计变更常常会导致施工方案的变更。如果设计变更由业主承担责任,则相应的施工方案的变更也由业主负责;反之,则由承包商负责。

③对不利的异常地质条件引起的施工方案的变更,一般应由业主承担。在工程中承包商采用或修改实施方案都要经业主(或监理工程师)的批准。

4）施工合同价款的变更

合同变更后,当事人应当按照变更后的合同履行。根据《民法典》规定,合同的变更仅对变更后未履行的部分有效,而对已履行的部分无溯及力。因合同的变更使当事人一方受到经济损失的,受损一方可向另一方当事人要求损失赔偿。在施工合同的变更中,主要表现为合同价款的调整,通常合同价款的调整按下列方法处理:

①合同中已有适用于变更工程的价格,按该价格变更合同价款。

②合同中只有类似于变更工程的价格,可按照类似价格变更合同价款。

③除上述两种情况以外的,由承包商提出适当的变更价格,经监理工程师确认后执行,与工程款同期支付。

由承包商自身责任导致的工程变更,承包商无权要求追加合同价款。

【思考练习】

1.常见工程变更有哪些类型?

2.简述施工合同变更责任分析。

3.试述工程变更的处理方式及程序。

4.当事人变更合同应注意哪些问题?

【延伸阅读】

1.《建设工程施工合同(示范文本)》(GF—2017—0201)。

2.《中华人民共和国民法典》。

技能训练任务 3.8　合同索赔

【教学目标及学习要点】

能力目标	知识目标	学习要点
1.能运用本任务知识正确分析相关案例 2.能够基本编制索赔意向书、索赔报告	1.了解工程索赔的概念、产生的原因和分类 2.熟悉工程索赔的程序 3.掌握工程索赔成立与否的判定及计算	1.索赔的概念、产生的原因和分类 2.工程索赔的程序和索赔意向书 3.工程索赔成立与否以及费用和工期的计算

【任务情景 3.8】

某建设单位和施工单位签订了施工合同,合同中约定:建筑材料由建设单位提供;由于非施工单位原因造成的工程停工,机械补偿费为 200 元/台班,人工补偿费为 50 元/工日;总工期为 120 天;竣工时间提前的奖励为 3 000 元/天,误期损失赔偿费为 5 000 元/天。

施工过程中发生如下事件:

事件 1:工程进行中,建设单位要求施工单位对某一构件做破坏性试验,以验证设计参数的正确性。该试验需修建两间临时试验用房,施工单位提出建设单位应支付该项费用和试验用房修建费用。建设单位认为,该试验费属建筑安装工程检验试验费,试验用房修建费属建筑安装工程措施费中的临时设施费,该两项费用已包含在施工合同价中。

事件 2:建设单位提供的建筑材料经施工单位清点入库,在专业监理工程师的见证下进行了检验,检验结果合格。其后,施工单位提出,建设单位应支付建筑材料的保管费和检验费,由于建筑材料需要进行二次搬运,建设单位还应支付该批材料的二次搬运费。

事件 3:①由于建设单位要求对 B 工作的施工图纸进行修改,致使 B 工作停工 3 天(每停一天影响 30 工日,10 台班);②由于机械租赁单位调度的原因,施工机械未能按时进场,使 C 工作的施工暂停 5 天(每停一天影响 40 工日,10 台班);③由于建设单位负责供应的材料未能按计划到场,E 工作停工 6 天(每停一天影响 20 工日,5 台班)。

施工单位就上述 3 种情况按正常的程序向项目监理机构提出了延长工期和补偿停工损失的要求。

事件 4:在工程竣工验收时,为了鉴定某个关键构件质量,总监理工程师建议采用试验方法进行检验,施工单位要求建设单位承担该项试验的费用。

事件 5:工程按期进行安装调试阶段后,由于雷电引发了一场火灾。火灾结束 48 h 内,G 施工单位向项目监理机构通报了火灾损失情况:

(1)工程本身损失 150 万元。

(2)总价值 100 万元的待安装设备彻底报废。

(3)G 施工单位人员烧伤所需医疗费及补偿费预计 15 万元。

(4)租赁的施工设备损坏赔偿 10 万元。

(5)其他单位停放现场的一辆价值 25 万元的汽车被烧毁。

(6)大火扑灭后 G 施工单位停工 5 天,造成机械闲置损失 2 万元。

(7)必要的管理保卫人员费用支出 1 万元。

(8)预计工程所需清理、修复费用 200 万元。

工作任务:

1.事件 1 中建设单位的说法是否正确? 为什么?

2.逐项回答事件 2 中施工单位的要求是否合理,说明理由。

3.逐项说明事件 3 中索赔如何处理?

4.事件 4 的试验费应由谁承担?

5.分析施工单位应该获得工期提前奖励,还是应支付延期损失赔偿费? 金额是多少?

6.事件 5 发生的各项费用应如何分担?

【知识讲解】

1.索赔的概念

建设工程索赔通常是指在工程合同履行过程中,合同当事人一方因对方不履行或未能正确履行合同或者由于其他非自身因素而受到经济损失或权利损害,通过合同规定的程序向对方提出经济或时间补偿要求的行为。

在建设工程施工承包合同执行过程中,业主可向承包商提出索赔要求,承包商也可向业主提出索赔要求,也就是说合同的双方都可以向对方提出索赔要求。

针对以上所述,对索赔的定义有以下 3 点说明:

①索赔是双向的。合同当事人一方都可向对方提出索赔。

②索赔是实际损失型的。只有实际发生了经济损失或权利损害的一方才能向另一方索赔。

③索赔是未经确认的。索赔是一种未经确认的单方行为。

索赔有以下两个特征:

①有经济损失或权利损害。

②索赔是单方面的行为,提出索赔要求,对方尚未形成约束力要通过确认。

2.工程索赔产生的原因

工程索赔产生的原因如表 3.2 所示。

表 3.2　工程索赔产生的原因

原　因	释　义
当事人违约	常常表现为没有按照合同约定履行自己的义务。工程师未能按照合同约定完成工作,如未能及时发出图纸、指令等也视为发包人违约
不可抗力事件	可分为自然事件和社会事件。自然事件主要是不利的自然条件和客观障碍,如在施工过程中遇到了经现场调查无法发现、业主提供的资料中也未提到的、无法预料的情况,如地下水、地质断层等。社会事件则包括国家政策、法律、法令的变更、战争、罢工等
合同缺陷	表现为合同文件规定不严谨甚至矛盾、合同中的遗漏或错误。在这种情况下,工程师应当给予解释,如果这种解释将导致成本增加或工期延长,发包人应当给予补偿
合同变更	表现为设计变更、施工方法变更、追加或者取消某项工作、合同其他规定的变更等
工程师指令	工程师指令承包人加速施工、进行某项工作、更换某些材料、采取某些措施等
其他第三方原因	通常表现为与工程有关的第三方的问题而引起的对本工程的不利影响

3.索赔的分类

(1)按索赔主体分类

①承包商与业主间的索赔。这类索赔大多是有关工程量计算、工程变更、工期、质量和价格方面的争议,当然也有终止合同等其他违约行为的索赔。

②承包商与分包商间的索赔。若在承包合同中,既存在总承包又存在分包合同,就会涉及总包商与分包商之间的索赔。这种索赔一般情况下体现为分包商向总承包商索要付款和赔偿;总承包商对分包商罚款或者扣留支付款等。

③承包商与供应商间的索赔。这种索赔多体现在商品买卖方面。如商品的质量不符合技术要求、商品数量上的短缺、迟延交货、运输损坏等。

④承包商向保险公司要求的索赔。这类索赔大多是承包商受到灾害、事故或损失,依照保险合同向其投保的保险公司索赔。

（2）按索赔目的分类

①工期索赔。由于非承包商责任的原因导致施工进程延误,要求批准顺延合同工期的索赔,称为工期索赔。工期索赔形式上是对权利的要求,以避免在原定合同竣工日不能完工时,被发包人追究延期违约责任。一旦获得批准合同工期顺延后,承包人不仅免除了承担延期违约赔偿的风险,还可能因提前完工得到奖励。

②费用索赔。费用索赔的目的是要得到经济补偿。当施工的客观条件发生变化导致承包商增加开支,承包商对超出计划成本的附加开支要求给予补偿,以挽回不应由他承担的经济损失就属于费用索赔。

（3）按索赔事件的性质分类

①工期延误索赔。因发包人未按合同要求提供施工条件,如未及时交付设计图纸、施工现场、道路等,或因发包人指令工程暂停或不可抗力事件造成工期拖延的,承包人提出的索赔。

②工程变更索赔。由于发包人或者监理工程师指令增加或减少工程量或附加工程、修改设计、变更工程顺序等,造成工期延长和费用增加,承包人对此提出的索赔。

③合同终止的索赔。由于发包人或承包人违约以及不可抗力事件等原因造成合同非正常终止,无责任的受害方因其蒙受经济损失而向对方提出的索赔。

④加快工程索赔。由于发包人或工程师指令承包人加快施工速度,缩短工期,引起承包人人、财、物额外开支而提出的索赔。

⑤意外风险和不可预见因素索赔。在工程实施过程中,因人力不可抗拒的自然灾害、特殊风险以及一个有经验的承包商通常不能合理地预见不利施工条件或外界障碍,如地下水、地质断层、溶洞、地下障碍等引起的索赔。

⑥其他索赔。因货币贬值、汇率变化、物价、工资上涨、政策法令变化等原因引起的索赔。

（4）按索赔合同依据分类

①合同中的明示索赔。合同中明示的索赔是指承包人所提出的索赔要求,在该工程项目的合同文件有文字依据,承包人可据此提出索赔要求,并取得经济补偿。在这些合同文件中有文字规定的合同条款,称为明示条款。

②合同中的默示索赔。合同中默示的索赔,即承包人的该项索赔要求,虽然在工程项目的合同条款中没有专门的文字叙述,但可根据该合同的某些条款的含义,推论出承包人有索赔权。这种经济补偿含义的条款,在合同管理工作中被称为"默示条款"或称"隐含条款"。

（5）按索赔处理的方式分类

①单项索赔。单项索赔是针对某一干扰事件提出的,在影响原合同正常运行的干扰事件发生时或者发生后,由于合同管理人员及时处理,并在合同规定的索赔有效期内向业主或监理工

程师提交索赔要求和索赔报告。

②综合索赔。综合索赔又称一揽子索赔,一般在工程竣工前和工程移交前,承包商将工程实施过程中因各种原因未能及时解决的单项索赔集中起来进行综合分析考虑,提出一份综合报告,由合同双方在工程交付前后进行最终谈判,以一揽子方案解决索赔问题。由于在一揽子索赔中许多干扰事件交织在一起,影响因素比较复杂而且相互交叉,责任分析和索赔值计算都很困难,索赔涉及的金额往往又很大,双方都不愿意或不容易作出让步,使索赔的谈判和处理都很困难。因此,综合索赔的成功率比单项索赔要低得多。

4.索赔的依据

索赔的成功与否很大程度上取决于承包商对索赔作出的解释和强有力的证明材料。因此,承包商在提出索赔报告之前的资料准备工作尤为重要。

索赔一般的依据如下:

(1)构成合同的原始文件

构成合同的原始文件有招投标文件、施工合同文本及附件、工程图纸、技术规范等,这些都是索赔的主要依据。

(2)订立合同所依据的法律法规

订立合同所依据的《中华人民共和国民法典》等一系列法律法规。

(3)相关证据

常见的工程索赔证据有以下多种类型:

①各种合同文件。

②工程各种往来函件、通知、答复等。

③各种会谈纪要。

④经过发包人或者工程师批准的承包人的施工进度计划、施工方案、施工组织设计和现场实施情况记录。

⑤工程各项会议纪要。

⑥气象报告和资料,如有关温度、风力、雨雪的资料。

⑦施工现场记录。

⑧工程有关照片和录像等。

⑨施工日记、备忘录等。

⑩发包人或者工程师签认的签证。

⑪发包人或者工程师发布的各种书面指令和确认书,以及承包人的要求、请求、通知书等。

⑫工程中的各种检查验收报告和各种技术鉴定报告。

⑬工地的交接记录(应注明交接日期,场地平整情况,水、电、路情况等),图纸和各种资料交接记录。

⑭建筑材料和设备的采购、订货、运输、进场,使用方面的记录、凭证和报表等。

⑮市场行情资料,包括市场价格、官方的物价指数、工资指数、中央银行的外汇比率等公布材料。

⑯投标前发包人提供的参考资料和现场资料。

⑰工程结算资料、财务报告、财务凭证等。

⑱各种会计核算资料。

⑲国家法律、法令、政策文件。

索赔依据应具有真实性、及时性、全面性、关联性及有效性。

5.索赔成立的前提条件

①与合同对照,事件已造成了承包人工程项目成本的额外支出,或直接工期损失。

②造成费用增加或工期损失的原因,按合同约定不属于承包人的行为责任或风险责任。

③承包人按合同规定的程序和时间提交索赔意向通知和索赔报告。

以上3个条件必须同时具备,缺一不可。

6.索赔的程序

《建设工程施工合同》规定的工程索赔程序。

当合同当事人一方向另一方提出索赔时,要有正当的索赔理由,且有索赔事件发生时的有效证据。发包人未能按合同约定履行自己的各项义务或发生错误以及第三方原因,给承包人造成延期支付合同价款、延误工期或其他经济损失,包括不可抗力延误的工期。

①承包人提出索赔申请。索赔事件发生28天内,向工程师发出索赔意向通知。

②发出索赔意向通知后28天内,向工程师提出补偿经济损失和(或)延长工期的索赔报告及有关资料。

③工程师审核承包人的索赔申请。工程师在收到承包人送交的索赔报告和有关资料后,于28天内给予答复,或要求承包人进一步补充索赔理由和证据。工程师在28天内未予答复或未对承包人作进一步要求,视为该项索赔已经认可。

④当该索赔事件持续进行时,承包人应当阶段性向工程师发出索赔意向,在索赔事件终了后28天内,向工程师提供索赔的有关资料和最终索赔报告。

⑤工程师与承包人谈判达不成共识时,工程师有权确定一个他认为合理的单价或价格作为最终的处理意见报送业主并相应通知承包人。

⑥发包人审批工程师的索赔处理证明。

⑦承包人是否接受最终的索赔决定。

承包人未能按合同约定履行自己的各项义务和发生错误给发包人造成损失的,发包人也可按上述时限向承包人提出索赔。其索赔程序如图3.3和图3.4所示。

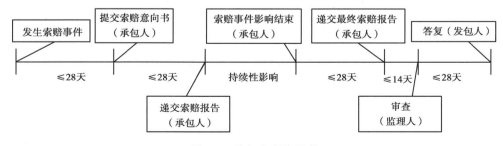

图3.3 承包人索赔程序

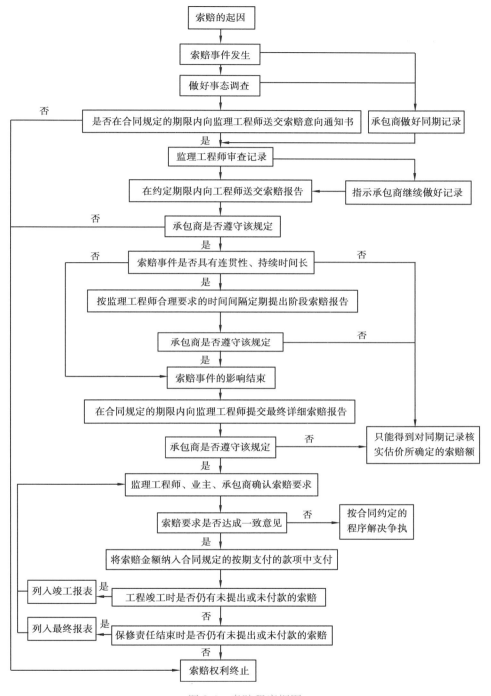

图 3.4　索赔程序框图

【知识链接】

工程索赔意向申请单

承包单位：　　　　　　　　　　　　　　　　合同号：

监理单位：　　　　　　　　　　　　　　　　编　号：

| 致:监理工程师 |
| 因＿＿＿＿＿＿＿＿＿＿原因,根据合同规定,申请索赔金额或工期＿＿＿＿＿＿＿＿。 |
| 索赔类型: |
| 索赔项目: |
| 索赔申请所依据的合同条款: |
| 附件:索赔的证据和资料 |
| 承包人递交日期:

　　　　　　　　　　　　　　　　　　　　　　　　　签字: |

专业监理工程师意见:	驻地监理工程师意见:	总监理工程师意见:	业主意见:
签字:	签字:	签字:	签字:
日期:	日期:	日期:	日期:

7.索赔费用的计算

索赔费用的构成和施工项目中标时的合同价的构成是一致的,索赔的款项必须是施工合同价格中已经包括了的内容,而索赔款是超出原来报价的增加部分。从原则上说,只要是承包商有索赔权的事项,导致了工程成本的增加,承包商都可以提出费用索赔,因为这些费用是承包商完成超出合同范围的工作而实际增加的开支。一般索赔费用中主要包括人工费、材料费、施工机械使用费、管理费、延长工期后的费用、延期付款利息、赶工费、利润以及其他费用。

(1)人工费

①增加工作内容的人工费。

按照计日人工费用计算。

②停工损失费。

③工作效率降低的损失费。

以上两项一般按照合同中约定的窝工费计算方法计取。

合同中未规定计算方法的, 可以参考:

a.计日工单价。

b.人工费预算单价。

c.当前的人工工资水平。

注意:停工、窝工时间中应根据工程的不同性质扣除下雨天所占用的时间。

(2)材料费

①增加工作引起的材料费增加。

按计日材料费计取或材料费+各项应计费用。

②材料积压损失费。

计算原则如下：

A.合同中已支付材料预付款的，原则上不考虑材料积压损失费。

B.合同中未支付材料预付款的，可根据材料费价格及积压材料的费用总额计算其利息。

C.对于使用时间有要求的材料，当材料积压时间太长时，应根据实际情况考虑材料超过使用期限后报废的损失。

（3）施工机械使用费

①工作内容增加的设备费。

按照计日机械费用计算或机械台班费+各项应计费用。

②停工损失费。

计算原则如下：

A.若机械为自有机械按机械折旧费计取。

或可计算为：

机械停置费台班单价=（折旧费+大修理费）×50%+机上人员工资+养路费及车船使用税

B.若机械为租赁机械按机械租赁费计取。可在出具租赁合同后，根据租赁价格扣除燃料费后确定其停置费。

③工作效率降低的损失费。

在合同中规定了计算方法的，原则上按合同中规定的计算方法计算。

（4）管理费

此项又可分为现场管理费（一般占工程直接费的10%~20%）和公司管理费。

①以直接费索赔额为基础计算。

②通过单位时间的现场管理费进行计算。

首先，按辅助资料表中的单价分析表中的管理费比例，测算管理费占合同总价的比例之后确定合同总价中的管理费总额。其次，根据项目合同工期测算承包商每天的现场管理费总额。最后，根据增工、停工或窝工时间确定索赔事件期间所发生的管理费总额。

③分项计算。可根据实际情况由业主、承包商、监理工程师协商确定把现场管理费分为固定部分和可变部分，分别计算。

（5）延长工期后的费用

①工程保险费追加可根据保险单或调查所得的保险费率来确定保险费用。

②承包商临时设施维护费，如已包含在现场管理费中，则不另行计算，否则可根据延长时间由业主、承包商、监理工程师协商确定维护费用。

③延长期间的临时租地费可根据租地合同或其他票据参考确定。

④临时工程的维护费可根据临时工程的性质及实际情况由业主、承包商、监理工程师协商确定。

（6）延期付款利息

根据投标书附件中规定的延期付款利率和延期付款时间按单利法或复利法进行计算。

（7）赶工费

由业主、承包商、监理工程师根据赶工的工程性质和当时当地的实际情况协商确定。

（8）利润

在索赔款直接费的基础上，乘以原报价单中的利润率，即为该项索赔款中的利润额。

（9）其他费用

根据实际情况由业主、承包商及监理工程师协商确定。

8.索赔工期的计算

工程工期是施工合同中的重要条款之一，涉及业主和承包人多方面的权利和义务关系。工程延误对合同双方一般都会造成损失。

工程延误是指工程实施过程中任何一项或多项工作实际完成日期迟于计划规定的完成日期，从而可能导致整个合同工期的延长。

在 FIDIC 合同条件第 44 条规定：如果由于任何种类的额外或附加工程量，或本合同条件中规定的任何原因的拖延，或异常的恶劣气候条件，或其他可能发生的任何特殊情况，而非由于承包商的违约，使得承包商有理由为完成工程而延长工期，则工程师应确定该项延长的期限，并应相应地通知业主和承包商……

我国建设工程施工合同条件第 13 条规定：对以下造成竣工日期的延误经工程师确认，工期可以相应顺延：

①发包人未能按专用条款的约定提供图纸及开工条件。

②发包人未能按约定日期支付工程预付款、进度款，致使施工不能正常进行。

③工程师未按合同约定提供所需指令、批准等，致使施工不能正常进行。

④设计变更和工程量增加。

⑤一周内非承包人原因停水、停电、停气造成停工累计超过 8 h。

⑥不可抗力。

⑦专用条款中约定或工程师同意工期顺延的其他情况。

确定工期索赔一般有 3 种方法，简述如下：

（1）网络分析法

通过干扰事件发生前后的网络计划，对比两种工期计算结果，计算出工期索赔值，这是一种科学、合理的分析方法，适合于各种干扰事件的索赔。关键线路上工程活动持续时间的拖延，必然造成总工期的拖延，可提出工期索赔，而非关键线路上的工程活动在时差范围内的拖延如果不影响工期，则不能提出工期索赔。

（2）比例分析法

网络分析法虽然最科学，也是最合理的，但实际工程中，干扰事件常常仅影响某些单项工程、单位工程或分部分项工程的工期，分析它们对总工期的影响可采用更简单的比例分析法，即以某个技术经济指标作为比较基础，计算出工期索赔值。一般可分为以下两种方法：

①按合同价所占比例计算

【例 3.1】 某工程施工中，业主改变办公楼工程基础设计图纸的标准，使单项工程延期 10 周，该单项工程合同价为 80 万美元，而整个工程合同总价为 400 万美元。则承包商提出工期索赔值可计算为

$$总工期索赔值 = \frac{受干扰事件影响的那部分工程的价值}{整个工程的合同总价} \times 该部分工程受干扰后的工期拖延$$

即　　　　　　　　总工期索赔值 $\Delta T = (80/400) \times 10 = 2$ 周

②按单项工程工期拖延的平均值计算

【例 3.2】　某工程有 A,B,C,D,E 5 个单项工程,合同规定业主提供水泥。在实际工程中,业主没有按合同规定的日期供应水泥,造成停工待料。根据现场工程资料和合同双方的通信等证据证明,由业主水泥提供不及时对工程造成如下影响:

单项工程 A:500 m³ 混凝土基础推迟 21 天。

单项工程 B:850 m³ 混凝土基础推迟 7 天。

单项工程 C:225 m³ 混凝土基础推迟 10 天。

单项工程 D:480 m³ 混凝土基础推迟 10 天。

单项工程 E:120 m³ 混凝土基础推迟 27 天。

承包商在一揽子索赔中,对业主材料供应不及时造成工期延长提出索赔要求如下:

总延长天数 = 21 天 + 7 天 + 10 天 + 10 天 + 27 天 = 75 天

平均延长天数 = 75 天/5 = 15 天

工期索赔值 = 15 天 + 5 天 = 20 天(加 5 天是考虑了单项工程的不均匀性对全部工期的影响)

实际运用中,也可按其他指标,如按劳动力投入量,实物工程量等变化计算。比例分析的方法虽然计算简单、方便,不需要复杂网络分析,在意义上也容易接受,但也有其不合理、不科学的地方。例如,从网络分析可知,关键线路上工作的拖延方为总工期的延长,非关键线路上的拖延通常对总工期没有影响,但比例分析法对此并不考虑,而且此种方法对有些情况也不适用,如业主变更施工次序,业主指令采取加速施工措施等不能采用这种方法,最好采用网络分析法,否则会得到错误的结果。

(3)赢值法

赢值法就是在横道图或时标网络计划图的基础上,求出 3 种费用,以确定施工中的进度偏差和成本偏差的方法。其中这 3 种费用如下:

①拟完工程计划费用(BCWS):是指进度计划安排在某一给定时间内所应完成的工程内容的计划费用。

②已完工程实际费用(ACWP):是指在某一给定时间内实际完成的工程内容所实际发生的费用。

③已完工程计划费用(BCWP):是指在某一给定时间内实际完成的工程内容的计划费用。

再依据费用和进度控制,根据以下关系分析费用与进度偏差:

费用偏差 = 已完工程实际费用 - 已完工程计划费用

其中,费用偏差为正值表示费用超支,为负值表示费用节约。

进度偏差 = 拟完工程计划费用 - 已完工程计划费用

其中,进度偏差为正值表示进度拖延,为负值表示进度提前。

【例 3.3】　某土方工程总挖方量为 10 000 m³,预算单价为 45 元/m³。该挖方工程预算总费用为 45 万元,计划用 25 天完成,每天完成 400 m³。开工后第七天早上刚上班时,业主项目管理人员前去测量,取得了两个数据:已完成挖方 2 000 m³,支付给承包单位的工程进度款累计已达到 12 万元。

【解答】

计算已完工程计划费用 $BCWP = 45 \text{ 元}/\text{m}^3 \times 2\,000 \text{ m}^3 = 9$ 万元

查看项目计划,计划表明,开工后第 6 天结束时,承包商应得到的工程款累计额,即拟完工程计划费用 $BCWS = 400 \text{ m}^3 \times 6 \times 45 \text{ 元}/\text{m}^3 = 10.8$ 万元

该工程在第 7 天刚上班检查时的进度偏差和费用偏差为:

进度偏差 $= 10.8$ 万元 $- 9$ 万元 $= 1.8$ 万元,表示承包商进度拖延,1.8 万元 $\div 45 \text{ 元}/\text{m}^3 = 400 \text{ m}^3$,正好为预算中一天的工作量,所以承包商的进度已经拖延了一天。

费用偏差 $= 12$ 万元 $- 9$ 万元 $= 3$ 万元,表示承包商已超支。

【知识链接】

1.索赔意向通知书格式

索赔意向通知仅仅是向业主或工程师表示索赔愿望,所以要简单扼要。具体格式参考如下:

索赔通知书

致××工程监理单位(或甲方代表):

　　根据合同第×条第×款规定(列出条款规定内容),我特此向您通知,由于　　　　　原因,我方对××××年×月×日实施的××工程发生的额外费用及展延工期,保留取得补偿的权利,具体额外费用的数额与展延工期的天数及费用依据与计算书在随后的索赔报告中。

项目经理:

承建单位:　　　　　　　　　　　　　　　　报送日期:　　　年　　月　　日

2.索赔报告的内容

一个完整的索赔报告应包括以下 4 部分内容:

(1)总论部分

总论部分一般包括以下内容:序言;索赔事项概述;具体索赔要求;索赔报告编写及审核人员名单。

(2)根据部分

本部分主要是说明自己该有的索赔权利,这是索赔能否成立的关键。根据部分的内容主要来自该工程项目的合同文件,并参照有关法律规定。该部分中施工单位应引用合同中的具体条款,说明自己理应得到经济补偿或工期延长。

一般地说,根据部分应包括以下内容:索赔事件的发生情况;已递交索赔意向书的情况;索赔事件的处理过程;索赔要求的合同根据;所附的证据资料。

(3)计算部分

计算部分的任务就是决定应得到多少索赔款额和工期。在索赔款计算部分,施工单位必须阐明下列问题:索赔款的要求总额;各项索赔款的计算,如增加的人工费、材料费、机械费、管理费和所失利润;指明各项开支的计算依据及证据资料,施工单位应注意采用合适的计价方法。

（4）证据部分

证据部分包括该索赔事件所涉及的一切证据资料，以及对这些证据的说明，证据是索赔报告的重要组成部分，在引用证据时，要注意证据的效力或可信程度，为此，对重要的证据资料最好附以文字证明或确认件。

【技能实训 3.3】

背景：某汽车制造厂建设施工土方工程中，承包商在合同标明有松软石的地方没有遇到松软石，因此工期提前 1 个月。但在合同中另一个未标明有坚硬岩石的地方遇到更多的坚硬岩石，开挖工作变得更加困难，由此造成了实际生产率比原计划低得多，经测算影响工期 3 个月。由于施工速度减慢，使得部分施工任务拖到雨季进行，按一般公认标准推算，又影响工期两个月。为此承包商准备提出索赔。

【思考练习】

1.该项施工索赔能否成立？为什么？

2.在该索赔事件中，应提出的索赔内容包括哪两个方面？

3.在工程施工中，通常可提供的索赔证据有哪些？

4.承包商应提供的索赔文件有哪些？请协助承包商拟订一份索赔通知。

【知识训练】

不定项选择题

1.某建筑公司承接一项办公楼工程，合同约定 2017 年 4 月 1 日开工，2018 年 9 月 28 日交工。因为工期较紧，该建筑公司提前 15 天进场并作好了施工准备，然而由于场地中间有两个"钉子户"不搬迁，工程不能按期开工，直到 2017 年 7 月 1 日，问题才解决。在等待开工过程中，该建筑公司向业主（监理工程师）发出了索赔意向通知书。

根据背景材料，回答以下问题：

（1）施工合同的索赔是一种（　　　）。

  A.弥补报价损失的手段　　　　　　　B.正当的权利要求

  C.获得额外收入的途径　　　　　　　D.应对苛刻合同条件的策略

（2）根据《标准施工招标文件》，在发出索赔意向通知书后，由于迟迟不能开工，该公司应按合理时间间隔，继续提交（　　　）。

  A.延续索赔通知　　　　　　　　　　B.新的索赔依据和证据

  C.中间索赔报告　　　　　　　　　　D.索赔备忘录

（3）根据《标准施工招标文件》，为了不失索赔权利，该建筑公司应在（　　　）提交最终索赔通知书。

  A.2017 年 7 月 1 日前　　　　　　　B.2017 年 7 月 28 日前

  C.2018 年 9 月 28 日前　　　　　　D.2018 年 9 月 28 日后

2.某建设项目业主与施工单位签订了可调价格合同。合同中约定：主要施工机械一台为施工单位自有设备，台班单价为 900 元/台班，折旧费为 150 元/台班，人工日工资单价为 40 元/工日，窝工工费为 10 元/工日。合同履行中，因场外停电全场停工两天，造成人员窝工 20 个工日；因业主指令增加一项新工作，完成该工作需要 5 天时间，机械 5 台班，人工 20 个工日，材料费

5 500元,则施工单位可向业主提出直接费补偿额为( )元。

    A.5 800   B.11 300   C.34 000   D.495 000

    3.某土方工程业主与施工单位签订了土方施工合同,合同约定的土方工程量为8 000 m^3,合同期为16天,合同约定:工程量增加20%以内为施工方应承担的工期风险。施工过程中,因出现了较深较弱的下卧层,致使土方量增加了10 200 m^3,则施工方可提出的工期索赔为( )天。

    A.1   B.4   C.17   D.14

    4.某工程项目总价值1 000万元,合同工期为18个月,现承包人因建设条件发生变化需增加额外工程费用50万元,则承包方提出工期索赔为( )个月。

    A.1.5   B.0.9   C.1.2   D.3.6

    5.某商住楼工程项目在珠海新城,为1栋16层框架结构,建筑面积12 560 m^2。业主已提供三通一平,资金已到位,施工许可证已领取,基本具备开工条件。本工程采用直接与兴泰股份公司议价,采用单价包干合同,按880元/m^2单价包干。工程于2018年2月开工,开工后工程基本顺利,后来在6月底停工,原因是合同单价过低,在施工期间钢筋等主要材料价格上涨过快。由于兴泰股份公司不了解广州当地材料价格水平,同时也未考虑材料涨价风险,合同价格定得过低,提出索赔,建议业主按实际钢筋价格上涨水平调整合同单价。由于兴泰股份公司的要求与业主的标准差别较大,兴泰股份公司最终诉诸法律。

    根据背景材料回答下列问题:

    (1)索赔依据应具有( )等。

    A.真实性   B.有效性   C.及时性

    D.公正性   E.关联性

    (2)索赔成立必须具备的3个前提条件是( )。

    A.与合同对照,事件已造成了承包工程项目成本的额外支出,或直接工期损失

    B.造成费用增加或工期损失的原因,按合同约定不属于承包人的行为责任或风险责任

    C.合同变更,造成了承包人工程项目成本的额外支出,或直接工期损失

    D.承包人按合同规定的程序和时间提交索赔意向通知和索赔报告

    E.合同对方违约,不履行或未能正确履行合同义务和责任

    (3)承包商向业主进行的价款方面的索赔有( )。

    A.关于价格调整方面的索赔   B.抵制条件变化引起的索赔

    C.关于货币贬值导致的索赔   D.严重经济环境导致的索赔

    E.拖延工程款引起的索赔

    (4)业主可向承包商进行索赔的事项不包括( )。

    A.工期延误   B.设计变更

    C.承包商不正当中止合同   D.施工缺陷

    E.承包商原因导致人工窝工

【延伸阅读】

《建设工程施工合同(示范文本)》(GF—2017—0201)。

知识学习任务 3.9　拓展：FIDIC 施工合同条件

【教学目标及学习要点】

能力目标	知识目标	学习要点
能正确运用 FIDIC 合同条款解决国际工程合同问题	1.了解 FIDIC 的内容 2.熟悉 FIDIC 合同适用条件 3.掌握 FIDIC 土木工程施工合同条件的内容	1.FIDIC 合同条件 2.土木工程施工合同条件的内容 3.工程索赔的要求

【知识讲解】

1.FIDIC 简介

FIDIC 是"国际咨询工程师联合会"的缩写。该组织在每个国家或地区只吸收一个独立的咨询工程师协会作为团体会员,至今已有 60 多个发达国家和发展中国家或地区的成员,因此它是国际上最具有权威性的咨询工程师组织。我国已于 1996 年正式加入 FIDIC 组织。为了规范国际工程咨询和承包活动,FIDIC 先后发表了很多重要的管理文件和标准化的合同文件范本。目前,作为惯例已成为国际工程界公认的标准化合同格式有适用于工程咨询的《业主—咨询工程师标准服务协议书》,适用于施工承包的《土木工程施工合同条件》《电气与机械工程合同条件》《设计—建造与交钥匙合同条件》和《土木工程分包合同条件》。1999 年 9 月,FIDIC 成员又出版了新的《施工合同条件》《工程设备与设计—建造合同条件》《EPC 交钥匙合同条件》及《合同简短格式》。这些合同文件不仅被 FIDIC 成员国广泛采用,而且世界银行、亚洲开发银行、非洲开发银行等金融机构也要求在其贷款建设的土木工程项目实施过程中使用以该文本为基础编制的合同条件。

这些合同条件的文本不仅适用于国际工程,而且稍加修改后同样适用于国内工程,我国有关部委编制的适用于大型工程施工的标准化范本都以 FIDIC 编制的合同条件为蓝本。

1)土木工程施工合同条件

《土木工程施工合同条件》是 FIDIC 最早编制的合同文本,也是其他几个合同条件的基础。该文本适用于业主(或业主委托第三人)提供设计的工程施工承包,以单价合同为基础(也允许其中部分工作以总价合同承包),广泛用于土木建筑工程施工、安装承包的标准化合同格式。土木工程施工合同条件的主要特点表现为条款中责任的约定以招标选择承包商为前提,合同履行过程中建立以工程师为核心的管理模式。

2)电气与机械工程合同条件

《电气与机械工程合同条件》适用于大型工程的设备提供和施工安装,承包工作范围包括设备的制造、运送、安装和保修几个阶段。这个合同条件是在土木工程施工合同条件基础上编制的,针对相同情况制订的条款完全照抄土木工程施工合同条件的规定。与土木工程施工合同条件的区别主要表现在两个方面:一是该合同涉及的不确定风险的因素较少,但实施阶段管理程序较为复杂,因此条目少、款数多;二是支付管理程序与责任划分基于总价合同。这个合同条件一般适用于大型项目中的安装工程。

3)设计—建造与交钥匙合同条件

FIDIC 编制的《设计—建造与交钥匙合同条件》是适用于总承包的合同文本,承包工作内容包括设计、设备采购、施工、物资供应、安装、调试、保修。这种承包模式可减少设计与施工之间的脱节或矛盾,而且有利于节约投资。该合同文本是基于不可调价的总价承包编制的合同条件。土建施工和设备安装部分的责任,基本上套用土木工程施工合同土建和电气与机械工程合同条件的相关约定。交钥匙合同条件既可用于单一合同施工的项目,也可用于作为多合同项目中的一个合同,如承包商负责提供各项设备、单项构筑物或整套实施的承包。

4)土木工程施工分包合同条件

FIDIC 编制的《土木工程施工分包合同条件》是与《土木工程施工合同条件》配套使用的分包合同文本。分包合同条件可用于承包商与其选定的分包商,或与业主选择的指定分包商签订的合同。分包合同条件的特点是,既要保持与主合同条件中分包工程部分规定的权利义务约定一致,又要区分负责实施分包工作当事人改变后两个合同之间的差异。

2.FIDIC 合同文本的结构

FIDIC 出版的所有合同文本的结构,都是以通用条件、专用条件和其他标准化文件的格式编制。

通用条件:所谓"通用",其含义是工程建设项目不论属于哪个行业,也不管处于何地,只要是土木工程类的施工均可适用。条款内容涉及:合同履行过程中业主和承包商的权利与义务,工程师(交钥匙合同中为业主代表)的权利和职责,各种可能预见到事件发生后的责任界限,合同正常履行过程中各方应遵循的工作程序,以及因意外事件而使合同被迫解除时各方应遵循的工作准则等。

专用条件:专用条件是相对于"通用"而言,要根据准备实施的项目的工程专用特点,以及工程所在地的政治、经济、法律、自然条件等地域特点,针对通用条件中条款的规定加以具体化。可对通用条件中的规定进行相应的补充和完善、修订或取代其中的某些内容,以及增补通用条件中没有规定的条款。专用条件中条款序号应与通用条件中要说明条款的序号对应,通用条件和专用条件内相同序号的条款共同构成对某一问题的约定责任。如果通用条件内的某一条款内容完备、适用,专用条件内可不再重复列此条款。

标准化的文件格式:FIDIC 编制的标准化合同文本,除了通用条件和专用条件以外,还包括标准化的投标书(及附录)和协议书的格式文件。投标书的格式文件只有一页内容,是投标人愿意遵守招标文件规定的承诺表示。投标人只需填写投标报价并签字后,即可与其他材料一起构成有法律效力的投标文件。投标书附件列出了通用条件和专用条件涉及工期和费用内容的明确数值,与专用条件中的条款序号和具体要求相一致,以使承包商在投标时予以考虑。这些数据经承包商填写并签字确认后,在合同履行过程中作为双方遵照执行的依据。

协议书是业主与中标承包商签订施工承包合同的标准化格式文件,双方只要在空格内填入相应内容,并签字盖章后合同即可生效。

3.FIDIC 合同条件的主要内容

1) 合同的法律基础

投标函附录中必须明确规定合同受哪个国家或其他管辖区域的管辖法律的制约。

2) 合同语言

如果合同文本采用一种以上的语言编写,由此形成了不同的版本,则以投标函附录中规定的主导语言编写的版本为准。

工程中的往来信函应使用投标附录规定的"通信联络的语言"。工程师助理、承包商的代表及其委托人必须能够流利地使用"通信联络的语言"进行日常交流。

3) 合同文件

构成合同的各个文件应能相互解释,相互说明。当合同文件中出现含混或矛盾之处时,由工程师负责解释。构成合同的各文件的优先次序如下:

①合同协议书。

②中标函。

③投标函。

④专用条件。

⑤通用条件。

⑥规范。

⑦图纸。

⑧资料表以及其他构成合同一部分的文件。

4) 合同类型

FIDIC 施工合同是业主与承包商签订的施工承包合同,它适用于业主设计的房屋建筑或工程,也可由承包商承担部分永久工程的设计。

FIDIC 施工合同条件实行以工程师为核心的管理模式,承包商只应从工程师处接受有关指令,业主不能直接指挥承包商。

从合同计价方法角度,FIDIC 施工合同条件属于单价合同。但在增加了"工程款支付表"后,使 FIDIC 施工合同条件同样适用于总价合同。FIDIC 施工合同条件中主要包括了业主的责任和权利、承包商的责任和权利、合同价格及支付等内容。

4.FIDIC 中工程师的职责和权利

1) 基本职责和权利

雇主应任命工程师,该工程师应履行合同中赋予他的职责。工程师的人员包括有恰当资格的工程师以及其他有能力履行上述职责的专业人员。

工程师无权修改合同。

工程师可行使合同中明确规定的或必然隐含的赋予他的权利。如果要求工程师在行使其规定权利之前需获得雇主的批准,则此类要求应在合同专用条件中注明。雇主不能对工程师的权利加以进一步限制,除非与承包商达成一致。

然而,每当工程师行使某种需经雇主批准的权利时,则被认为他已从雇主处得到任何必要的批准(为合同之目的)。

除非合同条件中另有说明,否则:

①当履行职责或行使合同中明确规定的或必然隐含的权利时,均认为工程师为雇主工作。

②工程师无权解除任何一方依照合同具有的任何职责、义务或责任。

③工程师的任何批准、审查、证书、同意、审核、检查、指示、通知、建议、请求、检验或类似行为(包括没有否定),不能解除承包商依照合同应具有的任何责任,包括对其错误、漏项、误差以及未能遵守合同的责任。

2) 工程师的授权

工程师可随时将他的职责和权利委托给助理,并可撤回此类委托或授权。这些助理包括现场工程师和(或)指定的对设备和(或)材料进行检查和(或)检验的独立检查人员。此类委托、授权或撤回应是书面的并且在合同双方接到副本之前不能生效。

助理必须是合适的合格人员,有能力履行这些职责以及行使这种权利,并且能够流利地使用 FIDIC 条件【法律和语言】中规定的语言进行交流。

被委托职责或授予权利的每个助理只有权利在其被授权范围内对承包商发布指示。由助理按照授权作出的任何批准、审查、证书、同意、审核、检查、指示、通知、建议、请求、检验或类似行为,应与工程师作出的具有同等的效力。但:

①未对任何工作、永久设备及材料提出否定意见并不构成批准,也不影响工程师拒绝该工作、永久设备及材料的权利。

②如果承包商对助理的任何决定或指示提出质疑,承包商可将此情况提交工程师,工程师应尽快对此类决定或指示加以确认、否定或更改。

3) 工程师的指示

工程师可按照合同的规定(在任何时候)向承包商发出指示以及为实施工程和修补缺陷所必需的附加的或修改的图纸。承包商只能从工程师以及按照本条款授权的助理处接受指示。如果某一指示构成了变更,则适用于【变更和调整】条件之规定。

承包商必须遵守工程师或授权助理对有关合同的某些问题所发出的指示。只要有可能,这些指示均应是书面的。如果工程师或授权助理:

①发出一个口头指示。

②在发出指示后两个工作日内,从承包商(或承包商授权的他人)处接到指示的书面确认。

③在接到确认后两个工作日内未颁发一个书面拒绝和(或)指示作为回复,则此确认构成工程师或授权助理的书面指示(视情况而定)。

4) 工程师的撤换

如果雇主准备撤换工程师,则必须在期望撤换日期 42 天以前向承包商发出通知说明拟替换的工程师的名称、地址及相关经历。如果承包商对替换人选向雇主发出了拒绝通知,并附具体的证明资料,则雇主不能撤换工程师。

5) 决定

每当合同条件要求工程师按照本款规定对某一事项作出商定或决定时,工程师应与合同双方协商并尽力达成一致。如果未能达成一致,工程师应按照合同规定在适当考虑到所有有关情况后作出公正的决定。

工程师应将每一项协议或决定向每一方发出通知以及具体的证明资料。每一方均应遵守该协议或决定,除非和直到按照【索赔、争端和仲裁】规定作出了修改。

5.承包商的一般义务

承包商应按照合同的规定以及工程师的指示(在合同规定的范围内)对工程进行设计、施工和竣工,并修补其任何缺陷。

承包商应为工程的设计、施工、竣工以及修补缺陷提供所需的临时性或永久性的永久设备、合同中注明的承包商的文件、所有承包商的人员、货物、消耗品以及其他物品或服务。

承包商应对所有现场作业和施工方法的完备性、稳定性和安全性负责。除合同中规定的范围,承包商应对所有承包商的文件、临时工程和按照合同规定对每项永久设备和材料的所作的设计负责;但对永久工程的设计或规范不负责任。

在工程师的要求下,承包商应提交为实施工程拟采用的方法以及所作安排的详细说明。在事先未通知工程师的情况下,不得对此类安排和方法进行重大修改。

如果合同中明确规定由承包商设计部分永久工程,除非专用条件中另有规定,否则:

①承包商应按照合同中说明的程序向工程师提交该部分工程的承包商的文件。

②承包商的文件必须符合规范和图纸,并使用 FIDIC【法律和语言】规定的交流语言,还应包括工程师要求的为统一各方设计而应加入图纸中的附加信息。

③承包商应对该部分工程负责,并且该部分工程完工后应适合于合同中规定的工程的预期目的。

④在开始竣工检验之前,承包商应按照规范规定向工程师提交竣工文件以及操作和维修手册,且应足够详细,以使雇主能够操作、维修、拆卸、重新安装、调整和修理该部分工程。

1) 履约保证

承包商应(自费)取得一份保证其恰当履约的履约保证,保证的金额和货币种类应与投标函附录中的规定一致。如果投标函附录中未说明金额,则本款不适用。

承包商应在收到中标函后 28 天内将此履约保证提交给雇主,并向工程师提交一份副本。该保证应在雇主批准的实体和国家(或其他管辖区)管辖范围内颁发,并采用专用条件附件中规定的格式或雇主批准的其他格式。

在承包商完成工程和竣工并修补任何缺陷之前,承包商应保证履约保证将持续有效。如果该保证的条款明确说明了其期满日期,而且承包商在此期满日期前第 28 天还无权收回此履约保证,则承包商应相应延长履约保证的有效期,直至工程竣工并修补了缺陷。

雇主应保障并使承包商免于因为雇主按照履约保证对无权索赔的情况提出索赔的后果而遭受损害、损失和开支(包括法律费用和开支)。

雇主应在接到履约证书副本后 21 天内将履约保证退还给承包商。

业主有权根据履约保证提出索赔的情况:

①承包商未按合同要求及时延长履约保证的有效期。

②承包商未能及时向业主支付应付的索赔款额。

③承包商未能按要求及时修补缺陷。

④由于承包商一方的原因而使业主提出终止合同。

2) 承包商的代表

承包商应任命承包商的代表,并授予他在按照合同代表承包商工作时所必需的一切权利。

除非合同中已注明承包商的代表的姓名,否则承包商应在开工日期前将其准备任命的代表姓名及详细情况提交工程师,以取得同意。如果同意被扣压或随后撤销,或该指定人员无法担任承包商的代表,则承包商应同样地提交另一合适人选的姓名及详细情况以获批准。

没有工程师的事先同意,承包商不得撤销对承包商的代表的任命或对其进行更换。

承包商的代表应以其全部时间协助承包商履行合同。如果承包商的代表在工程实施过程中暂离现场,则在工程师的事先同意下可以任命一名合适的替代人员,随后通知工程师。

承包商的代表可将其权利、职责与责任委托给任何胜任的人员,并可随时撤销任何此类委托。在工程师收到由承包商的代表签发的说明人员姓名、注明这些权利、职责与责任已委托或撤销的通知之前,任何此类委托或撤销不应产生效力。

承包商的代表及其委托人应能流利地使用【法律和语言】中规定的语言进行日常交流。

3) 分包商

承包商不得将整个工程分包出去。

承包商应将分包商、分包商的代理人或雇员的行为或违约视为承包商自己的行为或违约,并为之负全部责任。除非专用条件中另有说明,否则:

①承包商在选择材料供应商或向合同中已注明的分包商进行分包时,无须征得对方同意。

②其他拟雇用的分包商须得到工程师的事先同意。

③承包商应至少提前28天将每位分包商的工程预期开工日期以及现场开工日期通知工程师。

4) 合作

承包商应按照合同的规定或工程师的指示,为下述人员从事其工作提供一切适当的机会:

①雇主的人员。

②雇主雇用的任何其他承包商。

③任何合法公共机构的人员。

这些人员可能被雇用于现场或于现场附近从事合同中未包括的任何工作。

如果(并在一定程度上)此类指示使承包商增加了不可预见的费用,则构成了变更。为这些人员和其他承包商的服务包括使用承包商的设备,承包商负责的临时工程或通行道路安排。

如果按照合同规定,要求雇主按照承包商的文件给予承包商对任何基础、结构、永久设备或通行手段的占用,承包商应在规范规定的时间内以其规定的方式向工程师提交此类文件。

5) 放线

承包商应根据合同中规定的或工程师通知的原始基准点、基准线和参照标高对工程进行放线。承包商应对工程各部分的正确定位负责,并且矫正工程的位置、标高或尺寸或准线中出现的任何差错。

雇主应对此类给定的或通知的参照项目的任何差错负责,但承包商在使用这些参照项目前应付出合理的努力去证实其准确性。

如果由于这些参照项目的差错而不可避免地对实施工程造成了延误和(或)导致了费用,而且一个有经验的承包商无法合理发现这种差错并避免此类延误和(或)费用,承包商应向工程师发出通知并有权依据【承包商的索赔】,要求:

①根据第 8.4 款【竣工时间的延长】的规定,获得任何延长的工期,如果竣工已经或将被延误。

②支付任何有关费用加上合理利润,并将之加入合同价格。

6)安全措施

承包商应该:

①遵守所有适用的安全规章。

②注意有权进入现场的所有人员的安全。

③付出合理的努力清理现场和工程不必要的障碍,以避免对这些人员造成伤害。

④提供工程的围栏、照明、防护及看守,直至竣工和按照【雇主的接收】进行移交。

⑤提供因工程实施,为邻近地区的所有者和占有者以及公众提供便利和保护所必需的任何临时工程(包括道路、人行道、防护及围栏)。

7)质量保证

承包商应按照合同的要求建立一套质量保证体系,以保证符合合同要求。该体系应符合合同中规定的细节。工程师有权审查质量保证体系的任何方面。

在每一设计和实施阶段开始之前均应将所有程序的细节和执行文件提交工程师,供其参考。任何具有技术特性的文件颁发给工程师时,必须有明显的证据表明承包商对该文件的事先批准。

遵守该质量保证体系不应解除承包商依据合同具有的任何职责、义务和责任。

6.施工索赔的处理(承包商的索赔)

如果承包商根据合同条件的任何条款或参照合同的其他规定,认为他有权获得任何竣工时间的延长和(或)任何附加款项,他应通知工程师,说明引起索赔的事件或情况。索赔程序如下:

(1)索赔通知

承包商必须在引起索赔的事件发生后的 28 天内通知工程师并提交合同要求的其他通知和详细证明报告。否则,将丧失索赔权利。

(2)保持同期记录

承包商应随时记录并保持有关索赔事件的同期记录。

工程师在收到索赔通知后可监督并指示承包商保持进一步的记录及审查承包商所作的记录,并可指示承包商提供复印件。

(3)索赔报告

承包商应在引起索赔的事件发生后的 42 天内向工程师提交详细的索赔报告,如果引起索赔的事件有连续影响,承包商应:在提交第一份索赔报告之后按月陆续提交进一步的期中索赔报告;在索赔事件产生的影响结束后 28 天内,提交一份最终索赔报告。

（4）工程师的反应

收到承包商的索赔报告及其证明报告后的 42 天内，作出批准或不批准的决定，也可要求承包商提交进一步的详细报告，但一定要在这段时间内就处理索赔的原则作出反应。

（5）索赔的支付

在工程师核实了承包商的索赔报告、同期记录和其他有关资料之后，应根据合同规定决定承包商有权获得的延期和附加金额。

经证实的索赔款额应在该月的期中支付证书中给予支付。

7. 争端的解决（仲裁）

1）争端裁决委员会的委任

争端应由争端裁决委员会根据【获得争端裁决委员会的决定】进行裁决。合同双方应在投标函附录规定的日期内，共同任命一争端裁决委员会。

该争端裁决委员会应由具有恰当资格的成员组成，成员的数目可为 1 名或 3 名（"成员"），具体情况按投标函附录中的规定。如果投标函附录中没有注明成员的数目，且合同双方没有其他的协议，则争端裁决委员会应包含 3 名成员。

如果争端裁决委员会由 3 名成员组成，则合同每一方应提名一位成员，由对方批准。合同双方应与这两名成员协商，并应商定第三位成员（作为主席）。

但是，如果合同中包含了意向性成员的名单，则成员应从该名单中选出，除非他不能或不愿接受争端裁决委员会的任命。

合同双方与唯一的成员（"裁决人"）或 3 个成员中的每一个人的协议书（包括各方之间达成的此类修正）应编入附在通用条件后的争端裁决协议书的通用条件中。

关于唯一成员或 3 个成员中的每一个人（包括争端裁决委员会向其征求建议的任何专家）的报酬的支付条件，应由合同双方在协商上述任命条件时共同商定。每一方应负责支付此类酬金的一半。

在合同双方同意的任何时候，他们可共同将事宜提交给争端裁决委员会，使其给出意见。没有另一方的同意，任一方不得就任何事宜向争端裁决委员会征求建议。

在合同双方同意的任何时候，他们可以任命一合格人选（或多个合格人选）替代（或备有人选替代）争端裁决委员会的任何一个或多个成员。除非合同双方另有协议，只要某一成员拒绝履行其职责或由于死亡、伤残、辞职或其委任终止而不能尽其职责，该任命即告生效。

如果发生了上述情况，而没有可替换的人员，委任替换人员的方式与本款中规定的任命或商定被替换人员的方式相同。

任何成员的委任只有在合同双方同意的情况下才能终止，雇主或承包商各自的行动将不能终止此类委任。除非双方另有协议，在【结清单】提及的结清单即将生效时，争端裁决委员会（包括每一个成员）的任期即告期满。

2）获得争端裁决委员会的决定

如果在合同双方之间产生起因于合同或实施过程或与之相关的任何争端（任何种类），包括对工程师的任何证书的签发、决定、指示、意见或估价的任何争端，任一方可将此类争端事宜以书面形式提交争端裁决委员会，供其裁定，并将副本送交另一方和工程师。应说明争端的提交是根据本款作出的。

在争端裁决委员会收到上述争端事宜的提交后 84 天内,或在争端裁决委员会建议并由双方批准的此类其他时间内,争端裁决委员会应作出决定,该决定应是合理的,并应声明该决定是根据本款作出的。该决定对双方都有约束力,合同双方应立即执行争端裁决委员会作出的每项决定,除非此类决定按下文规定在友好解决或仲裁裁决中得以修改。除非合同已被放弃、撤销或终止,否则承包商应继续按照合同实施工程。

如果合同双方中任一方对争端裁决委员会的裁决不满意,则他可在收到该决定的通知后第 28 天内或此前将其不满通知对方。如果争端裁决委员会未能在其收到此类不满通知后 84 天(或其他批准的时间)内作出决定,那么合同双方中的任一方均可在上述期限期满后 28 天之内将其不满通知对方。

在上述任一情况下,表示不满的通知应说明是根据本款发出的,且该通知应指明争端事宜及不满的理由。除非依据本款发出此类通知,否则将不能对争端进行仲裁,任何一方若未按本款发出表示不满的通知,均无权就该争端要求开始仲裁。

如果争端裁决委员会已将其对争端作出的决定通知了合同双方,而双方中的任一方在收到争端裁决委员会的决定的第 28 天或此前未将其不满事宜通知对方,则该决定应被视为最终决定并对合同双方均具有约束力。

3) 友好解决

按上述规定已发出表示不满的通知后,合同双方在仲裁开始前应尽力以友好的方式解决争端。规定,除非合同双方另有协议,否则,仲裁将在表示不满的通知发出后第 56 天或此后开始,即使双方未曾作过友好解决的努力。

4) 仲裁

除非通过友好解决,否则如果争端裁决委员会有关争端的决定(如有时)未能成为最终决定并具有约束力,那么此类争端应由国际仲裁机构最终裁决。除非合同双方另有协议,否则:

①该争端应根据国际商会的仲裁规则被最终解决。

②该争端应由按本规则指定的 3 位仲裁人裁决。

③该仲裁应以【法律和语言】规定的日常交流语言作为仲裁语言。

仲裁人应有全权公开、审查和修改工程师的任何证书的签发、决定、指示、意见或估价,以及任何争端裁决委员会有关争端事宜的决定。无论如何,工程师都不会失去被作为证人以及向仲裁人提供任何与争端有关的证据的资格。

合同双方的任一方在上述仲裁人的仲裁过程中均不受以前为取得争端裁决委员会的决定而提供的证据或论据或其不满意通知中提出的不满理由的限制。在仲裁过程中,可将争端裁决委员会的决定作为一项证据。

工程竣工之前或之后均可开始仲裁。但在工程进行过程中,合同双方、工程师以及争端裁决委员会的各自义务不得因任何仲裁正在进行而改变。

参考文献

［1］张迪,金明祥.建设工程项目管理[M].重庆:重庆大学出版社,2018.

［2］徐田柏.工程招投标与合同管理［M].大连:大连理工大学出版社,2018.

［3］刘旭灵.建设工程招投标与合同管理[M].长沙:中南大学出版社,2017.

［4］王晓.建设工程招投标与合同管理[M].北京:北京理工大学出版社,2016.

［5］全国一级建造师执业资格考试用书编写委员会.法规及相关知识[M].北京:中国建筑工业出版社,2019.

［6］王小艳.建设工程法规[M].武汉:华中科技大学出版社,2016.

［7］陈会玲.建设工程法规[M].北京:北京理工大学出版社,2016

［8］危道军.工程项目管理[M].武汉:武汉理工大学出版社,2017.

［9］宋宗宇.建设工程法规概论[M].重庆:重庆大学出版社,2017.